水利工程
鱼类保护技术

胡亚安　李中华　杨宇　宣国祥　韩昌海　著

中国水利水电出版社
www.waterpub.com.cn
·北京·

内 容 提 要

本书对水利工程建设对鱼类的影响及现有的水利工程鱼类保护措施进行了总结；重点就拦河闸坝过鱼关键技术进行了深入细致的讨论，总结了国内外鱼道的研究进展，探讨了隔板式鱼道设计中水力学参数的确定；并结合我国珠江流域、长江中游、东北地区鱼类组成和鱼类行为特征，对适用于我国不同区域的鱼道建设进行了详细阐述；分析了高坝泄洪造成下游气体过饱和问题，及其对下游鱼类的影响，并推荐了泄水建筑物下游气体过饱和消减方法。

本书可供水生态、水环境和水利工程等领域的专业技术人员阅读，也可作为水利工程设计人员、科研人员，以及高校水利专业师生的参考书。

图书在版编目（CIP）数据

水利工程鱼类保护技术 / 胡亚安等著. -- 北京：
中国水利水电出版社，2016.12
ISBN 978-7-5170-4994-4

Ⅰ．①水… Ⅱ．①胡… Ⅲ．①水利工程－影响－鱼道
－研究 Ⅳ．①S956.3

中国版本图书馆CIP数据核字(2016)第312633号

书　　名	**水利工程鱼类保护技术** SHUILI GONGCHENG YULEI BAOHU JISHU
作　　者	胡亚安　李中华　杨宇　宣国祥　韩昌海　著
出版发行	中国水利水电出版社 （北京市海淀区玉渊潭南路 1 号 D 座　100038） 网址：www. waterpub. com. cn E - mail：sales@ waterpub. com. cn 电话：(010) 68367658（营销中心）
经　　售	北京科水图书销售中心（零售） 电话：(010) 88383994、63202643、68545874 全国各地新华书店和相关出版物销售网点
排　　版	中国水利水电出版社微机排版中心
印　　刷	北京瑞斯通印务发展有限公司
规　　格	184mm×260mm　16 开本　15.75 印张　404 千字　20 插页
版　　次	2016 年 12 月第 1 版　2016 年 12 月第 1 次印刷
印　　数	0001—2000 册
定　　价	**68.00 元**

序

　　水是生命之源，生产之要，生态之基。维护河湖健康是生态文明建设的重要内容。党的"十八大"报告首次单篇论述了生态文明，将生态文明建设列入我国社会经济发展"五位一体"的总体布局。水利科研、设计工作者必须全面贯彻中央新时期水利工作方针，系统推进水生态文明建设。

　　水利工程对水生物，特别是鱼类的影响是不可避免的，其主要表现在两方面：一方面是工程本身对鱼类洄游的物理阻隔；另一方面是工程蓄水调度对鱼类栖息地的环境改变。因此，涉及水利工程的鱼类保护措施也集中在恢复河流连通性和生态调度两个方面。南京水利科学研究院工程人员本着尊重自然、顺应自然、保护自然的理念撰写了本书。

　　过鱼设施尤其是鱼道，是恢复河流连通性的重要手段。在国外，过鱼设施的研究已经有一百多年的历史，我国在20世纪50年代才开始进行过鱼建筑物的研究工作。随后在江苏、浙江、广东等地的低水头水利工程上建设了多座过鱼建筑物，取得了较好的社会效益和经济效益。但由于过鱼设施存在工程投资高、技术难度大等问题，一些工程放弃了过鱼设施，这一领域的基础研究工作也随之停滞。21世纪初，随着治水理念的发展，过鱼设施的相关研究工作再一次成为国内研究热点。

　　本书概述了鱼类保护的相关措施，详细阐述了竖缝式鱼道的工作原理、设计流程，提供了竖缝式鱼道典型隔板布置型式和参考尺寸等关键问题，并结合我国珠江流域、长江中下游及北方地区典型河流鱼类特点给出了相关鱼道工程布置实例，为水利工程中鱼道的设计和建设提供了技术参考。大坝下泄水体溶解气体过饱和是工程泄洪调度对下游鱼类栖息地的不利影响之一。本书着重分析了溶解气体过饱和的成因和它对鱼类的影响，并且推荐了消减方案，可为工程设计和调度提供重要参考。

　　鱼道是南京水利科学研究院的特色学科之一。南京水利科学研究院从20世纪60年代就开始进行鱼道方面的研究工作，是我国最早开展过鱼建筑物研究的专业科研机构。1982年出版了我国第一部过鱼设施专著《鱼道》，是目前国内唯一关于鱼道方面的专著。编写了《水利水电工程鱼道设计导则》（SL 609—2013）和《水工设计手册》中鱼道章节的主要内容。40年来，南京水利科学研究院参与了全国40多座鱼道的研究和建设工作，包括中国最早的鱼道——江苏斗龙港闸鱼道（1966年）、改革开放前国内最成功的鱼道——湖南洋塘鱼道（1977年）、葛洲坝工程筹建期中华鲟游泳能力试验（1979年）、过鱼示范工程——西江长州鱼道（2004年）等。

　　本书作者长期从事过鱼设施科学研究和技术咨询工作，在该领域具有较高的学术造诣和丰富的工程实践经验。我相信本书的出版将对我国水利工程护鱼技术起到积极推动作用。

南京水利科学研究院院长
中国工程院院士

2016 年 12 月

前言

随着"尊重自然、顺应自然、保护自然"的生态文明理念的日益深化，水利工程建设过程中对鱼类的保护工作也日益受到社会各界的重视。

建坝河流中的鱼类保护措施主要包括兴建过鱼设施、进行生态调度、人工增殖放流和禁渔、休渔等很多技术和管理手段。通过水利工程本身实现的保护技术，通常只包括过鱼设施和生态调度。我国拥有近10万座水库，但1958—2013年建成与通过批复的过鱼设施仅有约80座，现有的过鱼设施远远不能满足鱼类通过大坝的需求。究其原因，一方面是我国鱼道建设起步较晚，并且在20世纪80年代后停滞了近20年，影响了水电设计行业整体的过鱼设施设计水平；另一方面是过鱼设施和生态调度都属于精细的跨学科工程，都需要大量鱼类基础资料支撑。在鱼类行为、生态环境和工程设计之间存在明显的技术鸿沟。

本书回顾总结了国内外鱼道建设发展现状，重点介绍了2000年以来在鱼道数学模型计算和物理模型试验方面的研究成果和经验，阐述了鱼道设计流程及应关注的技术细节，给出了多种竖缝式鱼道典型布置型式和尺寸，并结合国内不同地区河流鱼类的特点，提供了大量典型鱼道的布置实例，可以为类似工程提供设计参考。针对高坝下泄水体造成的下游水体过饱和问题，分析了其产生机理，探讨了对鱼类的影响。通过现场观测获得了国内典型枢纽泄洪下游过饱和水体时空分布规律，为进一步研究枢纽下游生境改善提供了参考。

本书主要成果来自南京水利科学研究院承担的长洲、石虎塘、老龙口等鱼道水工物理模型试验，以及水利行业公益性科研专项经费项目"水利工程对水生物的影响和保护措施研究"（200801105）的部分研究成果，同时包括国家自然科学基金面上项目"高紊态高溶解度水体水气质传模型相界面面积测算机理研究"（51579150）、国家自然科学基金青年项目"鱼类对水动力空间结构的感知域研究"（50909064）、南京水利科学研究院中央级公益性科研院所基本科研业务费专项资金重点项目"TDG问题中的鱼类耐受性测试方法及装置研究"（Y116013）等相关研究成果。

本书是笔者在该研究领域多年成果的总结，书中还引用了国内外多位学者专家的成果。全书分为四章：第1章绪论，阐述了鱼类的一般生活史和现有鱼类保护措施；第2章拦河闸坝过鱼关键技术，总结了国内外鱼道的研究进展，深入细致地探讨了隔板式鱼道设计中水力学参数的确定；第3章典型鱼道及鱼类保护系统实例，总结了南京水利科学研究院近年来在长江流域、东北地区和珠江流域完成的鱼道设计咨询和模型试验工作；第4章泄水建筑物下游气体过饱和防治技术，阐述了高坝泄洪造成下游气体过饱和问题的机理，分析了其对下游鱼类的影响，推荐了消减过饱和程度的方法。本书可供从事水利工程设计、科研和管理人员以及鱼类保护相关领域科研人员参考。希望本书的出版有助于提高我国过鱼设施的设计水平和生态调度管理水平，减缓水利工程对鱼类的不利影响。

本书第1～3章由胡亚安、李中华、宣国祥撰写，第4章由杨宇、韩昌海撰写，杨宇对全书进行了统稿。河海大学严忠民教授对本书进行了审校；章艳、郭婷对本书图表等进行了描绘。河海大学陈启慧副教授提供了西江鱼类保护专家系统资料，武汉中科瑞华生态有限公司乔晔研究员、水利部中国科学院水工程生态研究所陶江平副研究员、侯轶群工程师提供了部分照片。本书的出版得到了国家自然科学基金和南京水利科学研究院出版基金的大力支持。在此一并表示感谢！

鱼类保护技术涉及水力学、鱼类生态学、鱼类行为学等多个学科门类，鉴于笔者学识水平和工程实践经验所限，书中难免有不足之处，恳请读者不吝赐教。

作者

2016 年 12 月

目录

绪　　论

鱼类资源和生活史概述

1.1.1 鱼类的栖息地

栖息地或者生境通常指某种生物或某个生态群体生存繁衍的地区或环境类型。广义上的鱼类栖息地是指鱼类能够正常完成其生命史所需要的环境总和，主要包括产卵场、肥育场、洄游路线和越冬场及其中的所有生物和非生物因素。狭义上的栖息地是指鱼类某个生命史阶段所处的空间区域，即物理栖息地。栖息地中的非生物因素主要包括：微生境因素如水深、流速、河床质、遮蔽物等，中生境因素如河道形态（深潭、浅滩、急流等），大生境因素水质、水温、浊度和透光度等。生物因素主要包括食物链的组成和食料种类丰度等。也就是说鱼类栖息地不仅提供鱼类的生存空间，同时还提供满足鱼类生存、生长、繁殖的全部环境因子，如水温、地形、流速、pH值、饵料生物等。更为复杂的是，在长期自然选择与进化过程中，鱼类各种生命活动的完成，往往还依赖于这些环境因子的细微变化，如许多鱼类性腺最终发育成熟并完成排卵的过程受到水温以及水文条件变化的影响。

1994年8月18—20日，在挪威的特隆赫姆（Trondheim）召开了第一届国际生境水力学会议。会议第一次探讨了自然水生生境及其修复。随后在1996年6月11—14日，国际水利与环境工程学会（IAHR）在加拿大的魁北克组织召开了第二届国际IAHR生境水力学和生态水力学2000会议。会上对生境模型和生境的创建及修复都进行了细致研讨。

对于河流中鱼类栖息地，通常从两个角度来研究：①鱼类栖息地在河流各个位置的分布；②分布在河流不同位置的栖息地受到的局部水流作用。前者是宏观的，属于河流形态学和生物种群地理学研究领域；而后者是微观的，属于水力学和栖息地环境研究范畴。前者是后者的宏观表现；而后者是前者的动力学基础。

在宏观尺度上，河道是一个线性系统，其环境条件、无脊椎动物和鱼群的分布具有明显的纵向梯度。不同鱼类和同种鱼类不同的生活史阶段通常占据河流的不同生物区。对洄游鱼类而言，河流的纵向是到达产卵地的基本途径，如鲟形目和鲑、鳟科的鱼类；对非洄游性鱼类，如鲤科鱼类则在不同的发育期分布在水系横断面上不同的位置。20世纪中叶就有很多学者提出了河流的纵向带状分布。1963年，Illies和Botoseanu提出了著名的鱼类分区结构。1975年，Hawkes对河流生物分布带与分类进行了总结。通过对欧洲和北美洲不同区域的调查证明了不同区域有特定的鱼类。作为一些鱼类的饵料，无脊椎动物的分布也对鱼类的分区造成重要影响。除了鱼类在河流中的带状分布特点以外，从源头到入海口在大多数情况下鱼类的种类是递增的。Fremling等（1989）研究发现在密西西比河从源头到河口三角洲鱼的种类递增。Horwitz（1978）在对美国 15 条河流进行对比后指出，种类与河流等级之间存在着直接联系。在欧洲 Blachuta 和 Witkowski 指出种类数量和河流等级之间也存在着正相关。

在微观尺度上，20 世纪 80 年代开始出现了对栖息地微观尺度的理论研究。Kemp 等提出以生态学定义的功能性栖息地（functional habitats）和以水力学定义的水力栖息地（flow biotopes）基本概念，并试图寻找连接生态学和水力学之间的结合点。很多学者借助建立的栖息地性能曲线，研究功能性栖息地与水流参数的关系。Barmuta（1989）以河段为尺度，研究以底质特征区分的栖息地，并量测了流速、水深、含氧量、温度等多种理化数据，提出在侵蚀型和沉积型栖息地之间，种群结构有一个渐变的过程。

从水力学的角度研究鱼类栖息地，研究方法可分为三类，即水文法（流量记录法）、水力学法（流量-湿周法）和栖息地法（综合法）。

（1）水文法主要是针对历史水文数据进行分析。通过水文统计、频率分析等水文常用方法对被研究区域的最小流量进行估计，包括最小连续 30 天平均流量法、7Q10 法等。这种方法的优点是以水文数据为背景进行分析，数据易于获得，能对大多数河流提出一个量化的指标。但是也正是因为它完全依赖于水文数据，而基本不包含其他诸如地形、生物等信息，其结果不一定真的能起到保护栖息地的作用。尤其是对于由于发电、防洪等非引水工程造成的水文周期改变和栖息地面积的时间性萎缩等情况很难发挥真正的作用。因此它更适合一些没有河道和生物资料的干旱性河流，在这样的河流中以维持河中有一定的流量为目标，如黄河。

（2）水力学法指使用传统水力学理论对水体的生态情况进行评价的方法，历史上这一方法主要是通过流量与湿周的关系确定某一临界流量，如河道湿周法、R2Cross 法等。湿周法是假设在浅滩急流环境下，鱼的栖息地和湿周有直接的关系。用湿周来度量一定流量范围的水生栖息地有效面积。湿周法基于湿周和流量关系曲线，用这个关系来决定保护栖息地所需的流量。R2Cross 法是沿着河流选择一个临界浅滩，并且假定在浅滩处选择的流量可以满足鱼类及其他生物在整个河道中大多数生命阶段的需要。临界浅滩处主要考虑平均水深、平均流速和湿周三个水力学参数的取值。其优点是两者数据来源都基于现场观测不需要水文站数据，但是选择合适的浅滩很重要，不同的浅滩会得到不同的适应流量。随着对水生生物的栖息地认识的深入，水力学方法中也对水深和流速分布加以考虑。水力学法目前更侧重栖息地流场分析和模拟。现代水力学方法对目标水体的各种水力特征值如地形数据、流场数据以及鱼类喜好等生物学数据要求较高。对栖息地特征考虑比较全面，对于鱼类保护而言是更加有效的方法。尤其当栖息地受到非引水工程造成的水文周期改变影响时，可以通过对原始栖息地的水力学分析得出补偿调度方案或工程修复措施，如三峡工程的补偿调度。

（3）栖息地法实际上是将水生生物对环境的需求全部集中在栖息地的环境特征上来考虑。鱼类栖息地的研究可以从水文学、水力学、生物学等多个角度展开。随着水力学法和栖息地法研究的深入，两者开始逐渐走向统一。

IFIM 方法是栖息地法中最具代表性的方法，它是一个理论体系框架，通过模拟物种可利用栖息地和流量之间的关系，为水资源规划提供依据。它并不直接提出适当的流量值，而是通过多方面协调获得。

1982 年，美国鱼类及野生动物部（FWS）提出了河道内流量增加理论（Instream Flow Increase Method，IFIM）。它主要由制度模型、研究领域和计划、栖息地模型等几部分组成，其中栖息地模型又根据栖息地尺度分为水质模型、水力学模型、河道结构模型、栖息地可利用面积等部分。IFIM 方法流程图见图 1.1。

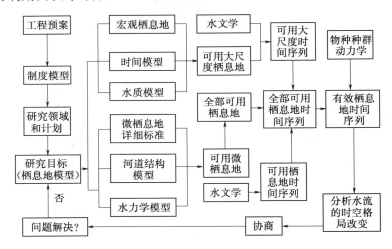

图 1.1　IFIM 方法流程图

IFIM 法选择鱼类作为指示物种，一方面由于鱼类处于水生生物群落食物链的顶层，对环境的变化最为敏感，作为顶级群落的鱼类，对其他类群的存在和丰度有重要作用；另一方面由于鱼类与人类的关系最为密切。

选择栖息地作为联系水利和鱼类资源的纽带，是由于流量、栖息地与鱼类资源量三者之间的关系十分密切。可以通过建立可利用的栖息地的数量和质量与流量之间的关系，评价流量变化和栖息地管理对鱼类栖息地的影响，进而获得对鱼类的影响。

在 IFIM 方法中，将鱼类栖息地的非生物部分划分为大生境、中生境和微生境。大生境是指沿河流纵向的一个河段，在河段内物理或化学条件比较接近，代表整个研究河段的水生生物的适宜性，近似地与基质含义相当，如水质、水温等。中生境是指以河道几何形状定义的具有相似物理特征（如宽度、深度、坡度和河床质等）的不连续斑块，例如深潭、浅滩和急流等。微生境是指在较大的中生境类型内供水生生物的特定行为（如产卵等）使用的小的、局部区域。微生境由水深、流速、河床质和遮蔽物等组成。总的栖息地是指研究河段的所有可利用的大生境和微生境的集合。

1.1.2　鱼类的洄游特性及资源分布

1.1.2.1　鱼类洄游特性

洄游是鱼类在进化过程中形成的一种特性，是鱼类对环境的一种长期适应，它能使种群获得更有利的生存条件，更好地繁衍后代，洄游距离长的可达几千公里，短的只有几十公里。许多鱼类均有这种习性，如果洄游鱼类不能完成这种洄游或洄游受到阻碍，则这些鱼类的生命周期将遭到破坏，并影响群体的增殖，甚至危及种的生存。

1. 洄游的类别

影响鱼类洄游的因素很多，因而每次洄游的目的也各不相同，根据鱼类生命活动过程中的作用，洄游可划分为生殖洄游、索饵洄游和越冬洄游等洄游类型，三种洄游共同组成鱼类的洄游周期（图1.2）。

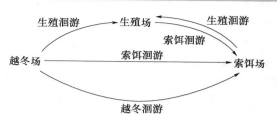

图1.2　鱼类洄游周期示意图

（1）生殖洄游又称产卵洄游。鱼类的产卵习性是多种多样的，有的鱼为了寻求适宜的产卵条件，保证鱼卵和幼鱼能在良好的环境中发育，常常要进行由越冬场或肥育场向产卵场的集群移动。生殖洄游是鱼类生命过程中规律性最强的洄游，其显著特点是：洄游路线、方向和时间较固定，距离较远，游速快，分群洄游现象明显，鱼群密度大，鱼群聚集成大群，在一定时期内沿一定路线向一定方向作急速的洄游。

生殖洄游距离有长有短。有些鱼类生殖洄游距离可达数千公里，如生活在淡水中的鳗鲡，要洄游数千公里到海洋深处产卵，而生活在大洋中的大麻哈鱼要反向游动数千公里进入江河上游产卵。而有些鱼类仅作短距离移动，如大黄鱼由浙江东南部海域的洞头洋洄游至江苏海域的吕泗洋；我国淡水中的一些鲤科鱼类，如青鱼、草鱼、鲢、鳙等鱼类由静水湖泊洄游至江河中特定河段的产卵场所产卵，距离长则几百公里，短则几十公里，有的甚至仅从开阔的湖中心区游向沿岸产卵。

（2）索饵洄游又称摄食洄游。越冬后的幼鱼和成鱼，经过生殖洄游或生殖活动的成鱼，需要强烈的摄食以补充营养，集群游向饵料丰富的水域索饵，形成了索饵洄游。

有些鱼类在越冬后先行强烈摄食，形成由越冬场向肥育场地的洄游。例如，在河流深槽中越冬的鲤鱼，在早春气候转暖时，就要洄游到食料丰盛的湖泊中去肥育。摄食洄游也有伴随产卵洄游同时进行的，如金枪鱼在由西沙群岛进行长距离生殖洄游过程中，沿途强烈摄食，实际上金枪鱼的生殖洄游也是一种索饵洄游。

有些鱼经过生殖后，在秋季进行一次索饵洄游，为准备越冬和来年生殖积储营养。幼鱼的摄食洄游也是十分明显。如青鱼、草鱼、鲢、鳙等鱼类在江河繁殖后，已经发育到能自由游泳和自由摄食的幼鱼，即沿岸逆水上溯，进入通江的湖泊或小支流中进行肥育，因为这些附属水体中的食物要比江河干流中丰盛得多。

索饵洄游与生殖洄游和越冬洄游不同，有的鱼类在洄游的过程中就往往达到了洄游的目的。索饵洄游的特点是洄游路线、方向和时间随着饵料生物群的分布和密度、索饵鱼群数量多寡和状态而变动。

索饵鱼群较不稳定，也较分散。索饵期的长短主要取决于饵料生物的数量和质量，鱼的丰满度、含脂量以及水温状况等。

（3）越冬洄游亦称季节洄游或适温洄游，是冬季来临前，由于水文环境的变化，尤其是水温下降，鱼类的活动能力将减低，为了保证在寒冷的季节有适宜的栖息条件，鱼类由肥育场所或习居的场所向越冬场进行的洄游。

越冬洄游的特点是洄游方向朝着水温逐步升高的方向，往往由浅水环境向深水环境，方向稳定。在中国近海，主要是朝南、朝东移动，长江中下游流域中许多大型鲤科鱼类，平时在通江湖泊中摄食肥育，冬季来临前，则纷纷游向干流的河床深处或坑穴中越冬。

鱼类越冬场的位置、洄游路线和速度受水温状况，尤其是受水域等温线分布状况所左右。水温梯度大，鱼群活动范围窄，密度相对就大；降温快，洄游速度相应快。而水温状况则受冷空气和寒潮的次数和强度的影响。

但不是所有洄游性鱼类的洄游周期均相同，有的鱼类只有生殖洄游和索饵洄游，有的鱼类越冬场与索饵场在一起或附近，有的索饵场就在生殖场所附近。鱼类不同生长阶段的洄游周期也不同，幼鱼和成鱼的洄游周期、洄游路线、洄游时间往往也有所不同。

2. 洄游鱼类的类别

按洄游鱼类所处的生态环境不同，可将洄游鱼类分为：海洋洄游鱼类、溯河性洄游鱼类、降海性洄游鱼类和淡水洄游鱼类 4 种类型，其洄游情况简述如下。

(1) 海洋鱼类的洄游。洄游性的海洋鱼类完全在海中生活和洄游。同种鱼往往分为若干种群，每一种群有各自的洄游路线，彼此间不相混合。如 18 世纪时人们认为东北大西洋各海区的鲱鱼均由北极游来。到 19 世纪后期，德国渔业资源学家 F. 海因克通过对从各海区采来的大量鲱标本的测定分析，才确认各海区的鱼群有不同的变异特征，每个海区都分布有它自己的洄游群体。如东海、黄海的小黄鱼可分为 4 个种群，分别有其自己的越冬、产卵与索饵的洄游路线。中国近海的小黄鱼、大黄鱼的洄游距离只有几百公里，而带鱼、鲐则有上千公里。

(2) 溯河性鱼类的洄游。溯河性鱼类生活在海洋，而溯至江河的中上游繁殖。这类鱼对栖息地的生态条件，特别是水中的盐度有严格的适应性。

如北太平洋的大麻哈鱼溯河后即不摄食，每天顶着时速几十公里的水流上溯数十公里，有时甚至要跳越具有一定落差的瀑布，因此在洄游过程中体力消耗很大；到达产卵场时，生殖后亲体即相继死亡。幼鱼在当年或第二年入海。中国的远东大麻哈鱼等都进行这一类型的洄游。但某些生活在河口附近的浅海鱼类，生殖时只洄游到河口，溯河洄游的距离较短，如长江口的凤鲚等。

大麻哈鱼是我国著名的鲑鱼。平时生活在太平洋北纬 35°以北的海域。在海洋里生活 3～5 年，每年秋季成群渡过鄂霍茨克海，绕过库页岛，进入黑龙江、绥芬河和图们江等水系。9 月上旬可以到达乌苏里江口。大麻哈鱼上溯游泳速度极快，每昼夜可达 30～50km。10 月下旬至 11 月中旬抵达产卵场，行程约为 1500km。产卵后亲鱼即死亡。次年春季仔鱼随江流流入大海。

长江流域中华鲟是我国著名的溯河洄游产卵鱼类。中华鲟在我国黄河、东海和南海均有分布，尤以长江口附近为最多。每年 4—6 月由海洋入江作溯河生殖洄游。9—11 月到达长江上游产卵。产卵后亲鱼降河入海；幼鱼在河川浅水处生活，次年 6—7 月进入河口区并出海生长。

鲥鱼也是我国著名的溯河产卵洄游鱼类，平时分散栖息在黄海、东海和南海。大部分时间生活在海洋，3～4 龄达到性成熟时，于春末夏初做溯河生殖洄游，进入长江、钱塘江、珠江等水系产卵繁殖，产卵后返回海洋肥育。进入珠江的鲥沿西江上溯可达桂平一带；入钱塘江的鲥，建坝前最远可达衢州，建坝后只达七里垄以下；入长江的鲥最远可达宜昌，但主要进入江西赣江中游。鲥鱼幼鱼在江河生长一个时期后，当年秋冬之交即顺流入海。

鲥鱼，平时分散栖息在黄海、东海和南海，3～4龄性成熟，每年4月上旬入珠江，在广西梧州一带产卵，5月上旬入长江，在鄱阳湖都昌一带产卵，5月中旬入钱塘江桐庐一带产卵。

鳀类也有溯河洄游现象。平时栖息在浅海、大江河口一带，春夏进入淡水，如凤鲚，每年6—7月到达江河淡水区产卵，而刀鲚则最远可上溯到洞庭湖一带。前颌间银鱼平时生活在近海沿岸，大江河口的淡水区域，3月下旬开始进入江河做生殖洄游，4月中旬在江河下游江段中产卵，受精卵随江流到海中发育生长。第二年又来到江河下游产卵。香鱼有不同的生态类群，有的群体终生生活在淡水中，为陆封型。而有的则是溯河鱼类，成鱼在淡水江河中产卵，并在江河中索饵生长，8—9月到达产卵场，生殖后亲鱼一般死亡。

（3）降海性洄游鱼类（降河性洄游鱼类）。降海性鱼类绝大部分时间生活在淡水里而洄游至海中繁殖，鳗鲡是这类洄游的典型例子。

20世纪初，丹麦施密特曾对大西洋的鳗鲡产卵场作了多年调查，发现平时生活于淡水的欧洲鳗鲡和美洲鳗鲡的产卵场都在西大西洋的藻海，只是前者的产卵场略偏东，后者略偏西，都位于一个高盐度的暖水区。欧洲鳗鲡和美洲鳗鲡降海后不摄食，分别要洄游5000～6000km和1000～2000km后到达产卵场，此时鱼体已消瘦，生殖后亲鱼全部死亡。两种鳗鲡幼体回到各自大陆淡水水域的时间不同，欧洲鳗鲡需要3年，美洲鳗鲡只需要1年。

中国的鳗鲡、松江鲈等的洄游也属于这一类型。每年春季有大批幼鳗自沿海进入江河中，并可以继续上溯到距河口几千公里的上游地区，如长江上游的金沙江、岷江和嘉陵江地区都有鳗鲡的踪迹。它们在江河、湖泊、塘堰、水库中生长、肥育、昼伏夜出。到了性成熟年龄，从秋季开始集群降河入海，进行遥远的产卵洄游。每一尾鳗鲡一生经历5个生长发育阶段：①海洋中浮游性的仔鱼时代；②沿海变态期，从柳叶鳗变为玻璃鳗；③淡水中的黄色鳗生长期；④降海洄游的银色鳗；⑤产卵后死亡。

松江鲈是一种作短距离降海产卵洄游的鱼类。松江鲈分布于黄海和东海沿岸，它们的幼鱼于每年4月下旬至6月中旬，由沿海溯河进入通海的河流中，在淡水中生长、肥育；11月开始至次年2月陆续降河入海进行生殖活动。松江鲈的生长、发育在江河下游及河口处，产卵场一般离海岸不远，一般距大陆海岸仅几海里。

由于海水、淡水盐度不同，渗透压有差异，因此作溯河或降海洄游的鱼类，过河口时往往需要在咸淡水区停留一段时间，以适应这种生理机能的转变。

（4）淡水鱼类的洄游。淡水鱼类完全在内陆水域中生活和洄游，其洄游距离较短，洄游情况多样。有的鱼生活于流水中，产卵时到静水处；有的则在静水中生活，产卵到流水中去。如中国的青鱼、草鱼、鲢、鳙、鲤等通常在湖中肥育，秋末到江河的中下游越冬，次年春再溯江至中上游产卵。

1.1.2.2 鱼类的地域分布

中国内陆水域总面积约27万km²，约占国土面积的2.8%，根据水产部门的资料，中国内陆水域鱼类（不包括河口区的淡咸水鱼类）共有795种（及亚种），它们分属于15目、43科、228属。东部地区的水系种类较多，如珠江水系有鱼类381种，长江水系约有

370 种（其中洄游性鱼类 9 种），黄河水系有 191 种，东北黑龙江水系有 175 种；西部地区鱼类稀少，如新疆仅有 50 余种，西藏有 44 种。据《中国脊椎动物大全》和《中国动物志》粗略统计，分布在中国的淡水（包括沿海河口）的鱼类共有 1050 种，分属于 18 目、52 科、294 属。其中纯淡水鱼类 967 种，海河洄游性鱼类 15 种，河口性鱼类 68 种。

动物的地理分布区系划分，历来为鱼类学家关心的中心议题之一，张春霖先生于 1954 年 9 月在地理学报上发表了《中国淡水鱼类的分布》一文，认为中国淡水鱼类区域的划分与陆生动物、植物不完全相同，应分为黑龙江、西北高原、江河平原、东洋区和怒澜区等五区。

（1）黑龙江区。该区包括黑龙江、松花江及乌苏里江、图们江、鸭绿江各流域。区内鱼类主要群系是耐寒的种类，如圆口纲的七鳃鳗 3 种，鲑形目的鲑科 10 种、茴鱼科 2 种、胡瓜鱼科 1 种、狗鱼科 1 种，鳕形目的江鳕，鲟形目的史氏鲟、鳇，刺鱼目的三刺鱼等冷水性种类，均为本区特有的代表性种类。

（2）西北高原区。该区包括新疆、西藏北部、内蒙古、青海、甘肃、陕西、山西等地。区内主要是高原或山地，所栖息的鱼类均具备特殊的适应条件，如能耐旱耐碱，或能栖居于急流水底，故种类比较少，虽该区各属是各区中最少者，但有些特殊适应生存环境的属，种类特别多，成为优势类群。例如裂腹鱼亚科约 70 种，条鳅亚科 110 种构成该区的特有种类。

（3）江河平原区。包括长江中下游、黄河下游、淮河流域和辽河下游，区内除各江河干、支流外，还有鄱阳湖、洞庭湖、太湖、巢湖等大小数千湖泊。因其地势平坦、水流缓慢，主要鱼类的形状特殊适应特点是：身体侧扁，头尾均尖，略呈纺锤形，胸、腹、臀、尾鳍都很发达。鲤科的大多数种、属分布在这一区域，如鲤、鲫、鳊、草鱼、青鱼、鲢、鳙、赤眼鳟、鳤、鳡、鲸、鲌、鲹、飘鱼、麦穗鱼、铜鱼、棒花鱼、鲮等。该区内鲤科鱼类不但种数繁多，且其种的个体产量也很丰富，堪称为鲤科在亚洲的繁殖中心。

（4）东洋区。该区包括广东、广西、海南、云南东部、贵州、福建、台湾等地，区内鱼类多属喜温暖的亚热带、热带鱼类。该区内生活于高山峻岭河川中鱼类，由于水流湍急，栖居的鱼类多在口部或胸部具有吸盘，以能在急流中生存。该区以热带性生物的种属繁多为特征。其鱼类群系组成与越南、泰国、缅甸、印度各国的情况相似，其代表性种类主要为鲤科的丹亚科、野鲮亚科、鲃亚科，平鳍鳅科，鲇形目的长臀鮠科、锡伯鲇科、芒科、粒鲇科、胡子鲇科、鳅科、鲀头鮠科等。

（5）怒澜区。该区为雅鲁藏布江、怒江、澜沧江、金沙江所流经的区域，包括西藏南部和东部、四川西部、云南西部。区内河流均为南北流向，使东洋区和西北高原区的鱼类通过江水的交流而共存于本区。譬如野鲮亚科、鳅科的沙鳅属，平鳍鳅科、鳚科、鲇科的鲇属，合鳃目的黄鳝，鳢科的乌鳢等种类与东洋区相同；而裂腹鱼亚科、条鳅亚科等种类与西北高原区相同，两区鱼类的混杂是该区鱼类区系的特点。

另一种常见的划分方式是按照鱼类生态环境和鱼种的差异，将全国划分为东北、华北、华中、华南、宁蒙和华西六大鱼区。

（1）东北鱼区。该区鱼类耐寒性强，以冷水性鱼类为主，共 100 余种。有代表性的是鲑鱼类，包括哲罗鱼、细鳞鱼、乌苏里鲑及大麻哈鱼，还有江鳕鱼等。

（2）华北鱼区。该区主要包括黄河中下游、辽河、海河等水域。该区径流量小，湖泊水面少，河流含沙量大，不利于鱼类生活，鱼种少，以温水性鱼类为主。主要有鲤、鲫、蝗、赤眼鳟、红鲌鱼、中华细鳊、鲇等。

（3）华中鱼区。该区主要属长江流域。这里河网密布，湖泊众多，水温较高，饵料丰富，鱼种多达260余种，以温水静水性鱼类为主。主要有鲍、鳊、鲴、鲢、青鱼、草鱼、鲚、鲫、香、银等鱼类，还有中华鲟、白鲟。

（4）华南鱼区。该区包括浙闽东部、台湾、粤桂南部、滇南。该区发育了南方型的暖水性鱼系，鱼种丰富。主要有鲮、鲇、鲍、鳊、鳢、青鱼、草鱼、鲴等鱼类。

（5）宁蒙鱼区。该区主要包括内蒙古高原内陆水域和河套地区的水域，是一个与周围联系很少的淡水鱼区。该区种类贫乏，主要有鲤、鲫、麦穗鱼、铜鱼、赤眼鳟等。

（6）华西鱼区。该区包括新疆、青海、西藏、甘肃的全部和四川西部、云南北部地区。区内大部分地区地势高耸，气候寒冷干燥。鱼类以冷水底栖型的裂腹亚科和条鳅亚科为主。

从上面的各区特有鱼类或优势种类的特点可以看出，同一水系、同一流域在不同地理区域内鱼类的分布类型和生活特性均有较大差异，因此在同一河流不同区域水生物的保护措施和保护重点应有所不同。

1.1.3 鱼类的游泳能力

鱼类的游泳能力依生物代谢模式和持续时间的不同主要分为3类，以速度来表示：持续游泳速度（sustained swimming speed）、耐久游泳速度（prolonged swimming speed）和突进游泳速度（burst swimming speed）。鱼类的3种速度的差别可通过游泳时间与速度关系图中的斜率变化来反映。

这三种游泳速度的定义如下所述。

1. 持续游泳速度（sustained swimming speed）

指鱼类在持续游泳模式下保持相当长的时间而不感到疲劳的速度，其持续时间通常大于200min。此时，鱼类通过有氧代谢来提供能量使红肌纤维缓慢收缩，进而推动鱼类前进。早期由于分类名称的差异，也有学者将鱼类持续游泳速度称为巡游速度（cruising speed）。

2. 耐久游泳速度（prolonged swimming speed）

鱼类的耐久游泳速度是处于持续游泳速度和突进游泳速度之间的一类速度，通常能够维持20s到200min，并以疲劳结束。在这种速度下，鱼类所消耗能量的获取方式既有有氧代谢也有厌氧代谢。厌氧代谢提供的能量较高，却容易积累大量乳酸使鱼类感到疲劳。

临界游泳速度（critical swimming speed）是耐久游泳速度的一个亚类。耐久游泳速度的最大值被命名为临界游速，是鱼类在某一特定时期内所能维持的最大速度。

持续游泳时间（prolonged swimming time）也是耐久游泳速度的一个重要指标，指在特定流速下鱼类可以维持的游泳时间。

3. 突进游泳速度（burst swimming speed）

突进游泳速度是鱼类所能达到的最大速度，维持时间很短，通常小于 20s。此速度下，鱼类通过厌氧代谢得到较大能量，获得短期的暴发速度，同时也积累了乳酸等废物。依照游泳时间的不同暴发游泳能力又可以分为猝发游泳速度和突进游泳速度。其中，猝发游泳速度指鱼类在极短时间（＜2s）内达到的最大游泳速度，通常在捕食和紧急避险时使用。Blaxter 广泛的研究了各种鱼的猝发速度，认为猝发速度和种类无关，基本均为 10BL/s（体长/s）。美国的 TRB2009 年会的报告中指出，观测到鱼类通过鱼道时的游泳速度为突进速度。Blake（1983）通过研究发现鱼类通过竖缝式鱼道的竖缝时运用突进游泳速度，直到疲劳才停下来休息，是鱼道设计中的重要参数。

一般时候，鱼类会通过调节它们身体和尾鳍摆动的频率和摆幅来减缓速度或加速，以保持加速-滑行（burst and coast）的游泳方式，这种方式下鱼类能够减少消耗的能量。清华大学吴冠豪认为此种游动方式的鱼类在加速阶段，鱼尾鳍先摆动一个完整的幅度，然后再摆动半个尾幅。认为这种加速-滑行的游动方式比稳定游动方式节约 45％的能量。

鱼类一般常用持续游泳速度运动（如洄游），在困难地区则使用耐久速度，在捕食和逃避时则使用突进速度。

关于鱼类游泳能力测试方法的研究，至今已经有 110 多年的历史。有学者利用小型循环管道、水槽、池塘、鱼梯、鱼道、排水沟和灌溉渠等条件做试验，取得了鱼类游泳速度的大量资料。后来又有许多人做了水温、剪鳍、尾部摆动频率、耗氧量等因子与鱼类游泳速度关系的研究。近期还有鱼类的尾涡流场同游泳速度关系的研究成果。目前国外主要采用的是固定流速测试法和递增流速测试法。

在固定流速测试中，鱼一般被置于恒定的流速中，整个试验中都不进行变化。先允许鱼在水槽中适应一段时间，然后突然或者半突然的增到试验所需流速。这个流速增加要在规定的时间内完成，增速不记录或者不规定。这个程序要经过多次不同的亚最大流速的重复。Brett（1964）做了一组鲑鱼持续游泳能力的试验，记录中一条鱼在 4.8BL/s 的流水中逆流 92h，另一条鱼在 3.7BL/s 的流水中逆流 97h。Brett（1967）建议持续速度是持续时间最长为 200min 的速度，现在这个理论被广泛的接受。也有学者支持在某流速下，当测试鱼中有 50％疲劳，则认为达到平均最大持续速度。实际上，亚最大持续流速越高，鱼达到疲劳所用的时间越短。另外，最大持续速度也和测试条件有关（如温度）。

在鱼类游泳能力测试中，为了避免由于个体所在环境和生理的影响所造成的差异。固定游速测试均采用大量的相同尺寸和相同条件的鱼，并且需要观测相当长的时间。由于样本获取困难，2000 年以来主要采用耗时少、样本小的递增流速测试方法。

在递增流速测试中，鱼被置于一个递增流速的水流中。流速不是逐渐增大的，而是逐步增大的，每一步流速值保持恒定的时间间隔，直至鱼达到疲劳（达到疲劳速度或临界速度）。Jones（1982）认为疲劳是由鱼肌肉代谢所产生的能量无法满足此速度所需能量所致。

递增流速测试鱼的疲劳速度或是临界速度的计算公式为

$$U_{\text{crit}} = U_m + (t_m/\Delta t)\Delta U \tag{1.1}$$

式中　U_{crit}——临界速度；

U_m——最后一个完整时段的游泳速度；

ΔU——每个时段的速度增加量；

t_m——最后一个不完整时段中经历的时间；

Δt——每次速度增加后持续的时间。

如果测试鱼的体长不同，为了标准化，这些鱼用体长表示的无量纲化临界速度为

$$U'_{\text{crit}} = \frac{U_{\text{crit}}}{\sqrt{gL}}$$

式中　U'_{crit}——无量纲化临界速度；

　　　L——鱼体长；

　　　g——重力加速度。

临界速度同耗氧量、种类、样本大小、季节、温度、水质、进食、水体含氧量等因素有关。一般认为，最大的有氧速度发生在临界速度；因此认为临界速度是一个相对接近最大有氧运动的值。Jones 等（1978）假设氧气供给是根据需氧量来定的。Farrell 等（1987）猜测，心脏和肝的氧气需求量的最大值大约占总氧气摄取量的 21％。游泳过程中的能量消耗所需的呼吸量并不是以最大耗氧量为限制的。

DiMichele 等（1982）证明不同基因的底鳉的临界速度差异能达到 0.7BL/s。类似地，Taylor 等（1985）研究显示内陆和近海的银鲑鱼在耐力上有差异。

一般认为，随着体长的增大，绝对游泳速度增加，而相对游泳速度减少，Bainbridge（1960，1962）得出临界游泳速度是体长的 0.58 次方，一个相类似的结论是 Fry 和 Cox（1970）得出鳟鱼是 0.4 次方。Brett（1965）调查显示红大马哈鱼随着体长的增加，相对临界速度减小。他总结绝对速度随着体长的增大而增加，公式为

$$Y = \alpha X^b$$

式中　Y——游泳速度，cm/s；

　　　X——全长，cm；

　　　b——接近 0.5；

　　　α——游泳速度和全长的相关系数。

Brett（1964）发现某些鱼类的临界游泳速度随着季节的不同有很大的差异。冬季红大马哈鱼的临界速度是 3.2BL/s，夏季则是 4.0BL/s，在相同的温度下竟然相差 20％。Beamish（1978，1980）指出，越接近最适温度，临界速度越大，反之越小。几种鱼的临界速度同温度的关系见图1.3。Bernatchez 和 Dodson（1985）发现鲱型白鲑（lake whitefish）在 5℃的疲劳时间比 12℃时要短。对于暖水性鱼类，在 25～30℃临界速度最大。对于冷水性鱼类，在 15～20℃临界速度最大。

水质对鱼类的游泳能力也有很大的影

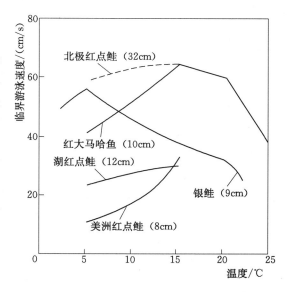

图 1.3　几种鱼的临界速度同温度的关系

响。Nelson（1989）通过比较黄鲈鱼在酸性水和非酸性水中临界游泳速度，发现经过
2000～3000 代的优胜劣汰，此鱼类已经适应了自然酸性水质。Graham 等（1981）发现，
在 pH 值适中的条件下，水的软性和硬性对临界速度没有影响。但是当 pH 值小于 4.4～
4.6 时，pH 值每降低 0.1，临界速度减小 4%。他推测，主要是由于低 pH 值影响了氧气
的摄取和输送。

综上所述，临界游泳速度同很多外在和内在的因素有关。我国鱼类品种丰富，游泳能
力的研究成果还较少，在设计过鱼设施时，通常根据国外的经验公式进行估算。但是我国
长江鱼类比起欧美国家的大西洋鱼类的游泳能力有很大的差异，因此亟待对我国鱼类进行
游泳能力测试，并且对游泳速度与外在和内在因素的影响关系进行探索。

1.1.4　鱼类的气泡病

鱼类的气泡病属于（gas bubble disease）鱼类环境性疾病的一种，是由于河道中溶解
气体过饱造成的。

鱼类患上气泡病后具有一些异常行为，如由于口腔出现气泡而拒绝摄食；身体失去平
衡，失去抵抗水流运动的能力而不能避开障碍物；失去正确的方向感还伴有腹部朝上而游
到水体表层，不能潜水，用手将其翻转可在水面游动一段距离，但数秒后又翻转漂于水
面；或游动缓慢、无力、上浮、贴边，或分布在水流较缓处的中上层水中，严重者由于腹
内有大量气泡，腹部朝上反游。

1.2

水利工程对鱼类生境的影响

水利工程拦河筑坝，彻底改变了天然河道自然流态的特点。环境条件改变虽然不利于一部分鱼种的生活，但也可能为另一部分种类所适应，并且提供发展种群数量的可能性。同样的可能是，出现的某一些因素对鱼类生活不利，而另一些因素则是有利的。所以，我们在分析水利工程对鱼类资源的影响时，需要从具体情况出发，全面地作出评价。

1.2.1 有益影响

水库通常兴建在山区或峡谷比降较大的河段。建库前的河道，水流湍急，底多砾石，鱼类的食料生物主要是着生藻类和爬附在石上的无脊椎动物。这里生活的鱼类是一些适应于流水条件，摄食底栖生物的种类。当水库建成蓄水后，库区的水流显著减缓，甚至呈静止状态泥沙易于沉积，水色变清。但由于水的深度增加，光线往往不能透到底层，使着生藻类和水草难以生长，相应地底栖无脊椎动物也较少。相反，浮游植物大量滋生，浮游动物也相应增多。所以，水库的环境条件，对一些适应于缓流或静水、摄食浮游生物的鱼类，主要是鲢和鳙，提供了良好的摄食肥育场所。同时由于水位抬升使水面大幅度增加，有利于渔业的发展。例如四川长寿湖水库，建库前的龙溪河内年产鱼仅 2500kg 左右，建库后水库面积为 8 万亩，年产鱼 5.5 万 kg，经过人工放养后增至 46.5 万 kg。又如浙江新安江水库，建库前年产鱼约 10 万 kg，建库蓄水后，面积 80 万亩，平均年产 175 万 kg，最高年产超过 250 万 kg。这些事实表明，修建水库虽然使库区所在河道中原有的流水性鱼类减少或消失，但通过人工放养或自然增殖，静水性鱼类的种群得到发展，鱼产量有可能成倍地增加。在水库内生长了几年的鲢、鳙等经济鱼类，达到性成熟，如果水库尾水到缓流处具备一定的流程，当汛期来水造成涨水过程时，这些成熟的亲鱼会大量地溯游到河流内产卵。一些山溪小河，本来没有生长家鱼，但由于修建水库后放养了家鱼，成熟后也可以到河流内适宜的地段繁殖，形成新的产卵场。据调查，长寿湖、大洪河、熊河、浮桥河、上饶等水库，都有此情形。丹江口水库回水区以上的汉江家鱼产卵场，则由于亲鱼数量增多，产卵规模明显增大。但是，往往这些产卵场距离敞水区较近，可能鱼卵或孵出不久的鱼苗大部分较早地漂流进静水区域，影响了鱼苗的成活。

1.2.2 不利影响

水利工程对鱼类的不利影响主要表现在：阻隔鱼类索饵、繁殖的洄游通道，在坝上淹没了鱼类天然产卵场，产浮性卵的鱼类因流速和流程不够沉淀死亡，产黏性卵的鱼类亦因天然河道水生维管束植物的消亡失去了鱼卵赖以黏附的基质而资源枯竭，稚幼鱼顺流而下过坝也会造成伤害。在坝下，由于水利枢纽下泄低温水，饵料生物的生长受到影响，下泄水体过饱和造成鱼类生命受到威胁，原江河急流型鱼类和底栖生物因水生态环境的剧变而逐渐消亡。

因此，拦河闸坝等水利工程的兴建对水生生物生态环境的影响是十分明显的，如坝上水深很大，水流流速变缓或消失，库面和库底水温出现分层现象，库区溪滩草地全部被淹没；坝下，河道的水位和流量受到了控制，水温变冷，水体中的含气量和盐分有时也发生变化，这些都可以影响水生生物的生活环境，这种影响是多方面的，根据国内外相关资料，其显著影响主要有以下几方面。

（1）切断洄游通道。水利工程对水生物的最显著的影响就是修建的拦河（湖）闸坝，切断了水生物的洄游通道，在鱼类的洄游线路上形成障碍，通常形成净水头差超过1m的任何障碍物都可能会给鱼洄游造成困难；水利工程拦河（湖）闸坝的兴建将使水生物无法完成索饵、繁殖洄游，严重时将导致这些水生物的灭绝，如广西郁江西津水利枢纽建坝后的15年间，下游鱼苗产量仅及历史最高年产的9.5%，年平均递减率14.5%。坝上赤虹、鳗鲡已消亡，鲂、鳊、倒刺鲃、光倒刺鲃、桂华鲮、琼华鲮、岩鲮、白甲鱼、盘鮈、卷口鱼、墨头鱼等20余种鱼类已鲜见，郁江上游左江上原有的"四大家鱼"产卵场已消失殆尽。长江中下游苏北地区洪泽湖、高邮湖、邵伯湖等湖区原是江水淡水渔业的重要产地，1959年起，万福闸等一系列水利工程的修建，切断了这三个湖与长江的联系，每年春季大量的幼鳗无法进入该湖区，高邮湖、宝应湖、邵伯湖三湖湖区的河鳗几乎绝迹。

（2）温度的影响。水利枢纽兴建蓄水会引起下游水温下降，如汉江黄家港水文站建坝前后10年的水温资料表明，历年5—8月的水温下降了4～6℃。而新安江坝下水温在10～16℃左右，佛子岭水库坝下最高水温在14℃左右，江西上游江坝下常年水温也在14℃左右，都比鱼类的适宜水温低，这些低温，使鱼类的生长缓慢，甚至不能满足部分水生鱼类的生长，导致部分鱼类绝迹，例如，新安江电站建成后，电站下泄的低温水，降低了河道的水温，延长了下游鱼类的成熟期。

（3）流量的影响。水利枢纽修建后，坝上下游水位、流量受到人为控制和调节，河道流量在瞬息间可以有很大幅度的变化，例如日调节运行的电站，机组一旦全部停机蓄水，坝下江水几乎枯竭，河道水位骤降，在沙洲浅滩和沿岸觅食的鱼类等水生物，因为来不及迅速潜入江心深水中而大批死亡。快速流入水库的水流转向，会减弱由水流提供的方向信号，使得洄游鱼类沿河迁移的速度变慢，这样会扰乱自然事件的同时性，增加幼鱼被捕食的危险。此外，坝下由于闸坝工程对河道流量的控制和调节，使得河道洪峰、洪量和洪水历时以及洪水机遇减少，对喜好在洪泛区产卵的鱼类造成影响，如苏联伏尔加河、顿河，因洪泛区面积的减少，鳊、鲤等的繁殖受到了很大影响，加拿大北部地区，洪峰消除以后，狗鱼无法进入洪泛区的小湖泊和池塘进行繁殖。洪峰及洪水历时的削弱，减小了河口的水流流量，减少了对河口以外洄游性鱼类入江的刺激，使江河洄游鱼类资源减少，影响江河的鱼类群体的补充。

流量的减小还可能降低受影响河段作为产卵和育苗生境的质量。上游成年鱼通常依赖山洪暴发诱使鱼溯河洄游。丧失这些自然的激发因素可能会严重影响鱼类洄游的时间和全面成功。

（4）水质的影响。由于水利工程的修建，在枢纽泄洪期间高速下泄的水流将大量气体带入到河流，导致大坝下游气体过饱和（dissolved gas supersaturation，DGS），此外，水通过水轮机后静水压力的减小会导致溶解气体达到过饱和，由于水体中溶解物是空气，所以伴随溶解氧过饱和一般都会存在溶解氮气过饱和。根据长江三峡水环境监测中心提供的2003—2004 年度溶解氧浓度监测数据表明，三峡大坝下游黄陵庙和东岳庙断面 2003 年8—9 月溶解氧饱和度均超过了 120％，9 月最大饱和度达到了 130％，2004 年 6—10 月黄陵庙断面的溶解氧饱和度均超过了 110％。水中溶解气体过饱和会造成的鱼类身体损伤或死亡的疾病，最典型的就是鱼类气泡病。20 世纪 60 年代，哥伦比亚河和斯内克河（Columbia and Snake River）修建了大量高坝，泄洪期间高速下泄的河水将大量气体带入到河流，导致大坝下游气体过饱和，水中总溶解气体气压与大气压的差值高达400mmHg，造成鱼类特别是大麻哈鱼的大规模死亡，从而引起了人们对高坝导致的河流气体过饱和现象的关注。

此外，如果在库水位较低时泄流，水库底部的有机物质氧化会造成水库和泄放水中溶解氧浓度过低。泄放水中低溶解氧（DO）问题最初发生在深度大于 15m 的大型水库中，通常发生于温带地区夏秋季的晚期，水中溶解氧耗尽后，有机质将进行厌氧分解，产生硫化氢、氨和硫醇等，气味难闻，使水质进一步恶化，严重影响水体中鱼类和其他水生生物生长。

1.3

水利工程护鱼措施

水利工程护鱼措施一般包括过鱼设施建设、枢纽调度、非过鱼设施的亲鱼设计等方面。

1.3.1　过鱼设施建设

过鱼设施是指让鱼类通过障碍物的人工通道和设施。大坝有无过鱼设施、鱼类能否自行通过过坝设施、鱼类通过过坝设施的效率如何，直接反映了大坝阻隔效应的程度。最早的过鱼设施是通过开凿河道中的礁石、疏浚急滩等天然障碍，沟通鱼类的洄游路线。经过多年的发展，现在的过鱼设施包括：鱼梯、鱼道、升鱼机、仿自然通道等多种形式。

按照洄游方向，过鱼设施主要分为两类：溯河鱼类通过设施和降河通过设施。溯河通过措施是将洄游鱼吸引到河流中障碍物下游的一个指定位置，使它们被诱导或主动通过新开辟的一条通道洄游，或将洄游鱼类截获通过各种设备使其被动上溯通过。溯河通过措施主要有鱼道（鱼梯）、升鱼机、鱼闸（通航船闸）、卡车/集运渔船等。

目前绝大多数过鱼设施主要是考虑鱼类上溯问题。对成熟的蟹、鳗及幼鲑等鱼类降河洄游所需要的降河通过设施的研究和实践还远远不够。在下行的鱼类中，不仅包括成鱼、亲鱼，更多的是新生的幼鱼。幼鱼是鱼类资源的关键补充，应被列为保护和输送下行的首要对象。需要把它们从河道水流中引导、分离出来，并安全地输向下游。迄今为止还没有一个国家找到令人满意的解决鱼类降河洄游的方法。鱼类降河过坝的通道有水轮机流道、幼鱼旁侧通道、水表面通道等。

1.3.1.1　鱼道

鱼道是为洄游性水生物提供跨越大坝、拦河堰等障碍，沟通水生物洄游线路的一种最常用的建筑物。至 20 世纪 60 年代初期，美国和加拿大建立了过鱼设施 200 座以上，西欧各国 100 座以上，苏联 18 座以上，这些过鱼设施主要为鱼道。由于大坝建设中生态环境保护问题越来越受到重视，水利水电工程过鱼设施的建设得到了迅速发展。截至 20 世纪晚期，鱼道数量在北美洲就达到 400 座，日本达到 1400 座，鱼道按其结构型式可以划分为原生态式鱼道和工程式鱼道，工程式鱼道包括槽式鱼道、横隔板式鱼道和特殊结构型式的鱼道等。

1.3.1.2　升鱼机

升鱼机（fish lifts 或称 fish elevators）与鱼道类似，也是利用有吸引力的水流吸引鱼类，但又不像鱼道那样为永久开放式的通道。利用升鱼机过鱼的设施运行相当复杂，鱼类首先进入下游"漏斗"（V形捕集器）等待，然后等待定时器触发声波定位系统，或者通过工作人员操作，将漏斗关闭，然后漏斗由退水槽所处的水平位置升高到与前池相平的位置，之后漏斗被打开，鱼类即被释放到大坝上游的前池。常用的升鱼机有两种：有诱捕水箱的升鱼机和有机动卷扬机的升鱼机，选择时主要依据过鱼对象的种类和数量。

当枢纽设计水头更大时，可用升鱼机过鱼。在美国和加拿大此类设施较多，通常用缆车起吊盛鱼容器至上游或用专用车转运到别处投放。

国外有名的如美国的朗德布特坝过鱼缆机，提升高度132m。升鱼机图例见图1.4。此外如下贝克坝（87m）、泥山坝（90m）、格陵彼得坝（106m）以及加拿大的克利夫兰坝（90m）等，都采用缆机提运方式过鱼。

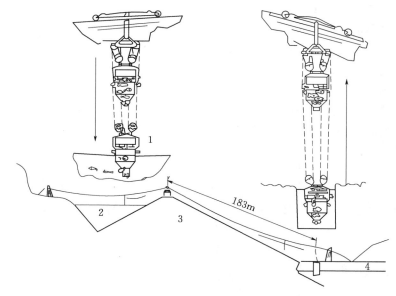

图 1.4 升鱼机图例
1—活动装鱼斗车；2—水库；3—大坝；4—电站

此种方式的优点是：占地少、易布置、投资省，适于高坝过鱼，又能适应库水位较大变幅，便于长途转运，还可以满足施工期过鱼。其缺点是：过鱼不连续，也不能大量过鱼，机械设施较多，运行和维护费用高。

升鱼机械方式的关键在于下游的集鱼效果，下游进口一般布置有短鱼道相接，以诱导鱼类游进至集鱼池或集鱼设施，然后驱鱼进升鱼机。

升鱼机对使上溯的鱼类通过非常有效。例如美国东部的大坝，由于鱼梯在让上溯的鲱鱼通过时存在很大问题，鱼梯即被升鱼机广泛取代。澳大利亚伯内特河坝也设置有移动式起重机和漏斗，在上行过鱼设施入口（漏斗捕鱼室）处安装有伸缩方形叶片闸门（主要功能是在漏斗过坝时防止鱼进入捕鱼室以防止下一个诱捕周期开始时鱼群被回行的漏斗压坏）；将闸门的上端自动定位于向上游洄游鱼道的引渠水位以下1.0m（运行人员可调）处（闸门的总有效操作范围是3.5m，以适应大坝运行时尾水位的变化。与向下游洄游鱼道的方形叶片闸门一样，该闸门包括4节，其中3节根据捕鱼室水位和诱捕周期状态而上下滑动）；由安装在出口建筑物内的阀门室液压动力组件的钢丝绳压绞车提供动力；为将诱捕到的鱼向上游运输、翻过大坝并释放到水库，向上游洄游鱼道利用安装在坝顶顶架中的 1 台移动式起重机，将起重机设计成与有关的诱鱼系统一起自运行，该起重机有自己的可编程逻辑控制器（PLC）控制系统，且与大坝的可编程逻辑控制器（PLC）监控和数据采集（SCADA）系统有接口，以帮助传送控制数据（上游与下游水位、绞车周期启动和运行报警等）。另外，备有手动控制和半自动的鱼采样设施，通过在现场的顶架控制屏或 SCADA 人机接口，供运行人员使用。漏斗由低碳钢制成。坝后混凝土的斜坡上安装有轨道，漏斗在轨道上运行，捕捉洄游鱼群并将其运输过坝。漏斗的特点是：①底部有一个由浮子控制的释放门，在坝前当将漏斗下放到水库时利用 1 对浮子将释放门的门闩拉开，在坝后当漏斗进入捕鱼室时该门由另 1 个浮子和配重平衡系统关闭，并重新拴上门闩，以开始诱鱼周期；②在漏斗的两边设有止回阀，在漏斗进入诱捕室时能够容易淹没在水中，此外，在其入口处有一个圆锥形的钢丝网鱼陷阱和捕鱼用的针阀。

与其他类型的鱼类通过设施相比，升鱼机的主要优点为成本较低、总容积小、对上游水位变动的敏感度低等，缺点是运行及维修费用较高。另外，由于其操作上的原因不可能使用足够细密的鱼栅，故对小型种类（七鳃鳗、鳗鲡等）的通过效率很低。为此对升鱼机的设计与改造的研究仍需进一步加强。

1.3.1.3　鱼闸

1949 年，在爱尔兰的利弗河兴建了欧洲第 1 座现代化鱼闸，命名为"勃兰特鱼闸"。鱼闸是由位于坝下、水位与坝下水位齐平的一个较大的暂养池，通过一个斜轴或垂直轴廊道与具有前池水位的一个上游暂养池连接而成，并在上下游两个暂养池的尽头安装自动控制门，其操作原理与船闸类似。鱼闸的效率主要取决于鱼的行为，即鱼需要在整个吸引阶段留在下游暂养池，在充水阶段随着上升的水位而上升，在闸内水排空前离开鱼闸。

由于鱼类在鱼闸中凭借水位上升，不必溯游便可过坝，比在鱼道中要省时，且不存在通过鱼道后的疲劳问题，因此鱼闸能适用于较高的水头，一般认为每级水头可达 20ft，当水头更高时，需采用多级水池。鱼闸在国外高水头大坝中得到了较广泛的应用。英国的奥令鱼闸最大提升高度 41m；爱尔兰的香农河上阿那克鲁沙鱼闸，净高 34m，平均工作水头 28.5m；美国哥伦比亚河麦克纳里坝的过鱼设施，共有 2 座鱼道和 2 座鱼闸，该枢纽水位差最大约 30.5m；苏联伏尔加河上的伏尔加格勒鱼闸，水位差 27.5m。

然而，世界上有大量的鱼闸效率不高或完全无效，特别是在法国安装的多数鱼闸多已被池式鱼道替代。其主要缺陷在于容量有限、不连续，每次过鱼量有限。但随着对鱼类行为学的研究，许多国家研究人员提出了改进措施，即在暂养池安装一个集鱼群器和一个追随器，在充水阶段将鱼引诱到闸的表面，从而迫使鱼通过而到达上游。

当枢纽水头大于 20m，且要求过鱼量不大时，可采用鱼闸过鱼。鱼闸是利用闸室充、泄水，使鱼过坝。鱼闸主要型式有闸式和井式（又分斜井、竖井）两种。典型的斜井式鱼闸见图 1.5。这种鱼闸占地少、投资省，鱼类不必克服水流阻力，即能过坝；但需机械操作，过鱼不连续。

鱼闸在荷兰、苏格兰、爱尔兰和俄罗斯应用比较多，在德国的萨尔河和胜利河也有一些鱼闸。鱼闸的结构和船闸类似，两者基本上都由一个闸室，一个下层进口和一个上层出

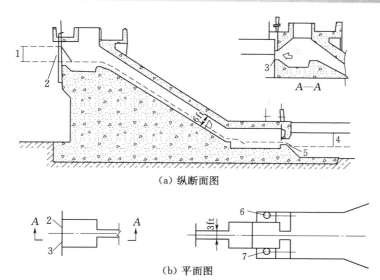

（a）纵断面图

（b）平面图

图 1.5 典型的斜井式鱼闸

1—上游水位变幅；2—调节堰；3—鱼道出口闸门；4—运行范围；
5—鱼的进口；6—旁通闸；7—诱鱼水阀

口和关闭装置组成。鱼闸运行程序如下：

（1）下游闸门开启，闸室水位为下游水位。通过上游门（或旁通管）向下游泄水，引诱下游的鱼进入闸室。

（2）关闭下游门，上游闸门缓慢开启，继续充水至闸室水位与上游齐平，让鱼（或用驱鱼栅）进入上游。

（3）关闭上游门，通过下游门（或旁通管）排空闸室。如此循环进行。

国外较有名的鱼闸有：英国的奥令鱼闸，它为适应上游水位变幅，有四个出口；苏联的伏尔加格勒鱼闸，有两个闸室，以便连续过鱼；美国的邦纳维尔顿坝和麦克纳里坝上的鱼闸。国外部分鱼闸概况见表 1.1。

表 1.1　　　　　　　　　国外部分鱼闸概况

国别	鱼闸地点	所在河流	建成年份	水头/m	过鱼品种	闸室数量	宽/m	长/m	高/m	进口尺寸	辅助机组	流量/(m³/s)	流速/(m/s)	备注
苏联	齐姆良电站	顿河	1952	16	鲑、鲱	1	5	7	36.8	6m×6.5m	5000kW	25	0～1.2	1964 年过其他鱼 346 万尾，但不过鲑鲱
	伏尔加格勒电站	伏尔加河	1961	26	鲑、鲱	2	8.5	8.5	36	8.5m×14.4m	8000～11000kW	75	1.5	1967 年过鱼 130 万尾
美国	麦克纳里坝	哥伦比亚河	1953	约33	鲑、鳟	1 1	2.1 6.0	2.4 9.0	33					
	邦维尔坝	哥伦比亚河	1938	约15	鲑、鳟、鲱	4	6.0	9.0						每小时可运转 4 次

续表

国别	鱼闸地点	所在河流	建成年份	水头/m	过鱼品种	闸室 数量	闸室 宽/m	闸室 长/m	闸室 高/m	进口尺寸	辅助机组	流量/(m³/s)	流速/(m/s)	备 注
荷兰	利思坝	马斯河		4.5	鲤科鱼		约1.6	约32	约7.2					
英国	奥令坝	康农流域	1952年后	41.1		4					有4台机组			库水位变幅21.2m
英国	路易察特坝	康农流域	1952年后	17.2		2								库水位变幅9.1m

　　鱼闸的主要水力学问题，是确保下游有合适的诱鱼流速和流态，以利鱼类进入，故需一系列供水、扩散、消能和排水设施。通常，鱼闸进口有短鱼道与河床相连。

　　船闸作为水电工程的过坝设施，主要的功能是为船只提供上、下航行通道。然而研究发现，船闸内也有鱼类通过。例如：在葛洲坝船闸进行的声呐探测研究表明，鱼类有趋近船闸聚集和进出船闸行为；法国罗纳河的博凯尔船闸在 49 个运行周期中通过该船闸的美洲西鲱超过 1 万尾；澳大利亚东南部墨累河上，Euston 坝的船闸在改变闸口流速时吸引鱼类过坝的数量是船闸正常运行模式下的 56 倍；在美国北卡罗来纳州的 Cape Fear 河美洲鲥船闸过坝比例为 18%～61%。与鱼道等过鱼设施相比较，船闸过鱼有 3 个优点：船闸是大坝原有的结构，不需要额外的投资；船闸常年使用，有专人管理和维护；船闸口和闸室内的流速缓慢，便于调节。为此有不少研究者认为船闸可能是洄游鱼类过坝的一个重要的辅助设施。中国长江三峡集团公司曾于 2008—2010 年针对葛洲坝船闸对船闸的过鱼能力与过鱼效果进行过评估。

　　但是，设计船闸时一般考虑选择较平静的区域布置船闸，以利于对船只的操控，故将船闸考虑为一种辅助的过鱼设施时，所要求的船闸运行方法与通航所要求的船闸运行方法完全不同，需要另外设计，对结构的要求也完全不同，需要重新论证。

1.3.1.4　卡车/集运渔船

　　在大坝下游捕捞上溯的洄游鱼类，通过转运装置过坝是最直接的方式，也比较有效，通常包括集鱼装置、转运装置和投放装置。一般集运设施被用来作为一种在大坝施工期的过渡性措施，但在坝非常高、鱼道设置困难，或在坝间距很近、两坝间河段没有重要繁殖生境的情况下，截获、转运可作为长期措施。俄罗斯使用一种浮式捕获器作为截获并转运鱼过坝的装置。这种捕获器利用驳船推动停泊在鱼类聚集区。在驳船尾和两侧装有水泵提供吸引流，吸引一段时间后，集鱼器集中提升装置中装鱼的集运箱送往运货船的转运槽或者卡车。该系统的优点是集鱼装置布置灵活，可放在尾水渠中的任意位置或鱼类洄游路线上。并且可在较大范围内变动诱鱼流速，可将鱼运送到上游安全的地方投放，不受枢纽布置干扰，造价较低，适用于已建枢纽需补建过鱼设施的情况。但其缺点在于捕捉和拖拉费用昂贵、实施起来比较困难，并且会对鱼类本身产生不利影响，因此集运渔船应用较少。

1.3.2　枢纽调度

1.3.2.1　流量调节（补偿水流和人工水流）

水利水电工程建设运行后通常要求在坝下河道内维持规定的最小流量，即补偿水流，如果补偿流量满足鱼类在洄游时需求的流量，则河道中流量的减少对于鱼类的洄游就不是问题。

补偿流量主要根据圣维南方程的二维流模型，预测河道不同过水断面的水位，以确保鱼类上溯洄游过程中河道畅通。例如在英国，许多水电工程不时泄放额外的补偿水流以形成人工洪水。北爱尔兰法律中规定各河流上的水轮机每个周末必须关闭24h，为成年大西洋鲑鱼提供上溯洄游的机会；苏格兰的一些工程也要求在周末泄放更大流量的水流。

国外还出现了结合生态标准的水生生境模型，如PHABSIM（物理栖息地模拟）来确定补偿流量值。该方法将电站运行与鱼类的习性紧密地结合起来，根据河流鱼类的洄游特性提供不固定的补偿水流，如鲑鱼往往在退水期的河流上溯洄游。水电站可以通过控制系统探测洪峰流量，并调节水轮机流量，以便当洪水消退时泄放合适的补偿流量满足鲑鱼洄游要求。

1.3.2.2　枢纽运行优化

枢纽运行优化对鱼类的保护，主要体现在鱼类降河洄游调度和鱼道调度两个方面。漂浮性卵或降河洄游的鱼苗，一般通过溢洪道洄游到下游。在干旱季节，当下泄流量受到水资源可利用量限制时，如果有较多的幼鱼需要通过溢洪道下行，则在调度中需减少发电流量，增加溢洪道下泄流量，以满足幼鱼的降河洄游。鱼道作为枢纽的组成部分，其运行调度需要与其他工程协调。为了在运行过程中尽量提高鱼道过鱼效率、降低发电损失，可以将鱼道的运行与发电运行在昼夜安排上进行协调。在夜间提高发电量，白天可使更多的鱼类通过大坝。

下泄流量过高可能会在下游造成流速屏障，阻碍鱼类的自由上溯；下泄流量过低可能会使鱼类停留在消力池中，增加被捕捞的危险。因此枢纽运行优化需要满足帮助幼鱼下行、诱导成鱼上溯、避免上游水质恶化、增加鱼道运行时间等需要。

1.3.2.3　创造生殖水动力条件

在鱼类繁殖季节（4—7月），根据上游来水情况，定期加大生态流量泄放，人为控制增加涨水次数，为鱼类产卵繁殖创造适宜的水动力学条件。另外对于产漂浮性卵的鱼类，要在其产卵期维持河道内一定的流速，以利于卵苗的降河洄游，避免漂浮性鱼卵失速沉没。

以"四大家鱼"为例，2011年6月中旬在三峡水库水位消落阶段，开展了促进"四大家鱼"自然繁殖的生态调度试验，以南津关、宜都江段作为基础监测江段。调度过程自6月16日起，三峡水库下泄流量保持每天2000m³/s的增幅，形成持续4天的涨水过程。试验期间，宜都江段出现一次家鱼产卵过程，产卵量为0.22亿粒（尾）。此后至7月中旬，长江上游天然来水形成两个大洪峰过程。宜都江段又监测到一次家鱼产卵过程，产卵量为0.36亿粒（尾）。

1.3.3 优化水轮机设计以改善过鱼效果

　　水轮机是水电站的关键设备之一。鱼类（包括成鱼和鱼苗）通过水轮机的高死亡率，是筑坝负面影响的重要表现之一。传统的水轮机在设计时往往仅考虑发电的需求，而很少考虑水轮机有鱼通过时对鱼类的影响。当前，对"鱼类友好型水轮机"的研究和应用越来越多，该类型水轮机既可以提供对鱼类有利的水轮机流道环境又可改善河道水质。

　　鱼类友好型水轮机的概念最早出现于 1995 年，其设计基于鱼类通过水轮机流道可能受伤害的机理，通过改进水轮机流道尺寸、水轮机部件的形状及水轮机运行参数，使鱼类通过水轮机下行时受到的伤害最小。为设计鱼类（如鲑鱼、鳗鲡等）友好的水轮机，国外已经开展了大量的研究。到 21 世纪初，这种生态型水轮机的研究依然还是热点，而且除了机械和水力参数外，溶解气体的过饱和度、应用生物可降解润滑油等也被考虑在内。1994 年美国能源部与美国水电行业联合启动了"先进水轮机系统"（advanced hydro turbine system，AHTS）项目研究。AHTS 的研究目标是基于对鱼类通过水轮机后死亡的机理研究，开发新型水轮机，使鱼类通过水轮机时受到的伤害或死亡率最低，创造良好的环境（即保持通过水轮机的水质良好）并高效发电。2003 年英国碳基金也启动了支持"鱼类友好的水轮机"工程计划，旨在深入探索工程和渔业议题，开发更有实践意义的水轮机。加拿大研究者设计了具有"最低间隙"（minimum gap runner）特征的新型水轮机，既保护了鱼类，又提高了发电效率。

1.3.3.1 对传统水轮机部件的改造

　　目前对传统水轮机的改造（如美国的 Rocky Reach 电厂、Bonneville 大坝、Kentucky 坝、Norris 坝等）主要基于美国 AHTS 项目研究提出的设计环境友好型水轮机所需遵循的概念和准则。

　　对传统转桨式水轮机的改造最具代表性的是美国格兰特县公共事业管理区（格兰特 PUD）所做的工作。格兰特县公用事业管理区运营哥伦比亚河上 Wanapum 与 Priest Rapids 两座水电站工程，对 Wanapum 坝的转桨式水轮机进行的改造主要包括：消除转轮与基础环之间的间隙，以及消除桨叶与转轮轮毂之间的间隙，保护通过水轮机的鱼类；最小化水轮机转轮与基础环之间间隙还能使通过的流量最大，从而更好地利用通过水轮机的水流；优化转轮叶片的设计，使水轮机周围的压力分布更均匀，降低压力—时间与速度—距离的梯度，减少由于快速的压力变化而造成的鱼类伤亡。同时，优化后的叶片前缘较钝，进一步减小鱼类被叶片击伤的概率；将活动导叶和固定导叶对齐，以减少鱼类的接触点，并且将叶片从 5 个增加到 6 个，导叶从 20 个增加到 32 个；发现有空蚀问题的部分用不锈钢进行更换等。由于叶片和导叶的增加，预计新水轮机将使发电总效率提高大约 3%，总装机容量提高 15%。上述这些转桨式水轮机的环保改造，综合考虑了美国水电行业掌握的鱼类通过水轮机的所有技术。

　　对混流式水轮机的改造最重要的方面是增强混流式水轮机下泄水溶解氧水平。若对该类型水轮机进行合理设计，使水流流经水轮机时能通过自掺气以提高溶解氧含量，则可有效地改善下游河道的水质，在经济和生态环境保护方面都具有重要意义。最具代表性的为美国 Voith 水电公司和田纳西河流域管理局从 20 世纪 80 年代开始研究的提高混流式水轮机下泄水溶解氧水平的改造技术。这种技术的原理是利用水流流过水轮机时的低压来诱导气体进入水流，以实现自掺气。对水轮机部件的设计使得水流通过水轮机时，水轮机中特定位置的低压被强化，以容许空气自然而然地被吸入而实现掺气，并尽量减小掺气带来的发电损失。Voith 水电公司还通过使用空的叶片和增加掺气孔来进一步增加溶解氧含量，改良混流式水轮机自动掺气设计。试验结果表明，当单机组运行、所有掺气选项投入使用，以及水流输入的溶解氧为零时，这种自动掺气技术能使溶解氧浓度增加 5.5mg/L（March et al，1999）。水轮机掺气技术在 Norris 工程中得到了应用，不但下游溶解氧水平得到改善，而且原机组在包括效率（3.7%）和容量（10%）等方面得到全面提高，并且这种类型水轮机在空化和振动方面都有显著改善（March et al，1999）。

1.3.3.2 新型水轮机的开发

目前美国尚在设计推广阶段的 Alden/Concepts NREC 水轮机是最具代表性的新型环保型水轮机。该水轮机是在美国能源部的"先进水轮机系统"项目下，由 Alden 实验室和北方研究工程公司（NREC）共同设计研发的。Alden/Concepts NREC 水轮机设计特点是仅有 3 个叶片，叶片尺寸较大，呈螺旋状绕中心体包卷，叶片旋转缓慢。由于 Alden/Concepts NREC 水轮机设计的几何形状可逐渐降低压力，将可能伤害鱼类的水流流速的突然变化减到最小，在鱼类通过这种旋转更慢、叶片更少、尺度更大的水轮机时，将更不容易受伤。2001—2002 年对尚停留在概念阶段的 Alden/Concepts NREC 水轮机进行了中试规模的生物学评估，具体信息可见 Powergen 网站（http：//www. powergenworld-wide. com）。以虹鳟、美洲鳗等作为实验对象，在长达 1h 的试验中，所有通过水轮机的美洲鳗都存活下来，如果把潜在的死亡率计入在内，测得的美洲鳗通过水轮机 96h 后的成活率高达 99%。基于中试规模的试验结果，这种新型水轮机在投入使用后，预计能保证鱼类过水轮机后的存活率高于 96%。

美国电力研究院（EPRI）2009 年获得美国能源部 120 万美元的资助，继续进行 Alden/Concepts NREC 水轮机的初步工程设计和实体模型检测，并进一步研发，重新设计转轮和蜗壳，并调研了水轮机叶片形状、厚度、速度与鱼类死亡率的关系，以求进一步提高该水轮机的环保性能，将其从概念阶段转化为商业化生产和实地测试阶段。

1.3.3.3 生物可降解润滑油在水轮机中的应用

水轮机液压油等的泄露会直接危害水环境。生物可降解润滑油由于其可降解性和无毒性，已被越来越多地应用于机械和液压系统。目前应用的生物可降解润滑油主要有 HETG（植物型）和 HEES（合成酯型）两种。合成酯型润滑油的生物可降解能力与植物型润滑油相似，同时还具有很好的低温流动性能和出色的高温抗氧化性能。这些性能与传统矿物油型润滑油特性相似，是传统润滑油优质的替代品。已有的运行测试表明，双酯类生物可降解油运用在水轮机上的表现和效果，等于甚至好于传统的矿物油。目前合成酯型的基础油存在的主要问题是价格昂贵，但是随着工艺技术的改进，这些缺点有望被克服。

在欧洲，生物可降解润滑油已在水电站中得到应用。2006 年 5 月开始投入运行的斯洛文尼亚总装机容量 33MW 的伯斯塔那水电站是该国首次使用生物可降解液压油的水电站，将生物可降解润滑油用于电站的液压系统和某些水轮机系统中。在润滑油的选择上，考虑到植物型润滑油的不足并参考其他欧洲国家水电站的经验，斯洛文尼亚国家电力生产股份公司（HSE）选择了瑞士苏黎世 Panolin AG 公司生产的饱和合成酯型润滑油。该类润滑油具有比较高的挥发温度，能提供高强度的润滑油膜并分散油沉积物，具有很高的生物可降解性。但与传统润滑油相比，这种合成酯类的润滑油成本很高。HSE 却认为，在施工和招标阶段就将使用这种环境友好的润滑油计入其中，比将来重新更换整套系统的成本会低得多，另外，这类油如果泄漏到河流中，与传统润滑油相比，所造成的环境影响要小得多。

1.4

其他护鱼措施

1.4.1 人工增殖放流

瑞典在 20 世纪 20 年代就注意到修建水库淹没天然产卵场的问题。对产卵场消失的鱼类而言，鱼道对资源的保护和修复作用不大。而人工增殖放流是天然产卵场的重要替代措施。人工增殖放流就是采用人工孵化场，即拦捕亲鱼后，人工采卵，孵化成幼鱼后向特定水域投放一定数量的补充群体，实现目标种类资源量恢复和增殖的方法。这种方式既不需要亲鱼过坝，又解决了幼鱼下行问题，是目前国际上普遍采用的珍稀、濒危物种保护和渔业资源恢复手段之一。

1954 年，苏联政府在里海流域建立了 13 个人工增殖站，在伏尔加河下游建立了 8 个。1955—1985 年，里海流域放流全长 7～10cm 的俄罗斯鲟 2100 万尾/年，1963—1975 年，放流相同规格欧洲鳇 1200 万尾/年。在增殖放流实施一段时间后，通过渔获物分析，伏尔加河约 27.7% 的俄罗斯鲟、30.1% 的闪光鲟和 91.5% 的欧洲鳇来自人工放流的幼鲟，促进了 20 世纪 70 年代里海的鲟鱼资源恢复，大幅度地提高了鲟鱼产量。

21 世纪以来，我国的鱼类人工增殖放流工作得到了普遍推广。从 2005 年长江珍稀和经济鱼类放流项目启动实施以来，3 年中沿江十省（直辖市）已向长江干支流及湖库水体投放中华鲟 225352 尾，达氏鲟 22000 尾、胭脂鱼 690780 尾，补充了这些珍稀种类在长江天然水体中自然种群数量，可适当减缓其物种的衰退、濒危和灭绝，起到一定的物种保护作用；放流经济鱼类 45 种 15.75 亿尾，除了"四大家鱼"，还有长江特有的其他经济鱼类及大鲵、中华鲟、中华绒蟹等其他水生生物，较为有效地补充了长江天然水体中经济鱼类种群，可促进其资源增殖，对长江中上游特有经济鱼类也起到了一定的保护作用。

人工孵化场及产卵槽是人工增殖放流的主要设备，目前美国、加拿大两国较多，有名的有美国的德沃歇克（坝高 219m）、大苦里（坝高 165m）、底特律（坝高 110m）及寇利兹孵化场、加拿大的麦他魁克孵化场。孵化场主要组成部分一般有下游拦鱼导鱼堰、亲鱼进口、输鱼、选鱼、孵鱼、养鱼设备以及供水、转运等设施。寇利兹鲑鱼人工孵化场的设置，解决了摩西罗克坝（坝高 184m）的过鱼问题。寇利兹孵化场布置见图 1.6。

产卵槽是模仿天然产卵场的条件（水质、水深、流速及环境等）的人工孵育设施，可

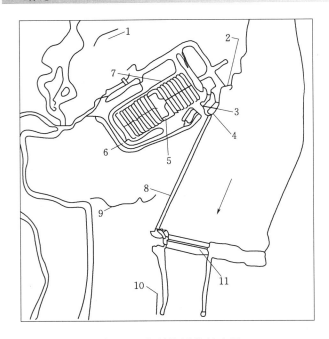

图 1.6　寇利兹孵化场布置
1—回灌井；2—泵站；3—分类设备；4—减氮塔；5—孵化
建筑物；6—容鱼饲养池；7—饲养池；8—鱼道；9—温
度控制井；10—孵化用水井；11—拦鱼堰

以解决人工孵化场孵出的小鱼长成以后成活率不高的问题。美国、加拿大两国有多处产卵槽，如美国的麦克纳里坝、黄尾坝产卵槽以及加拿大的琼斯溪、罗勃逊溪和西顿溪产卵槽。

鱼类增殖放流站主要建筑有蓄水池、亲鱼培育池、催产孵化车间、鱼苗培育缸（池）、鱼种培育池、大规格鱼种培育池、养殖污水处理池、活饵料培育池、防疫隔离池、综合楼、进场公路及其他配套设施，培育池和车间尽量按照生产流程规划布置，站内需种植树木和草皮进行绿化，绿化面积不应低于30%。

图 1.7 为广西乐滩水电站忻城县鱼类人工增殖保护站布置示意图。图 1.8 为索丰营鱼类增殖站示意图。

图 1.7　乐滩水电站忻城县鱼类增殖保护站平面布置示意图
1—培育塘；2—亲鱼塘；3—收苗池；4—孵化环道；
5—圆形产卵池；6—变压器；7—水池

人工增殖放流的副作用主要是影响了放流种类自然种群的遗传多样性。近年来，除上述的"河道外"人工再造的鱼类增殖站的措施外，还提出了在"河道内"依据鱼类保护要

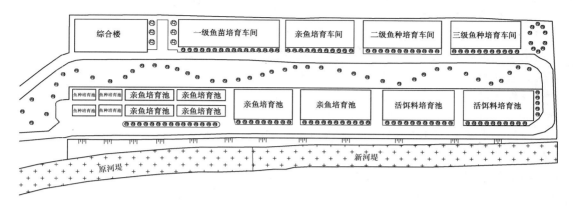

图1.8 索丰营鱼类增殖站示意图

求，采取工程措施及优化调度等方式再造鱼类适宜生态环境的保护措施，例如葛洲坝下游的人工再造中华鲟产卵场方案。

1.4.2 栖息地保护和修复

国内外已有较多在水利水电开发中进行鱼类栖息地保护和栖息地修复的实例。栖息地保护措施通常在进行水利水电开发流域规划时就已提出，栖息地修复措施一般是在单个项目建设时具体考虑。

以金沙江上游水电规划的自然保留河段为例，根据调查，金沙江上游共分布有27种土著鱼类，主要可分为3大类：裂腹鱼类、鮡科鱼类和高原鳅类。其中，裂腹鱼类是金沙江上游个体最大的鱼类，也是主要渔获对象和优势种，是规划河段需重点保护的鱼类，其大部分能在梯级水库库尾或近岸缓流区域生活，但繁殖要求条件高，需要足够长度的干流或者较大的支流保证其长期繁衍；鮡科鱼类的生活和繁殖对急流水环境的要求都很高，梯级开发后，金沙江上游干流仅有长度为61km的洛须保留河段满足其生存要求，长期维系种群仍有较大风险，需进一步加强对适宜支流的保护；高原鳅类适应能力相对较强，干流开发后，在梯级水库库尾及支流中均可生存，仅保护支流即可有效保存较大的种群量。以上3类鱼类的重要栖息地主要分布在干流奔达乡附近河段、洛须宽谷河段、岗拖坝址附近河段、赠曲河口至波罗乡附近河段和玛曲汇口河段，以及支流色曲、藏曲、热曲、赠曲、定曲等河段。为保护金沙江上游水域分布的3类鱼类的重要栖息地，以及奔达乡和岗托坝址附近的鱼类产卵场，在金沙江上游水电规划中制定了以"洛须保留河段＋支流赠曲下游河段＋支流藏曲下游河段＋巴塘保留河段＋支流定曲下游河段"为鱼类保护河段，暂时不将晒拉、岩比梯级纳入实施方案的综合保护方案，可以使该流域鱼类重要栖息地得到有效保护。

鱼类栖息地修复，国外很多国家和地区的相关研究和应用都开展较早，苏联在库班河的Fedorovsk大坝下游和伏尔加河的伏尔加格勒大坝下游为闪光鲟进行了产卵场营造，为其自然繁殖提供了条件；加拿大魁北克省在Prairie河上建立了湖鲟人工产卵场，后被证明对鲟类的繁殖是有效的。鱼类栖息地修复技术的效果评估工作在20世纪30年代即已开展。在关于鱼类栖息地修复措施的效果评估报告中，大部分都是关于河流内栖息地结构改造的。Roni 等综述了前人关于河流内栖息地改善工程对鲑（溯河洄游性）的影响，大部分研究都表明河流内栖息地改善工程对幼鲑的存活率产生了积极影响，并指出不同河流栖息地修复技术只要应用正确、合理，都能为幼鲑提供重要栖息地。该研究者还总结了河流内栖息地修复工程对除鲑以外的其他鱼类的影响，并指出在鱼类多样性较高的河流，通过栖息地改造工程增加河流内栖息地的多样性，能有效增加鱼类的多样性。

国内关于鱼类栖息地修复技术的研究起步相对较晚，目前已有很多水利水电工程为了减缓其建设对相关河段的鱼类资源及其他水生生物所造成的不利影响，采取了栖息地修复等保护措施。例如，澜沧江大华桥水电站为了保护该工程影响江段的数十种特有鱼类及其栖息地，从支流的地理位置、水文状况、生境多样性、饵料生物、鱼类种类以及对所在水域鱼类保护产生的作用大小进行综合比选，将该工程影响江段的支流玉龙河作为其特有鱼类的栖息地保护支流，并对该支流的鱼类栖息地进行修复和改造，所采取的修复和改造措施包括岸坡护理、产卵繁殖生境人工营造、索饵场所营造、越冬场所营造及河流连通性修复等措施。

1.4.3 开闸纳苗

对沿江沿海的枢纽，在鱼汛期，当下游的水（潮）位高于上游时，可局部开启水闸闸门的纳苗孔，使下游大量幼苗可随水（潮）流纳入上游。这是增殖上游水产资源简易而有效的措施。

江苏省太湖水产试验站 1963 年 6 月，在太仓县浏河闸下测定河蟹大眼幼体密度，河边的表层为 208300 只/m³，中层为 25421 只/m³；河中的表层为 4251 只/m³，中层为 3124 只/m³。当年即在浏河闸开始开闸纳苗，次年在沿江水闸中普遍推广。浏河闸历年平均纳苗量为 2～5t（每市斤蟹苗约 8 万～9 万只）。

湖北省武汉市和洪湖县亦于 1964 年开始开闸纳苗。该省的纳苗门有 3 种类型：原闸门上开纳苗孔；两节闸门（原闸门分为上下两块，中间用螺杆连接，纳苗时开启上闸门）；闸槽中加分节闸板。

当开闸纳苗历时较长，倒灌水量较大时必须注意两个问题：①倒灌水量是否影响上游排水，倒灌海水（在沿海挡潮闸上）是否影响上游水质；②倒灌水流是否引起闸上底板或岸坡的冲刷。

1.4.4 禁渔期制度

长江渔业是我国淡水渔业的摇篮，鱼类基因的宝库，经济鱼类的原种基地。长江渔业苗种丰富，并有种质优势、生长快、抗病力强等特点，在我国淡水渔业经济中具有举足轻重的地位。历史上长江捕捞产量最高的年份达 45 万 t，占全国淡水捕捞产量的 60%；"四大家鱼"、鳗鱼苗种最高年捕捞量达 300 亿和 2 亿尾。随着长江流域经济的发展，长江渔业水域生态环境遭到破坏，渔业资源总量大幅下降。根据长江渔业资源监测网 10 多年的监测，渔业资源的衰退速度在加快，渔业捕捞产量明显下降，一些经济鱼类资源已经走向枯竭。

1954 年长江流域天然资源捕捞量达 45 万 t，1956—1960 年捕捞量下降到 26 万 t，20 世纪 80 年代年均捕捞量在 20 万 t 左右，2003 年前后年均捕捞量约为 10 万 t。20 世纪 60 年代以来，长江渔获物中洄游种类减少，渔获物趋于小型化和低龄化。20 世纪 60 年代初，长江上游地区主要经济鱼类约有 50 余种。70 年代中期，缩减到 30 种左右，减少的部分，主要是与中游地区与湖泊环境有密切联系的产漂流行性卵和半漂流性卵的江湖半洄游性鱼类。进入 90 年代，主要渔业对象的种类进一步减少到 20 种左右。海淡水洄游和江湖洄游性种类，已成为长江上游及主要支流的稀有品种。

为此，2002 年起，农业部开始在长江中下游试行为期三个月的春季禁渔。2003 年起，长江禁渔期制度全面实施，共涉及长江流域 8100 多 km 江段。禁渔范围为云南省德钦县以下至长江口的长江干流、部分一级支流和鄱阳湖区、洞庭湖区。葛洲坝以上水域禁渔时间为每年 2 月 1 日至 4 月 30 日，葛洲坝以下水域禁渔时间为每年 4 月 1 日至 6 月 30 日。禁渔对象为禁止所有捕捞作业。但实行捕捞限额专项管理的凤尾鱼和长江刀鱼捕捞除外。禁渔期间，开展长江渔业资源增殖活动。如果禁渔期实施到位，将能保护 2235 万尾"四大家鱼"产卵亲体，增加幼鱼发生量 12243 亿尾，对长江渔业资源的休养生息和一定程度恢复有着积极的作用。

2015 年禁渔时间进行了合理的调整和延长，统一了长江上中下游的禁渔时间，并从 3 个月延长到 4 个月，使禁渔期能涵盖长江流域大部分水生生物的主要产卵繁殖期。具体禁渔期为每年 3 月 1 日 0 时至 6 月 30 日 24 时。

1.4.5　鱼类保护区

2011 年农业部以第 1 号令公布了《水产种质资源保护区管理暂行办法》。从 2007 年起到 2016 年，农业部总共公布了 8 批国家级水产种质资源保护区，总共 458 处。中国的水产种质资源保护区是指为保护和合理利用水产种质资源及其生存环境，在保护对象的产卵场、索饵场、越冬场、洄游通道等主要生长繁育区域依法划出一定面积的水域滩涂和必要的土地，予以特殊保护和管理的区域。水产种质资源保护区分为国家级和省级，其中国家级水产种质资源保护区是指在国内国际有重大影响，具有重要经济价值、遗传育种价值或特殊生态保护和科研价值，保护对象为重要的、洄游性的共用水产种质资源或保护对象分布区域跨省（自治区、直辖市）际行政区划或海域管辖权限的，经农业部批准并公布的水产种质资源保护区。

拦河闸坝过鱼关键技术

2.1

概述

随着我国经济的发展，国家对生态保护日益重视，水利建设也已开始从工程水利向资源水利转变，保护水生态环境，实现人与自然的和谐共处已得到社会的普遍共识。在《国家中长期科学和技术发展规划纲要（2006—2020年）》重点发展的"水和矿产资源"领域中，明确将"研究水土资源与农业生产、生态与环境保护的综合优化配置技术"列为优先主题。

河流从源头到入海口是一个完整的生态系统，不仅是因为河流中鱼类等水生动物具有从海洋或湖泊至江河上游的繁殖、索饵和越冬等洄游活动，而且河流从源头至入海口的整个河流具有适合不同鱼类和水生动物栖息繁衍的多样化的生态环境。

我国内河水资源及水生物十分丰富，在长江、珠江、松花江等流域分布着中华鲟、达氏鲟、刀鱼、八目鳗等众多我国特有的名贵珍稀水生物种，这些水生物大多在一定的洄游季节有溯流而上繁殖、索饵肥育的习性。拦河（湖）修建的水利枢纽工程（河流梯级电站）切断了洄游性鱼类及水生动物生殖、索饵和越冬等的洄游通道，严重地影响了这些物种的生存，破坏了河流生态系统的完整性和物种多样性。如我国长江下游苏北地区，1959年开始修建了万福闸等一系列水利工程，切断了幼鳗、刀鱼等的洄游路线，使高邮湖、洪泽湖等地区的这些经济鱼类几乎绝迹，到1973年修建太平闸鱼道后，重新恢复沟通鱼类洄游路线，这些湖区的渔业产量才逐渐得到恢复。

此外，多数鱼类的产卵需要河流一定的流速、水温和河床地质条件，而拦河闸的修建改变了径流时空分配格局，使坝下江段含沙量明显减少，流量、水位和水温亦发生相应变化，电厂径流量的日调节引起坝下河道水位频繁波动，对产黏性卵鱼类的繁殖也是不利的，破坏鱼类产卵场，降低遗传品质。如长江葛洲坝和三峡的建成运行，不仅中华鲟等洄游性水生动物被阻隔在坝下，且重庆以下江段的"四大家鱼"产卵场被淹没，坝下荆江河段的"四大家鱼"产卵场的产卵规模也将因电站运行对河流水生态环境的改变而受到不同程度的影响，据估算因坝下江段和通江湖泊苗种的供给大幅度地减少，仅"四大家鱼"鱼苗一项减少的数量即可达10多亿尾，从而使中游江段和通江湖泊内丰富的饵料生物不能被大型的经济鱼类充分利用，代之而起的将是渔业价值较低的小型鱼类。

因此在水利建设中重视保护洄游性水生物的洄游路线，实现人与自然的和谐共处，对实现水利的可持续发展极其重要。保护洄游性水生物的工程措施方面，建设过鱼设施是解决该问题的重要手段和措施。国外过鱼设施的研究已经有几百年的历史，早在1662年法国贝阿尔省就已经规定在堰坝上必须建造供鱼类上、下通行的通道，到20世纪60年代初，美国、加拿大两国有过鱼建筑物 200 座以上，西欧有 100 座以上，日本约有 35 座。而我国在 1958 年规划开发富春江七里垅水电站时才首次开始进行过鱼建筑物的研究工作。随后江苏、浙江、广东等地区的低水头水利工程上建设了多座过鱼建筑物，取得了较好的社会、经济效益。鱼道水力学、鱼类生物力学等相关学科也得到了发展。进入 80 年代，水利开发逐渐向中西部地区拓展，这些地区的水利工程建设过鱼设施大多存在工程投资高、技术难度大等问题，一些工程放弃了过鱼设施，因此，洄游性水生物工程保护措施研究这一公益性基础研究的工作也随之停滞了近 20 年，相关的研究资料匮乏，在中小河流水利开发项目环评中对河流鱼类等水生生物本底调查不够，导致在项目环评中对该河流的水生生态系统和物种不清楚，评价深度不够。此外，由于研究工作停滞时间比较长，缺少对国外过鱼设施最新研究进展情况的了解，对保护洄游性水生物的工程措施研究还基本处在 20 世纪七八十年代的水平，对过鱼建筑物的研究还很粗浅，因此建设的鱼道等措施仅适应于少数鱼类，且效果也不太理想，这也导致了一些新建工程虽有保护洄游水生物的愿望，但由于缺少相关的研究基础，只能放弃和暂缓相关保护工程的建设。当前我国正面临水电建设大发展的时期，与此同时，生态环保的观念也日益深入人心。为保护鱼类资源，恢复和维持河流的生物和遗传多样性，迫切需要加强对大坝过鱼技术的研究。

2.2

鱼道研究简介

2.2.1 研究现状

水利工程对水生生物最显著的影响就是修建的拦河（湖）闸坝，切断了水生生物的洄游通道，在鱼类的洄游线路上形成活动障碍，鱼道就是为洄游性水生生物提供跨越大坝、拦河堰等障碍，沟通水生生物洄游线路的一种最常用的建筑物。

最早的鱼道是开凿河道中的礁石，疏浚急流等天然障碍以沟通鱼类的洄游路线，在1662年法国西南部的贝阿尔恩省颁布规定，要求在堰坝上建造供鱼上下通行的通道，但这些鱼道结构十分简单仅在槽底部固定一些树枝之类以减小水流流速，让鱼类通过堰坝。1883年苏格兰珀思谢尔地区泰斯河支流上的胡里坝建成了世界上第一座真正意义上的鱼道。进入20世纪，随着世界经济的快速发展，水利水电工程得以蓬勃地开展，同时这些工程对鱼类资源的影响也日益突出，鱼道的研究和建设随之发展起来，如1909—1913年，比利时工程师丹尼尔对渠槽加糙进行了系统的试验和研究，发明了著名的丹尼尔型鱼道；1938年美国在哥伦比亚河邦维尔坝上建成了世界上第一座有集鱼系统的过鱼建筑物；在此基础上，1953年在麦克纳里坝过鱼设施上提出了比较具体的技术指标，有了成文的条例。

在20世纪，世界上水头最高、长度最长的鱼道分别是美国在20世纪50年代建设的北汊坝鱼道（提升高度60m，全长2700m）和帕尔顿鱼道（提升高度57.5m，全长4800m）。目前水头最高、长度最长的鱼道则是巴西在2003年建成的伊泰普鱼道，其水位落差120m，渠道的总长度约为10km，渠道内的水流速度不超过3m/s，渠道最小深度为0.8m，典型断面的过水面积为4m²，渠道流量为11.4m³/s，为一条原生态式鱼道。据不完全统计，美国和加拿大已经建设各种过鱼建筑物200座以上，欧洲100座左右，日本约35座，苏联约15座，其中比较著名的鱼道有美国的邦纳维尔坝鱼道、北汊坝鱼道、帕尔顿鱼道、加拿大的鬼门峡鱼道以及英国的汤格兰德坝鱼道等（表2.1）。

国外鱼道的主要过鱼对象为鲑鱼、鳟鱼等具有较高经济价值的洄游性鱼类。其过鱼方式一般是通过水利工程设置的鱼道上溯至固定的产卵场产卵。这些鱼类个体较大，克服流速的能力很强，对复杂流态的适应性也较好，故国外近代鱼道的底坡达1:16~1:10；过鱼孔设计流速达2.0~2.5m/s，每块隔板的前后水位差在30cm以上。

表2.1　国外著名鱼道概况

国别	鱼道地点	所在河流	建成年份	过鱼品种	底坡	长度	池数	流量	宽	长	深	级差	潜孔	表孔	备注
美国	邦纳维尔坝(Bonneville)	哥伦比亚河	1938	鲑、鳟、鲥	1:16	3×399m	75个	3×4.5m³/s	11(1道) 12(2道)	4.8	1.8	0.30~0.45	有	有	连同诱鱼流量共约226m³/s，年平均过鱼65万尾，坝高18.9m，尾水波幅很大
	麦克纳里坝(McNary)	哥伦比亚河	1953	鲑、鳟、鲥	1:20	2×670m		3×5.1m³/s	9.0	6.0	1.8	0.30~0.45	0.58m(高)0.53m(宽)	9.0m×0.3m	连同诱鱼流量共约283m³/s，1954年过鱼106万尾，坝高48m，提升高度约25m
	冰港坝(Ice Harbor)	蛇河	1965	鲑	1:16 1:10			4m³/s 1.87m³/s	7.32 4.88	4.88 3.05	1.83 1.83	0.30 0.30	0.53m×0.53m(2个) 0.46m×0.46m(2个)	7.32m×0.60m 1.52m×0.60m(2个)	连同诱鱼流量共约72m³/s，坝高68m
	威尔斯坝	哥伦比亚河	1969	鲑、鳟	1:10	2×225m	2×56个 2×17个	2×1.5m³/s	3.6	3.0 4.8	2.1	0.30 0.15~0.30	0.46m×0.38m 0.76m×0.61m	总宽2.1m	连同诱鱼流量共约142m³/s，坝高22m
	帕尔顿坝	德苏特斯河	20世纪50年代		1:16	4800m	900~1000个	1.22m³/s	3.05	4.80	1.83	0.30	0.4m×0.43m	可过0.28m³/s	当前世界上最长的鱼道，总提升高度57.5m
	北汊坝(North Fork)	克拉克马斯河	1950		1:16	2700m	73个 4个	1.22m³/s	3.05	4.90 10.50	1.83	0.15	0.43m×0.43m	可过0.28m³/s	当前世界上总提升高度最大的鱼道，高达60m
	Bosher大坝	詹姆斯河	1999												垂直竖缝式鱼道
加拿大	鬼门关(Hell's Gate)	弗雷泽河	1946	鲑	1:18	48.5m	31个 4个	0.53m³/s	6.0 2.7	5.4 3.0	1.8				导竖式隔壁、缝宽0.75m及0.3m，上下游览波幅大
	拖碧克坝	拖碧克河		鲑	1:10	240m	21个 13个		1.8	3.0		0.30			20世纪60年代修建了溢流表孔，过鱼较好
英国	汤格兰德坝		1935	鲑	1:7.5	170m	14个	0.53m³/s	3.6	4.5	1.8				年过鱼约4000尾
	皮特罗基里坝(Pitlochry)	通迈耳河	1954	鲑、鳟、鳗	1:17.3	135m		1.36m³/s	4.2	7.8	2.1	0.6	直径0.82m		两岸各设1条鱼道，同侧溢流表孔深25cm
日本	河口堰	利根川	1971	鲑、鳟、鳗		60.5m	16个	1.37m³/s	7.5	5.0	1.3	0.45			两岸各设一条鱼道，总水位差2.5cm
	北上大堰	饭野川	1976	鲑		10000m			3.0			0.10			
巴西	伊泰普鱼道	巴拉那河	2003												2003年建成，水位降落120m，为一原生态式鱼道

国内鱼道的主要过鱼对象一般为濒危鱼类、珍稀珍贵鱼类、鲤科鱼类和虾蟹等幼苗。由于其个体较小，克服流速能力也小，对复杂流态的适应能力也差，所以，在我国鱼道设计中，对流速和流态的控制要求较严。目前，国内已建的鱼道大多布置在沿海沿江平原地区的低水头闸坝上，底坡较缓，提升高度也不大。

我国过鱼建筑物的建设和研究历史还较短。1958 年我国在浙江富春江七里垅电站中首次设计了鱼道，最大水头约 18m，并进行了一系列的科学试验和水系生态环境的调查。1960 年黑龙江省兴凯湖首先建成新开流鱼道，总长 70m，宽 11m，运行初期效果良好，后毁于洪水。1962 年兴建成鲤鱼港鱼道，1966 年江苏大丰县斗龙港鱼道建成，初显效益，推动了江苏省低水头水闸型鱼道的建设。此后，在江苏省建成了太平闸等 29 座鱼道。至 20 世纪 80 年代，国内相继建成了安徽裕溪闸鱼道、江苏浏河鱼道、江苏的团结河闸鱼道、湖南洋塘鱼道等 40 余座过鱼建筑物。1990 年改建绥芬河渠道拦河坝时，修建了鱼道，上下游水位差为 1.5m。在 20 世纪，我国在沿海挡潮闸和平原水闸处修建的鱼道较多，在内河上修建的鱼道较少。鱼道设计、建设、运行管理存在一定问题，导致鱼道运行效果不佳。主要问题如下：

（1）洄游鱼类的基础资料研究不够深入。过鱼种类多，习性差异大，是我国鱼道建设中需要解决的重要问题。

（2）目前我国对鱼道设计主要为参考国外设计规范和国内外一些已建鱼道工程的经验，对鱼道的规划设计还不够成熟。

（3）生态环境问题存在多样性和复杂性，影响鱼道过鱼效果。

21 世纪以来随着我国对水利工程建设中的生态环境和物种资源保护的日益重视，除各种过鱼建筑物的建设将日益增多外，其他各种保护鱼类资源的措施如人工增殖、放流以及人工再造鱼类适宜生态环境等也将得到较大发展。近期国内建成或正在修建的鱼道主要有北京的上庄新闸鱼道、吉林老龙口鱼道、广西长洲鱼道、广西鱼梁鱼道和江西石虎塘鱼道等。其中广西长洲水利枢纽鱼道全长 1443m，提升高度 15m，水池宽度为 5m，主要通过的鱼类有：中华鲟、鲥鱼、花鳗鲡、鳗鲡、七丝鲚、白肌银鱼。国内部分鱼道概况见表 2.2。

2.2.2 鱼道的分类

鱼道是为洄游性水生物提供跨越大坝、拦河堰等障碍，沟通水生物洄游线路的一种最常用的建筑物。鱼道按其结构型式可以划分为槽式鱼道、横隔板式鱼道（pool-type）、原生态式鱼道（close-to-nature style）和特殊结构型式的鱼道等。

2.2.2.1 槽式鱼道

该型式鱼道为一条连接上下游的加糙水槽，主要通过在槽壁和槽底布置间距甚密的各类阻板和砥坎，消杀能量、减低流速（图 2.1）。其优点是尺寸小、坡度陡、长度短，因而较为经济，且鱼类可在任何水深中通过，过鱼速率较快。但该类型鱼道水流紊动剧烈，适应上下游水位变幅差，加糙部件结构复杂，不便维修。最典型的就是由比利时工程师丹尼尔发明的丹尼尔式鱼道（Denil fishway）（图 2.2）。该类型鱼道主要适用于水头差不大且克流能力强的鱼类，目前在我国尚无应用实例。

表 2.2　国内部分鱼道概况

鱼道名	鱼道类别	地点	主要过鱼品种	长度/m	宽度/m	水深/m	底坡	设计水位差/m	设计流速/(m/s)	隔板型式	隔板块数	隔板间距/m	备注
斗龙港	沿海	江苏大丰	鳗、蟹、鲻、鲅、鲈	50	2	1	1:33.2	1.5	0.8~1.0	两侧导竖式	36	1.17	钢筋混凝土槽式,1966年建成
太平闸	沿江	江苏邗江	鳗、蟹、四大家鱼、刀鱼	297.3 127.0 117.0	3 2 4	2 2 2	1:115 1:86 1:115	3.0	0.5~0.8 小流速区为0.3	梯形表孔、长方底孔	117	4.5 2.5 4.5	2个进口,1个出口,梯-矩型综合断面,有分流交合池,室及闸门自控设备,1973年建成观测
浏河	沿江	江苏太仓	鳗、蟹、四大家鱼、刀鱼	90	2	1.5	1:90	1.2	0.8	梯形表孔、正方底孔	35	2.5	进口在小电站旁,电站旁有平台,电站尾水平台有集鱼系统,1975年建成
裕溪闸	沿江	安徽和县	鳗、蟹、四大家鱼、刀鱼	256	2 1	2 2	1:64 1:64	4.0	0.5~1.0	两侧导竖式	97 197	2.4 1.2	进口在深孔闸门旁,有补水孔及纳苗门,大小鱼道并列,1972年建成
团结河	沿海	江苏南通	鲅、鲈、鲻	51.3	1	2.5	1:50	1.0	0.8	平板表孔	32	1.5	进口在闸门旁,闸墩上有竖向进鱼孔,1971年建成
洋塘	低水头枢纽	湖南衡东	银鲴、草鱼、鲤、鳊	317	4	2.5	1:67	4.5	0.8~1.2	两表孔、两潜孔	100	3.0	主进口在泵站下游,有3个辅助进口、泵站及电站尾水平台,补水系统,有合池,上游补水渠,1979年建成
上庄新闸	低水头枢纽	北京市	细鳞鱼、麦穗鱼、大鳞泥鳅、中华多刺鱼	160	2.0	1.2	1:40	3.8	0.87	垂直竖缝	61	2.5	布置于拦河坝右岸35m处,平面布置为倒置的C形,2006年12月建成
老龙口	低水头枢纽	吉林春晖	大麻哈鱼、七鳃鳗	281.6	2.5	2.5	1:10	28	0.3~2.35	垂直竖缝	88	3.2	钢筋混凝土槽式,进口在厂房尾水旁,2009年建成
长洲	低水头枢纽	广西梧州	中华鲟、鲥鱼、鳗鲡	1443.3	5	3	1:80	15.29	0.8~1.3	一侧竖孔-坡孔、一侧底孔	198	6.2	钢筋混凝土加浆砌石槽式,进口在厂房尾水旁,2010年建成
石虎塘	低水头枢纽	江西赣江	青鱼、草鱼、鲢鱼、鳙鱼、鲂鱼	683	3	2	1:60	9.34	0.7~1.2	一侧垂直竖孔+一侧表孔	150	3.6	布置在枢纽右电厂与土石坝之间
鱼梁	低水头枢纽	广西右江	鳗鲡、白肌银鱼、青、草、鲢、鳙	754.27	3	2.5	1:61.7	10.75		垂直竖缝			布置在电站右岸坡

图 2.1　槽式鱼道（参见文后彩图）

2.2.2.2　隔板式鱼道

隔板式鱼道根据横隔板过鱼孔的形状、位置及消能机理不同分为溢流堰式、淹没孔口式、竖缝式和组合式等 4 种。该类型鱼道在鱼道槽身上设置横隔板将上下游的总水头差分成许多梯级，利用水垫、水流对冲、扩散及沿程摩阻来消能，创造适合于鱼类上溯的流态（图 2.3）。其优点是水流条件容易控制，结构简单，维护方便，能适应相对较高的水头，因此是目前国内外使用最多的鱼道型式。

2.2.2.3　原生态式鱼道

原生态式鱼道主要依靠延长水流路径和增加糙率来消能，这种类型鱼道很接近天然河道的情况，因此过鱼效果十分理想。2000 年，瑞典在其东南部的 Emån 河，位于 Finsjö 的两座毗邻的水电站上修建了两座新的类自然鱼道，2005 年 Calles 等对其重建 Emån 河的连通性及对溯河产卵鱼类的通过效果进行了评估。结果显示，进入类天然鱼道溯河产卵的鲑鱼有 90％～100％通过，通过的平均速率为 180～190m/h；而仅有 50％的溯河产卵的褐鳟能连续通过上述两道鱼道，表明褐鳟可能在确定上溯鱼道位置时遇到困难。类天然鱼道还具备为下行产卵的洄游鱼类提供通道的功能，另外监测数据表明通过该类型类天然鱼道的上溯 1 岁龄褐鳟密度比修建该鱼道之前的密度高。原生态式鱼道的主要缺点是它在障碍物附近需要相当大的空间，而且若没有特殊装置（闸门、水闸）就不能适应上游水位的显著变化。原生态式鱼道常见的有鱼坡（rock-ramp fishways）和旁通鱼道（bypass fishways）。鱼坡（图 2.4）一般适合在 4～6m 的低堰或水头

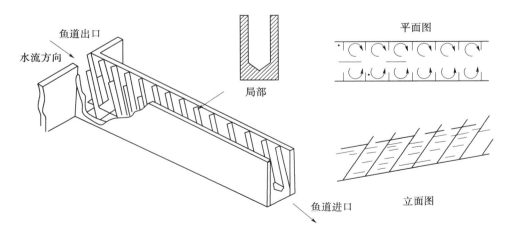

图 2.2　丹尼尔式鱼道示意图

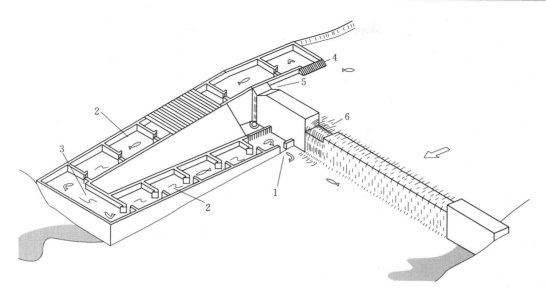

图 2.3 隔板式鱼道示意图（参见文后彩图）

1—进口；2—鱼道池室；3—休息室；4—出口；5—辅助诱鱼水流；6—电站/溢流坝下泄尾水

较低的枢纽采用，如挡潮闸，为了确保所有类型和各生命阶段的水生生物通过，类天然鱼道的坡度一般限制在 1‰～5‰。

　　20 世纪 80—90 年代，澳大利亚（Jungwirth，1996；Schmutz et al.，1998）、丹麦（Aarestrup et al.，2003）、法国（Larinier，1998）、瑞典（Calles et al.，2005）等国分别首次采用了该种类型的鱼道。该类鱼道类似于天然的边渠，具有适宜的底质、水流、形态与坡度，由一系列的水池和短的浅滩或者连续流动或湍流的生境组成。

　　旁通鱼道（图 2.5）主要利用旧河道等，在枢纽附近建立鱼类洄游的旁侧通道，这类鱼道受地形条件限制较多，一般只能在特定地形条件下采用。

　　旁通鱼道典型代表是 2003 年建成的伊泰普鱼道，其水位降落 120m，渠道的总长度约为 10km，其中 6.5km 是在 Bela Vista 河道的基础上改建而来，另外的 3.5km 渠道为新建部分。

2.2.2.4 特殊结构型式的鱼道

　　此类鱼道具有独特的结构型式，通常

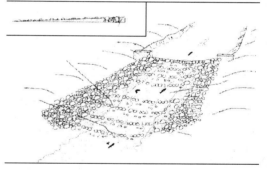

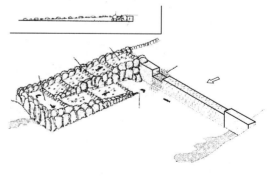

图 2.4 鱼坡（参见文后彩图）

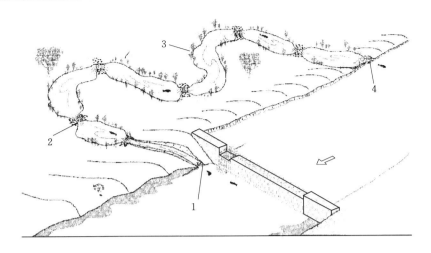

图 2.5　旁通鱼道示意图（参见文后彩图）

1—鱼道进口；2，3—仿天然河道；4—鱼道出口

仅为那些能爬行、能黏附、善于穿越草丛缝隙的水生物（如幼鳗、幼蟹等）上溯而设（图
2.6），如 1974 年加拿大圣劳伦斯河莫塞斯-桑德斯大坝修建的供美洲鳗上溯的鳗鱼道，该
鳗鱼道槽坡陡达 70°，全长 156m，爬升高度 29.3m，建成 4 年就通过了 300 多万尾美
洲鳗。

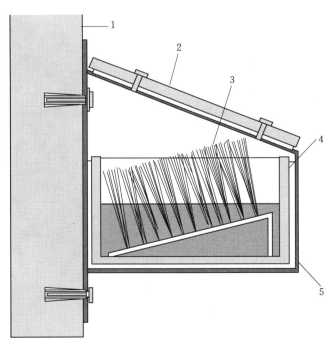

图 2.6　鳗鱼道示意图（参见文后彩图）

1—混凝土墙；2—遮盖物；3—密布的尼龙类物体；4—矩形槽身；5—支撑结构

2.3

隔板式鱼道特点

2.3.1 隔板式鱼道分类

隔板式鱼道按隔板上过鱼孔的形状、位置，可分为溢流堰式、淹没孔口式、竖缝式及组合式4种。

（1）溢流堰式：水流从隔板上部的堰式缺口下泄，适用于过表流、喜跳跃的鱼类。鱼孔在隔板顶部表面，水流呈溢流堰流态下泄，主要靠下级水池水垫来消能，过流平稳，堰顶可以是圆的、斜的、平顶的或曲面。但该型式鱼道消能不充分、适应上下游水位变动的能力差，主要用于早期的鱼道建设，如英国的特鲁因姆（Truim）鱼道和卡拉哥（Craigo）鱼道。在国内没有采用的工程实例，典型布置及样式见图2.7和图2.8。

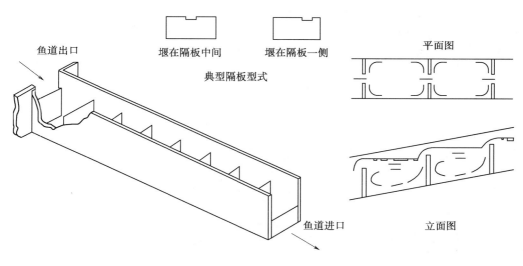

图2.7　溢流堰式鱼道示意图

（2）淹没孔口式：水流通过孔口，主要依靠水流扩散来消能，孔口一般宜布置在鱼道的底部，其较适用于需要一定水深的中、大型鱼类，底栖鱼群及各种小鱼，孔口的直径视不同过鱼种类而异，该型式鱼道能适应上下游较大的水位变幅，典型布置见图2.9。淹没孔口式按孔口型式，又分一般孔口式、管嘴式和栅笼式。

我国采用淹没孔口式隔板的有江苏团结河闸鱼道、洋口北闸鱼道等，它们均采用长方

图 2.8 溢流堰式鱼道（参见文后彩图）

形孔口。为了控制适当的流速和流态，相邻隔板上的孔口采取交叉布置的形式，取得了很好的效果。

法国研究了波尔达管嘴的水力条件，通过原体试验改进了波尔达管嘴型式，认为此型管嘴和一般孔口式和溢流堰式隔板相比，在过鱼率相同的条件下，造价最省。苏联对栅笼式鱼道的研究认为，这种栅笼能消除水流的收缩和扭曲，形成均匀扩散，在过鱼孔前形成最小流速的水流，对诱鱼、导鱼极为有利。

（3）竖缝式：即隔板过鱼孔为从上到下的一条竖缝，根据竖缝结构复杂程度可分为一般竖缝式和带导板的竖缝式；根据竖缝数量可分为有双侧和单侧竖缝式。竖缝式主要利用水流的扩散和对冲作用进行消能，消能效果比一般孔口式和溢流堰式充分，但其流态较复杂。样式及典型布置见图 2.10 和图 2.11。

国外对此型隔板作了较多的研究，其中以加拿大弗雷塞河上的鬼门峡（Hell's Gate）鱼道最为著名，目前国外这种型式采用较多。我国采用双侧导竖式的有斗龙港闸鱼道，瓜州闸鱼道等；采用单侧式导竖式的有利民河闸大鱼道、浙江七里垅鱼道、安徽裕溪闸鱼道及广西西江鱼梁鱼道等。

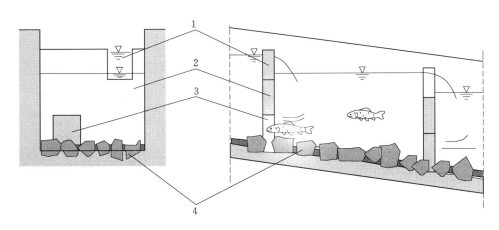

图 2.9 溢流堰和淹没孔式隔板示意图
1—溢流堰；2—隔板；3—淹没孔；4—加糙的池室底部

（4）组合式：此型隔板的过鱼孔，系溢流堰式、淹没孔口式及竖缝式的组合，该型

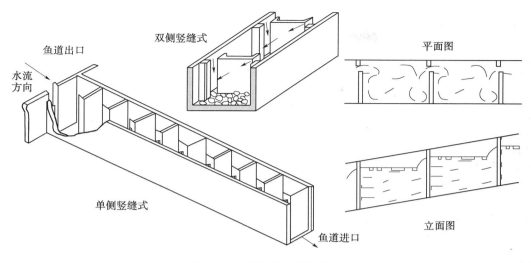

图 2.10   竖缝式鱼道示意图

式鱼道能较好地发挥各种型式隔板过鱼孔的水力特性，也能灵活地控制所需要的池室流态和流速，是目前采用最多的鱼道型式。国外最常用的是潜孔和堰的组合，如美国的邦纳维尔、麦克纳里、北汉及冰港鱼道等；国内较多采用的是竖缝与孔（堰）组合（图 2.12），如江苏辽河鱼道（孔口和竖缝）、湖南洋塘鱼道（孔口和堰）等，近年修建的西江长洲鱼道、江西赣江石虎塘鱼道、吉林省珲春河老龙口鱼道等均采用这种型式。

图 2.11   竖缝式鱼道典型布置（参见文后彩图）

图 2.12   孔缝组合式鱼道（参见文后彩图）

2.3.2　隔板式鱼道设计流程

隔板式鱼道设计流程见图 2.13，具体设计步骤如下：

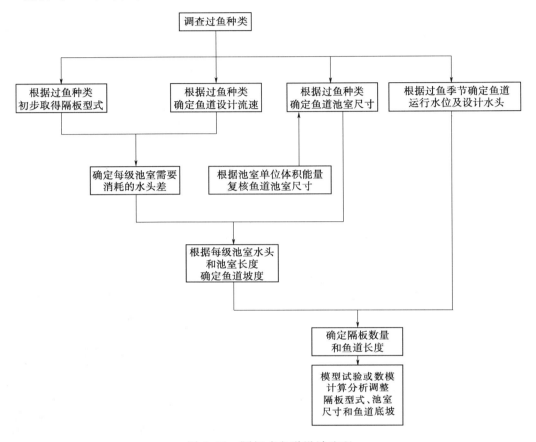

图 2.13　隔板式鱼道设计流程

（1）调查鱼道需要通过的过鱼种类。

（2）根据过鱼种类确定鱼道设计流速。

（3）根据过鱼种类确定鱼道上下游运行水位及设计水头。

（4）根据过鱼种类确定鱼道池室尺寸。

（5）根据步骤（1）和步骤（2）初步取得隔板型式。

（6）根据步骤（2）和步骤（5）确定每级池室需要消耗的水头差。

（7）根据步骤（4）池室长度和步骤（6）每级池室水头确定鱼道坡度。

（8）根据步骤（3）、步骤（6）和步骤（7）确定隔板数量和鱼道长度。

（9）模型试验或数模计算分析调整隔板型式、池室尺寸和鱼道底坡。

2.3.3　隔板式鱼道工作特点

隔板式鱼道的原理是：在鱼道槽身上等间隔的布置一系列横隔板，将鱼道槽身分隔成连续的阶梯形水池，水流通过隔板上布置的孔缝从上级池室流入下级池室，利用水垫、水流对冲、扩散及沿程摩阻逐级消耗水流能量，并创造适合于鱼类上溯的流态。鱼群通过隔板上的孔缝从一个池室进入下一个池室，鱼群只有在通过隔板孔缝时才会遇到高速水流，通过隔板后池中的水流速度较缓，鱼群可借此机会调整休息。隔板式鱼道示意图见图2.3。

2.3.4　鱼道池室结构及尺寸

鱼道池室通常采用混凝土或者天然石材砌筑，隔板可以采用预制混凝土板浇筑，池室底部必须保持一定的粗糙度，以降低池底附近的流速，方便底栖动物群和小鱼的上升，通过浇筑混凝土前在池底嵌入石块的方法可以实现池底的粗糙（图2.14）。常规过鱼池的结构特点是隔墙与池轴线成一定角度，垂直立在池中，材料一般是混凝土、砌石或者木制的。木制材料方便随后的修改调整，但是每过几年就要更换一次。

鱼道池室的尺寸必须符合鱼群的自然习性和行为特征，而且必须和预计迁徙的鱼群数量相适应，过鱼池的尺寸选定必须满足两个条件：①数量渐增的鱼群有足够的空间活动；②在较小的紊流度下耗散水流能量，同时流速又不能过小以致鱼池淤积。为了确保低紊动度和池中水流足够的能量转化，一般池室内单位体积水流消耗的能量不能超过 $150 \mathrm{W/m^3}$ 以确保池中水流不是紊流，以过鲤科鱼为主的鱼道，允许单位体积水流消耗的能量一般不宜超过 $60 \sim 80 \mathrm{W/m^3}$，池室单位体积能量可用式（2.1）计算：

图2.14　池室内部结构（参见文后彩图）

$$E = \frac{\rho g \Delta h Q}{B h_m (L-d)} \tag{2.1}$$

式中　B——池室宽度，m；

　　　h_m——池室水深，m；

　　　L——池室长度，m；

　　　d——隔板厚度，m；

　　　Δh——上下级水头差，m；

　　　Q——流量，$\mathrm{m^3/s}$。

鱼道池室宽度 B 主要由过鱼量、过鱼对象习性、隔板孔缝尺寸及消能条件等决定，一般情况下池室宽度至少要大于最大过鱼体长的2倍。国外一般为 $3 \sim 5\mathrm{m}$，国内多数为 $2 \sim 3\mathrm{m}$，对于个体不大的鲤科鱼类，池室宽度一般取 $2\mathrm{m}$ 左右即可满足要求。

池室长度 L 与水流的消能效果和鱼类的休息条件关系较大，较长的池室，水流条件相对较好，过坝鱼类休息水域大，有利与鱼类通过。根据我国七里垅鱼道放鱼试验观测，池室长度应是过坝鱼类平均长度的 4～5 倍以上，在初步设计时一般取池室宽度的 1.2～1.5 倍，考虑鱼类上溯途中有一定的休息场所，一般每隔 10 块隔板设置一个休息池，其长度一般是池室长度的两倍，池室水深 h 一般可为 1.5～2.5m。表 2.3 为现有研究中推荐的最小鱼池尺寸。

表 2.3　　　　　　　　　　现有研究中推荐的池室最小尺寸

过鱼种类	池室长/m	池室宽/m	水深/m
鲟鱼	4.0～6.0	3.0～4.0	1.5～2.0
鲑鱼、海鳟、哲罗鱼	2.5～3	1.6～2	0.8～1.0
河鳟、白鲑、鲤科鱼、其他	1.4～2.0	1.0～0.5	0.6～0.8
河流上游的鳟鱼	>1.0	>0.8	>0.6

2.3.5　隔板型式及尺寸

竖缝宽度，国外一般为鱼道宽度的 1/6～1/8，水池长度的 1/8～1/10；国内单侧竖缝宽度一般为鱼道宽度的 1/5，水池长度的 1/5～1/6。相关研究推荐的单竖缝式鱼道隔板尺寸可以参照表 2.4 和图 2.15。

表 2.4　　　　竖缝式鱼道最小尺寸

过鱼种类		河鳟、鲤科鱼、白鲑、其他	鲟
		斑鳟	鲑鱼、海鳟、哲罗鱼
竖缝特征尺寸/m	s	0.15～0.17	0.3	0.6
	c	0.16	0.18	0.4
	a	0.06～0.10	0.14	0.3
	f	0.16	0.4	0.84
池室尺寸/m	b	1.2	1.8	3.0
	l_b	1.9	2.75～3.00	5.0
最小水深		0.5	0.75	1.3

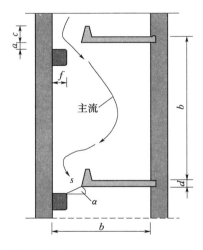

图 2.15　竖缝式鱼道尺寸示意图

我国采用淹没孔口式隔板的有江苏团结河闸鱼道、洋口北闸鱼道等，它们均采用长方形孔口。为了控制适当的流速和流态，相邻隔板上的孔口采取交叉布置的形式，取得了很好的效果。国内根据组合式隔板溢流堰孔口工作条件认为，堰顶自由水层的厚度和宽度对鱼的窜越影响较大，一般水舌厚度应控制在 0.2～0.3m 以内，水舌宽度为 0.3～0.5m。鱼池隔板淹没孔口及溢流堰建议尺寸见表 2.5，溢流堰及淹没孔式隔板池室尺寸示意图见图 2.16。

表 2.5   鱼池隔板淹没孔口及溢流堰建议尺寸

过 鱼 种 类	淹 没 孔 口 式		溢 流 堰 式	
	宽 b_s/m	高 h_s/m	宽 b_a/m	高 h_a/m
鲟鱼	1.5	1	—	—
鲑鱼、海鳟、哲罗鱼	0.4～0.5	0.3～0.4	0.3	0.3
河鳟、白鲑、鲤科鱼、其他	0.25～0.35	0.25～0.35	0.25	0.25
河流上游的鳟鱼	0.2	0.2	0.2	0.2

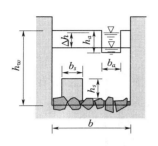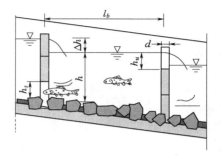

图 2.16   溢流堰和淹没孔式隔板池室尺寸示意图

2.4

隔板式鱼道设计参数

2.4.1 鱼道概化模型

隔板式鱼道是国内外目前应用最广的鱼道型式，我国目前建设的所有鱼道均为隔板式鱼道。隔板式鱼道的隔板及池室尺寸是影响鱼道池室水力条件的重要因素，直接影响鱼道过鱼效果。对于竖缝式鱼道池室水流条件一般主要与两级池室间的水位差、过鱼缝宽 b、池室宽度 B 及池室长度 L 等因素有关，此外与竖缝的形状、位置，池室的水深等因素有关。

根据国内外资料，竖缝式鱼道池室尺寸长宽比一般为 15:12～15:9、15:9～15:7.5，竖缝宽度一般在 0.15～0.4m，池室与竖缝宽度比为 4:1～8:1，鱼道底坡一般为 1:16～1:90。为系统研究竖缝式鱼道尺寸与池室水流条件的关系，建立如图 2.17 所示竖缝式鱼道概化模型，竖缝位于隔板中间位置，整个概化模型共包括 11 块隔板 10 个池室，通过调整底坡、缝宽、池室宽度等参数研究竖缝式鱼道主要参数与鱼道最大设计流速之间的关系。

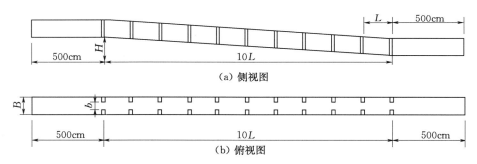

图 2.17　竖缝式鱼道概化模型

2.4.2 三维数学模型

2.4.2.1 控制方程

鱼道池室内水流运动符合不可压缩流体的质量守恒定律和动量定律，即满足连续方程和动量方程，控制方程张量形式如下：

连续方程：

$$\frac{\partial u_i}{\partial x_i} = 0 \tag{2.2}$$

动量方程：

$$\rho \frac{\partial u_i}{\partial t} + \rho \frac{\partial}{\partial x_j}(u_i u_j) = -\frac{\partial p}{\partial x_i} + \frac{\partial}{\partial x_j}\left[\mu\left(\frac{\partial u_j}{\partial x_i} + \frac{\partial u_i}{\partial x_j} - \frac{2}{3}\delta_{ij}\frac{\partial u_i}{\partial x_j}\right)\right] + \frac{\partial}{\partial x_j}(-\rho \overline{u_i' u_j'}) \quad (2.3)$$

式中 u——流速；

     u'——速度脉动；

     δ_{ij}——克罗内克（Kronecker）符号；

     p——压强；

     ρ——流体密度；

     μ——流体运动黏性系数。

时均流动的紊流方程中多出了与 $\rho \overline{u_i' u_j'}$ 有关的项，称为 Reynolds 应力，即

$$\tau_{ij} = -\rho \overline{u_i' u_j'} \quad (2.4)$$

由式（2.2）和式（2.3）构成的方程组共有 4 个方程，而未知量有 10 个。因此，方程组不封闭，必须引入新的紊流模型（方程）才能使式（2.2）、式（2.3）封闭。常用的紊流模型大致分为 Reynolds 应力模型和涡黏性系数模型。本书选用 RNG κ-ϵ 紊流模型。

2.4.2.2 RNG κ-ϵ 模型简介

标准 κ-ϵ 紊流模型曾对许多流动状态的模拟取得了较好的效果，但它存在难以克服的缺陷：①模型中经验常数的通用性不强；②该模型采用各向同性紊动黏性系数，忽略了各向异性 Reynolds 应力场的影响。在预测强旋流、浮力流等各向异性强烈的紊流流场时，一般需采用修正的 κ-ϵ 紊流模型。

RNG κ-ϵ 紊流模型由 Yakhot 和 Orszag 于 1986 年使用重整化群组理论从瞬时 N-S 方程推导得出。该模型通过大尺度运动和修正后黏度项体现小尺度运动的影响，从而使这些小尺度运动系统地从紊流控制方程中去除。RNG κ-ϵ 紊流模型方程为

紊动动能 κ 输运方程：

$$\frac{\partial(\rho\kappa)}{\partial t} + \frac{\partial(\rho\kappa u_i)}{\partial x_i} = \frac{\partial}{\partial x_j}\left(\alpha_\kappa \mu_{\text{eff}}\frac{\partial \kappa}{\partial x_j}\right) + G_k + \rho\epsilon \quad (2.5)$$

紊动动能耗散 ϵ 输运方程：

$$\frac{\partial(\rho\epsilon)}{\partial t} + \frac{\partial(\rho\epsilon u_i)}{\partial x_i} = \frac{\partial}{\partial x_j}\left(\alpha_\epsilon \mu_{\text{eff}}\frac{\partial \epsilon}{\partial x_j}\right) + \frac{C_{1\epsilon}^*}{\kappa}G_k - C_{2\epsilon}\rho\frac{\epsilon^2}{\kappa} \quad (2.6)$$

$$\mu_{\text{eff}} = \mu + \mu_t$$

$$\mu_t = \rho C_\mu \frac{\kappa^2}{\epsilon} \quad (2.7)$$

$$C_{1\epsilon}^* = C_{1\epsilon} - \frac{\eta_1(1-\eta_1/\eta_0)}{1+\psi\eta_1^3} \quad (2.8)$$

$$\eta_1 = \frac{\kappa}{\epsilon}\sqrt{2J_{ij}J_{ij}} \quad (2.9)$$

$$J_{ij} = \frac{1}{2}\left(\frac{\partial u_i}{\partial x_j} + \frac{\partial u_j}{\partial x_i}\right) \quad (2.10)$$

式中 μ_{eff}——有效黏性系数。

方程中通用模型常数取值分别为 $C_\mu = 0.0845, \alpha_k = \alpha_\epsilon = 1.39, C_{1\epsilon} = 1.42, C_{2\epsilon} = 1.68,$

$\eta_0 = 4.377, \psi = 0.012$。

与标准 $\kappa\text{-}\varepsilon$ 模型相比，RNG $\kappa\text{-}\varepsilon$ 模型的主要变化体现在：①通过修正紊动黏度 μ_t，考虑了平均流动中旋转及旋流的情况；②由于 ε 方程的改变，从而反映了主流的时均应变率，提高了 RNG $\kappa\text{-}\varepsilon$ 模型对高应变率的模拟。故 RNG $\kappa\text{-}\varepsilon$ 模型能更好地模拟高应变率及流线弯曲程度较大的流动。

在 RNG $\kappa\text{-}\varepsilon$ 紊流模型中，考虑旋转流对紊流的影响，可对 μ_t 做进一步修正：

$$\mu_t = \mu_{t0} f\left(\alpha_s, \Omega, \frac{\kappa}{\varepsilon}\right) \tag{2.11}$$

式中 μ_{t0}——即为前面提到的 μ_{eff}，是在不考虑旋流的情况下得出的紊流黏性系数；

Ω——特征旋流数；

α_s——旋流常数，不同强度的旋流取值不同。

大量研究表明，对于复杂紊流如分离流、旋流等，曲率能显著改变紊流结构。具体表现在：曲率会影响紊流高阶相关量如紊动能、紊动能耗散率和雷诺应力。凸面意味着流束的扩张，一般会减小涡黏性使流动容易产生分离，而凹面则相反。

鱼道池室内水流运动具有强烈的三维各向异性的紊流特性，常伴随旋转和脱流。本书采用标准 $\kappa\text{-}\varepsilon$ 紊流模型、RNG $\kappa\text{-}\varepsilon$ 紊流模型和 Realizable $\kappa\text{-}\varepsilon$ 紊流模型进行计算比较后发现，RNG $\kappa\text{-}\varepsilon$ 紊流模型对于本章而言，在模拟效果与计算经济等方面更具优势，因此选作本章计算模型。

2.4.2.3 定解条件

计算流体力学问题的定解条件由初始条件和边界条件组成。鱼道池室水流数值计算的边界条件包括上游入口水位、下游出口水位、自由表面和边壁等边界条件。

1. 进口边界

上游进口和下游出口计算边界分别采用自由面水位作为其边界条件；壁面采用 Launder & Spalding 的壁面函数条件，进出口的紊动能 κ 和耗散率 ε 由下列经验公式得出：

$$\kappa = 0.00375u^2 \tag{2.12}$$

$$\varepsilon = \frac{\kappa^{3/2}}{0.4L} \tag{2.13}$$

式中 L——紊流特征长度。

2. 出口边界

水流出口边界条件一般选在离几何扰动足够远的地方，通常流动已达到充分发展的状态。出口边界条件的数学描述比较简单，即该断面上所有变量（压力除外）在流动方向上无梯度变化，即 $\frac{\partial \phi}{\partial n} = 0$，$\phi$ 为待求因变量，n 为出口边界的法线方向。

3. 边壁处理

无论是标准 $\kappa\text{-}\varepsilon$ 模型还是 RNG $\kappa\text{-}\varepsilon$ 模型，仅针对充分发展的紊流才有效，它们都只用于求解紊流核心区的流动，而在近壁面区流动情况变化很大，特别是在黏性底层流动是层流，紊流应力几乎不起作用。解决此问题的途径有两个：①用低雷诺数 $\kappa\text{-}\varepsilon$ 模型求解黏性影响比较明显的区域（边界层），这时要求在壁面区划分比较细密的网格；②用一组半经验公式（壁面函数）将壁面上的物理量与紊流核心区内的相应物理量联系起来，这就是壁面函数法（wall functions）。

壁面函数法实际是一组半经验公式。其基本思想是：对于紊流核心区流动使用 κ-ε 等紊流模型求解，而在壁面区不进行求解，直接使用半经验公式将壁面上的物理量与紊流核心区内的求解变量联系起来。这样，不需要对壁面区的流动求解，就可直接得到与壁面相邻控制体的节点变量值。

在划分网格时，不需要刻意在壁面附近加密，只需要把一个内节点布置在流速对数律成立的区域内，即配置到紊流充分发展的区域。壁面函数可将壁面值同相邻控制体的节点变量值联系起来。壁面函数法针对各输运方程，分别给出了联系壁面值与内节点值的公式。

（1）动量方程中速度 u 的计算式。当与壁面相邻的控制体的节点满足 $y^+ > 11.63$ 时，流动处于对数律层，速度 u 可根据式（2.14）得到

$$u^+ = \frac{1}{\kappa}\ln(Ey^+) \tag{2.14}$$

本书使用下式计算 y^+：

$$y^+ = \frac{\Delta y_p(C_u^{1/4}\kappa_p^{1/2})}{\mu} \tag{2.15}$$

此时，壁面切应力满足下式：

$$\tau_w = \frac{\rho C_u^{1/4}\kappa_p^{1/2}u_p^{1/2}}{u^+} \tag{2.16}$$

式中 u_p——选定节点 P 的时均速度；

κ——卡门常数；

E——经验系数，9.793；

κ_p——节点 P 的紊动能；

Δy_p——节点 P 到壁面的距离。

当与壁面相邻的控制体的节点满足 $y^+ < 11.63$ 时，控制体内的流动处于黏性底层，速度 u_p 由层流应力应变关系 $u^+ = y^+$ 确定。

（2）紊动能方程与耗散率方程中 κ 和 ε 的计算式。在 κ-ε 模型中，κ 方程是在包括与壁面相邻的控制体内的所有计算域上求解的，在壁面上紊动能 κ 的边界条件是 $\frac{\partial \kappa}{\partial n} = 0$，$n$ 为垂直于壁面的局部坐标。

在与壁面相邻的控制体内，构成 κ 方程源项的紊动能产生项 G_k、耗散率 ε 按局部平衡假定计算，即在与壁面相邻的控制体内 G_k 和 ε 都是相等的。从而 G_k 按式（2.17）计算：

$$G_k \approx \tau_w\frac{\partial u}{\partial y} = \tau_w\frac{\tau_w}{k\rho C_u^{1/4}\kappa_p^{1/2}\Delta y_p} \tag{2.17}$$

ε 按式（2.18）计算：

$$\varepsilon = \frac{C_u^{3/4}\kappa_p^{3/2}}{\kappa\Delta y_p} \tag{2.18}$$

在与壁面相邻的控制体积上不对 ε 方程进行求解，直接按上式确定 P 节点的 ε。

从上述分析可知，针对各求解变量（包括平均流速、温度、紊动能和紊动能耗散率）所给出的壁面边界条件均已由壁面函数考虑到，不用担心壁面函数处的边界条件。

2.4.2.4 自由表面

数学模型鱼道池室内的流体类型为水和空气，流体体积法（volume of fluid，VOF）是目前世界上处理界面问题的最主要的方法。

VOF 方法由 Hirt 和 Nichols 首次提出，基本原理是通过研究网格单元中流体和网格体积比函数来确定自由面以追踪流体的变化，该方法并不追踪自由液面上质点的运动。VOF 方法在流场中的每个网格定义流体体积函数，即目标流体的体积与网格体积的比值。只要知道这个函数在每个网格上的值，就可以实现对运动界面的追踪。国内外学者基于 VOF 方法基本原理，从方程差分格式和自由面传输两方面入手，提出多种联合改进 VOF 的方法，如 HIRT - VOF、SLIC - VOF 方法、FCT - VOF 方法、PLCT 方法、FLAIR - VOF 方法、CICSAM 方法等。

本文采用 Youngs 方法的 VOF 法，鱼道自由面追踪可通过求解以下输运方程完成。

$$\frac{\partial}{\partial t}\alpha_w + \nabla \cdot (\alpha_w \boldsymbol{u}) = 0 \tag{2.19}$$

式中　α_w——水的体积分数，$\boldsymbol{u} = (u, v, w)$。

对于每一计算网格单元，都满足：

$$\sum \alpha_q = 1 \tag{2.20}$$

式中　α——第 q 相的体积分数。

因此，对水气二相流而言：

$$\alpha_w + \alpha_a = 1 \tag{2.21}$$

式中　α_a——气相的体积分数。

为此，仅需求解式（2.19）便可得出水气二相各自的体积分数。若在整个计算区域内求解该方程，即可求出所有计算网格单元内水气二相各自的体积分数。结合 VOF 法基本原理的叙述，在水气二相流中，对于每个单元，如网格单元内仅含有水相，则 $\alpha_w = 1$；如不含有，则 $\alpha_w = 0$；如网格单元为混合单元（即水气二相均含有），也就是该单元位于水气两相分界面处，则 $0 < \alpha_w < 1$。

引入 VOF 模型的 κ-ε 紊流模型与单一流体的 κ-ε 紊流模型形式是相同的，只是网格计算单元内的流体特性参数 ρ 和 μ 应根据体积分数进行加权平均予以调整处理，即：

$$\rho = \alpha_w \rho_w + (1 - \alpha)\rho_a \tag{2.22}$$

$$\mu = \alpha_w \mu_w + (1 - \alpha_w)\mu_a \tag{2.23}$$

式中　μ_w、μ_a——水、气的分子黏性系数。

2.4.2.5 数值计算方法

1. 控制方程的离散化方法

在计算区域内，控制方程使用有限体积法（finite volume method，FVM），选择表面和体积积分的近似方法。控制体积法是 CFD 计算广泛采用的离散化方法，该法将区域离散成有限个控制体积（control volumes，CVs）（图 2.18）。网格为控制体积的边界，而不是计算节点。为了保证守恒，CVs 必须是不重叠的，且表面同相邻 CVs 是同一个。

控制体积法可以将 CVs 的计算节点选定为控制体积的中心，即先定义网格，再找出中心点。计算空间划分成控制体积的集合后，在每个控制体积上针对控制方程进行积分，从而得出一组离散方程。计算过程中，需假定计算节点上的因变量（质量、速度、浓度等）在网格点之间的变化规律，求因变量在控制体内针对空间（表面、体积）和时间的积分。因变量在有限大小的控制体积中守恒即为有限体积法离散方程的物理意义。控制体积法可适用任何形状的网格，定义参数的计算节点设在网格的中间；选择未知函数对时间和空间的局部分布曲线，可采用线性或曲线分布。

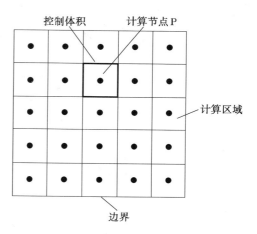

图 2.18　有限体积法

对流体运动控制方程的离散采用有限体积法，通过上述引入的通量 ϕ，可将控制方程统一写成：

$$\frac{\partial(\rho\phi)}{\partial t}+\nabla\cdot(\rho\boldsymbol{u}\phi)=\nabla\cdot(\Gamma\nabla\phi)+S_\phi \tag{2.24}$$

式中　ϕ——可根据不同的微分方程取为 1、u、v、w、κ、ε 等；

　　　Γ——扩散系数；

　　　S_ϕ——广义源项。

对（2.24）积分，可写出其全隐式积分方案下的通用方程：

$$a_P\phi_P=\sum a_{nb}\phi_{nb}+b^0 \tag{2.25}$$

其中，nb 意为相对于控制体节点 P 的相邻节点，且：

$$a_P=\sum a_{nb}+\Delta F+a_P^0-S_P\Delta V \tag{2.26}$$

$$b^0=a_P^0\phi_P^0+S_C\Delta V \tag{2.27}$$

2. 离散格式

使用有限体积法建立离散方程时，需将控制体积界面上的物理量及其导数通过节点物理量插值求出，插值方法有线性插值（中心差分格式）、一阶迎风格式、QUICK 格式、混合格式、指数格式等，具体方法可以参考相关流体计算书籍。

3. SIMPLE 算法

分离求解压力速度耦合最常用的 3 种方法为：SIMPLE 方法、SIMPLEC 方法和 PISO 方法。其中，SIMPLEC 方法和 PISO 方法是在 SIMPLE 方法基础上改进得到方法。SIMPLE 算法是由 Patankar 和 Spalding 于 1972 年提出的用于求解不可压缩流场的数值方法（可用于求解可压缩流体流动），称作"求解压力耦合方程组的半隐式方法"（Semi - Implicit Method for Pressure - Linked Equations，SIMPLE）。SIMPLE 算法流程图见

图 2.19。

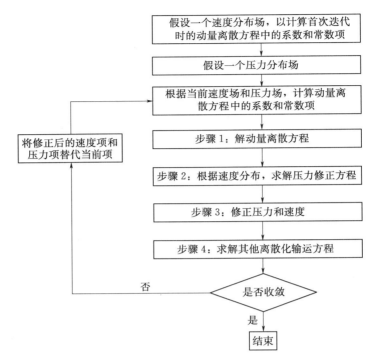

图 2.19 SIMPLE 算法流程图

SIMPLE 法在交错网格的基础上采用"猜测-修正"过程计算压力场,经过若干次迭代计算,达到求解动量方程的目的。SIMPLE 算法的基本思想可以简略表述为,对于给定的压力场(初始假设值或者上一次迭代计算所产生的结果),求解离散形式的动量方程,得出速度场。由于压力场是假定的或者精度不足,由压力场计算得出的通量场一般不满足连续方程,于是在通量上添加修正项,以使所得通量能够满足连续性方程,而通量修正项是压力修正项的函数,因此将修正过的通量带入连续方程,则得到一个关于压力修正项的方程。使用多重网格法(algebraic multi-grid,AMG)有关压力修正项的方程可得到压力修正项的解。使用亚松弛因子乘压力修正项,并与未修正之前的压力场相加即得到修正后的压力场。

2.4.2.6 网格剖分

鱼道池室水流条件计算网格剖分采取的思路为:①在形状复杂的区域采用四面体单元划分非结构网格,在形状相对简单的区域划分为六面体结构网格;②由于使用壁面函数法,在划分网格时不需要在壁面区对网格进行加密,只需要把一个内节点布置在壁面区流速对数律分布成立的区域内,即配置到紊流充分发展的区域。

2.4.2.7 数值模型验证计算

采用该模型对湘江长沙鱼道池室水力特性进行了计算,在设计过鱼最高水位工况下,与物理模型试验测量数据进行对比。由表 2.6 可见,采用 RNG $\kappa-\varepsilon$ 紊流模型计算结果和试验结果较为吻合,能满足鱼道池室最大流速计算精度要求。

表 2.6 　　　　　　　　　　　数学模型计算值与试验值对比

模型类型	隔板竖缝中心最大流速					
	2 号隔板	3 号隔板	4 号隔板	5 号隔板	6 号隔板	7 号隔板
数学模型	0.94m/s	0.93m/s	0.97m/s	0.96m/s	0.95m/s	0.92m/s
物理模型	0.98m/s	0.96m/s	0.95m/s	0.96m/s	0.96m/s	0.95m/s
误差	4.08%	3.12%	−2.11%	0.00%	1.04%	3.16%

2.4.3 池室参数对水力特性的影响

鱼道池室间的水位差 ΔH 是影响鱼道流速最重要的因素，池室水位差实际上包含了底坡 i 和池室长度 L 两个影响因素。为分析相邻池室水位差对鱼道最大流速的影响，在竖缝宽度 b、池室长 L 和宽 B 固定不变的条件下，通过调整鱼道底坡 i 来改变相邻池室间的水位差。池室水位差及竖缝宽度对鱼道池室最大流速的影响见表 2.7。

表 2.7 　　　　　　　池室水位差及竖缝宽度对鱼道池室最大流速的影响

竖缝宽 b /m	底坡 i	水位差 ΔH /m	沿程各池室最大流速/(m/s)										
			2 号	3 号	4 号	5 号	6 号	7 号	8 号	9 号	最大	最小	平均
0.15	1:16	0.125	1.53	1.44	1.42	1.47	1.48	1.43	1.38	1.39	1.53	1.38	1.44
	1:30	0.067	1.17	1.11	1.14	1.10	1.07	1.05	1.00	0.91	1.17	0.91	1.07
	1:50	0.040	0.94	0.90	0.90	0.86	0.81	0.77	0.72	0.65	0.94	0.65	0.82
	1:60	0.033	0.95	0.80	0.80	0.77	0.75	0.68	0.64	0.56	0.95	0.56	0.74
	1:70	0.029	0.88	0.71	0.73	0.72	0.66	0.63	0.59	0.53	0.88	0.53	0.68
	1:90	0.022	0.83	0.75	0.68	0.66	0.60	0.54	0.45	0.36	0.83	0.36	0.61
0.20	1:16	0.125	1.44	1.65	1.58	1.61	1.56	1.65	1.64	1.52	1.65	1.44	1.58
	1:30	0.067	1.23	1.20	1.17	1.19	1.17	1.16	1.10	1.00	1.23	1.00	1.15
	1:50	0.040	0.99	0.99	0.99	0.99	0.94	0.93	0.88	0.82	0.99	0.82	0.94
	1:60	0.033	0.92	0.88	0.92	0.88	0.84	0.80	0.77	0.73	0.92	0.73	0.84
	1:70	0.029	0.88	0.85	0.82	0.83	0.77	0.75	0.72	0.67	0.88	0.67	0.78
0.30	1:16	0.125	1.61	1.71	1.78	1.92	1.89	1.88	1.96	1.84	1.96	1.61	1.82
	1:30	0.067	1.37	1.46	1.43	1.44	1.37	1.37	1.33	1.23	1.46	1.23	1.38
	1:50	0.040	1.12	1.13	1.19	1.19	1.17	1.14	1.11	1.08	1.19	1.08	1.14
	1:60	0.033	1.11	1.07	1.05	1.04	1.02	1.00	1.00	0.96	1.11	0.96	1.03
	1:70	0.029	1.11	0.98	0.93	0.92	0.92	0.92	0.89	0.91	1.11	0.88	0.94
	1:90	0.022	0.89	0.93	0.91	0.87	0.81	0.84	0.79	0.76	0.93	0.76	0.85
0.40	1:16	0.125	1.83	2.07	2.27	2.33	2.35	2.33	2.33	2.22	2.35	1.83	2.21
	1:30	0.067	1.63	1.74	1.81	1.75	1.70	1.65	1.60	1.55	1.55	1.81	1.68
	1:50	0.040	1.46	1.37	1.35	1.30	1.27	1.26	1.24	1.21	1.46	1.21	1.31
	1:60	0.033	1.32	1.25	1.23	1.19	1.18	1.17	1.15	1.13	1.32	1.13	1.20
	1:70	0.029	1.28	1.13	1.11	1.09	1.08	1.07	1.06	1.03	1.28	1.03	1.10
	1:90	0.022	1.09	1.02	0.97	0.93	0.91	0.89	0.88	0.87	1.09	0.87	0.94

在鱼道池室长、宽分别为 2.0m 和 1.2m 条件下，各工况鱼道不同隔板竖缝最大流速计算结果见表 2.7 和图 2.20。由图表可见，竖缝宽度 0.15m，鱼道相邻池室水位差由 0.022m 增加到 0.125m，竖缝最大流速由 0.83m/s 增大到 1.53m/s，最小流速由 0.36m/s 增大到 1.38m/s，平均流速由 0.61m/s 增大到 1.44m/s；竖缝宽度 0.2m，鱼道相邻池室水位差 0.029m 增加到 0.125m，竖缝最大流速由 0.88m/s 增大到 1.65m/s，最小流速由 0.73m/s 增大到 1.44m/s，平均流速由 0.94m/s 增大到 1.58m/s；竖缝宽度 0.3m，鱼道相邻池室水位差由 0.022m 增加到 0.125m，竖缝最大流速由 0.93m/s 增大到 1.95m/s，最小流速由 0.76m/s 增大到 1.61m/s，平均流速由 0.85m/s 增大到 1.82m/s；因此，在鱼道池室及竖缝宽度尺寸固定条件下，鱼道竖缝流速随相邻池室水位差 H 的增大而增大。

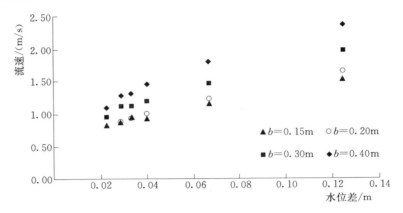

图 2.20　池室水位差及竖缝宽度对竖缝最大流速影响

由图 2.20 可见，在相邻池室水位差相同的情况下，竖缝宽度 b 对各池室内最大流速的影响也十分明显。根据计算，水位差 $H=0.125m$，竖缝宽度 b 分别为 0.15m、0.20m、0.30m 和 0.40m，鱼道内最大流速分别为 1.53m/s、1.65m/s、1.96m/s 和 2.35m/s，最大流速由 1.53m/s 增大到 2.35m/s，增加了 0.82m/s；水位差 $H=0.04m$ 时，池室内最大流速由 0.94m/s 增大到 1.46m/s，增加了 0.52m/s；水位差 $H=0.022m$ 时，池室内最大流速由 0.83m/s 增大到 1.09m/s，仅增加 0.26m/s。因此在一定范围内竖缝宽度 b 对鱼道池室内最大流速有一定影响。

为研究池室宽度对竖缝式鱼道最大流速的影响，在保持竖缝宽度（$b=0.2m$）及池室长度（$L=2.0m$）不变的前提下，模拟计算了 3 种不同池室宽度（B 为 0.6m、0.8m 和 1.0m）时，鱼道池室内最大流速与 6 种鱼道底坡（1∶16～1∶90）的关系，计算结果见表 2.8 和图 2.21。计算表明，池室水位差一定的条件下，不同池室宽度 B 对鱼道最大流速的影响基本可以忽略。

竖缝式鱼道主要通过隔板竖缝由上级池室流入下级池室时，水流在隔板竖缝前后的收缩、扩散及沿程摩阻逐级消耗水流能量。因此，根据竖缝式鱼道的消能原理，在上下游水头差固定、鱼道长度固定时，池室水位差 H、鱼道竖缝宽度 b、鱼道池室长度 L 等是影响鱼道池室最大流速的主要因素。通过优化隔板上竖缝的位置、竖缝边界形状等，则提高水流收缩、扩散效果，增加水流在池室内的流动距离增加沿程损失，从而进一步降低池室内的最大流速。

表 2.8 **不同池室宽度鱼道最大流速值（竖缝宽 b＝0.2m）**

池室宽 B /m	底坡 i	水位差 ΔH /m	沿程各池室最大流速/（m/s）										
			2 号	3 号	4 号	5 号	6 号	7 号	8 号	9 号	最大	最小	平均
0.60	1：16	0.125	1.56	1.54	1.56	1.53	1.59	1.56	1.53	1.45	1.59	1.45	1.54
	1：30	0.067	1.25	1.23	1.18	1.21	1.19	1.17	1.13	1.08	1.25	1.08	1.18
	1：50	0.040	1.02	0.97	0.96	0.93	0.93	0.90	0.88	0.85	1.02	0.85	0.93
	1：60	0.033	0.95	0.91	0.87	0.87	0.84	0.81	0.80	0.75	0.95	0.75	0.85
	1：70	0.029	0.92	0.85	0.82	0.80	0.79	0.75	0.73	0.70	0.92	0.70	0.79
	1：90	0.022	0.84	0.75	0.73	0.70	0.68	0.64	0.63	0.59	0.84	0.59	0.70
0.80	1：16	0.125	1.59	1.61	1.56	1.55	1.53	1.48	1.44	1.37	1.61	1.37	1.52
	1：30	0.067	1.19	1.18	1.17	1.15	1.08	1.05	1.01	1.01	1.19	1.01	1.11
	1：50	0.040	1.00	0.94	0.89	0.87	0.87	0.83	0.81	0.77	1.00	0.77	0.87
	1：60	0.033	0.94	0.82	0.75	0.77	0.73	0.70	0.70	0.68	0.94	0.68	0.76
	1：70	0.029	0.87	0.77	0.80	0.73	0.72	0.69	0.68	0.62	0.87	0.62	0.74
	1：90	0.125	0.73	0.74	0.68	0.69	0.60	0.61	0.54	0.52	0.74	0.52	0.64
1.20	1：16	0.125	1.44	1.65	1.58	1.61	1.56	1.65	1.64	1.52	1.65	1.44	1.58
	1：30	0.067	1.23	1.20	1.17	1.19	1.17	1.16	1.10	1.00	1.23	1.00	1.15
	1：50	0.040	0.99	0.99	0.99	0.99	0.94	0.93	0.88	0.82	0.99	0.82	0.94
	1：60	0.033	0.92	0.88	0.92	0.88	0.84	0.80	0.77	0.73	0.92	0.73	0.84
	1：70	0.029	0.88	0.85	0.82	0.83	0.77	0.75	0.72	0.67	0.88	0.67	0.78
	1：90	0.022											

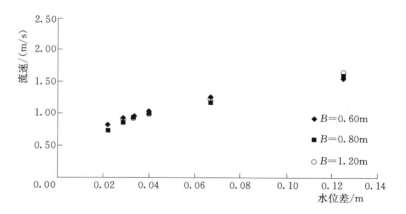

图 2.21　池室水位差及不同池室宽度对竖缝最大流速影响

通过上述分析，忽略影响池室最大流速的次要因素，取池室水位差 H、池室最大流速 V、竖缝宽度 b、池室长度 L 及池室宽度 B 为基本物理量，同时根据计算分析可知，池室宽度 B 的池室最大流速影响较小，可以忽略其影响，因此竖缝式鱼道内水流流动过程

可以用下面的方程来描述:

$$f(\Delta H, V, b, L) = 0 \qquad (2.28)$$

即

$$V = f(\Delta H, b, L) \qquad (2.29)$$

通过量纲分析,记 $\beta = \sqrt{\dfrac{2g\Delta Hb}{L}}$ 将前面的计算数据绘制如图 2.22 所示的 $V—\beta$ 变化关系,通过最小二乘法对 $V—\beta$ 进行拟合可得

$$V = 3.196\beta = 3.196\sqrt{\dfrac{2g\Delta Hb}{L}} \qquad (2.30)$$

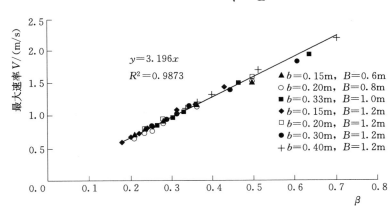

图 2.22 鱼道池室最大流速与池室尺寸关系

由于计算采用概化模型上下级竖缝均位于隔板中间,且竖缝没有采用任何型式的优化,为最简单的竖缝型式,根据竖缝式鱼道的消能原理 L 应理解为池室内上级隔板竖缝到下级隔板孔缝的流线距离,因此,实际中上下级隔板间的最短流线距离应大于鱼道池室长度 L,即对式(2.30)计算的流速值偏大,应对其进行修正,建议采用式(2.31)为鱼道流速与池室尺寸关系的计算公式。

$$V = 3.196\varphi\sqrt{\dfrac{2g\Delta Hb}{L}} \qquad (2.31)$$

式中 V——鱼道最大设计流速,m/s;

$\quad\quad L$——池室长度加隔板厚度,m;

$\quad\quad b$——竖缝最小宽度,m;

$\quad\ \Delta H$——相邻池室水位差,m。考虑鱼道总水头均匀分布在各级池室内,因此预估计相邻池室水位差,可按 $\Delta H = iL$ 计算,i 为鱼道底坡;

$\quad\quad \varphi$——修正系数,初步取 0.9。

传统鱼道流速计算公式:

$$V = \varphi\sqrt{2g\Delta H} \qquad (2.32)$$

式中 φ——修正系数,初步取 $0.85 \sim 0.90$。

表 2.9 是传统公式和本书公式鱼道最大流速计算值与模型实测值对比。由表可见,根据传统式(2.32)计算的鱼道流速值要小于模型实测的流速值,且鱼道竖缝宽度越大,计

算值与模型实测值的误差越大；如长洲鱼道，竖缝宽度 1.5m，模型和传统公式计算值分别为 1.59m/s 和 1.17m/s，石虎塘和老口鱼道池室水位差均为 0.06m，池室长宽尺寸也完全相同，但两者隔板竖缝宽度分别为 0.50m 和 0.44m，传统公式计算两者最大流速应为 0.98m/s，但模型实测的最大流速分别为 1.29m/s 和 1.17m/s。并且传统鱼道流速计算式（2.32）仅在流速与池室水位差间建立关系，根据式（2.32）无法在鱼道竖缝、池室尺寸间建立关系，鱼道池室尺寸与鱼道流速间更多的是根据经验进行设计。

表 2.9 传统公式和本书公式鱼道最大流速计算值与模型实测值对比

工程名称	鱼道池室参数/m					流速/(m/s)		
	H	b	L	B	i	实测流速	本书公式	传统公式
老龙口 1	0.320	0.37	3.2	2.5	1:10	2.59	2.45	2.26
老龙口 2	0.200	0.41	3.2	2.5	1:16	1.93	2.04	1.78
长洲	0.086	1.50	6.0	4.0	1:70	1.59	1.86	1.17
石虎塘	0.060	0.50	3.6	3.0	1:60	1.29	1.16	0.98
老口	0.060	0.44	3.6	3.0	1:60	1.17	1.09	0.98
鱼梁 1	0.072	0.45	3.6	3.0	1:50	1.26	1.21	1.07
鱼梁 2	0.066	0.45	3.3	3.0	1:50	1.11	1.21	1.02
鱼梁 2	0.055	0.45	3.3	3.0	1:60	0.91	1.10	0.93

比较本书提出的鱼道流速式（2.31），该公式不仅包含池室水位差的影响，而且将最大流速与鱼道隔板竖缝尺寸及池室长度间建立了关系，更能准确反映竖缝式鱼道水力计算。由图 2.23 可见，本书提出的公式计算值与模型实测值更为接近，且该公式在鱼道流速与池室尺寸间建立了关系，可以更方便地对设计的鱼道池室及隔板布置方案进行合理优化。

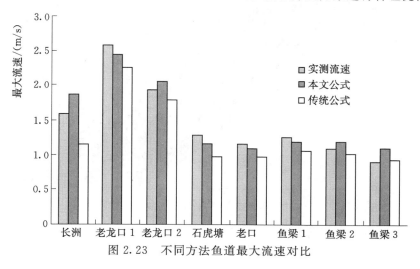

图 2.23 不同方法鱼道最大流速对比

2.4.4 带翼板竖缝式鱼道

国内某带翼板竖缝式鱼道池室长 3.6m，宽 3.0m，池室水位差 0.06m，竖缝宽 0.54m，带翼板竖缝式鱼道布置见图 2.24。

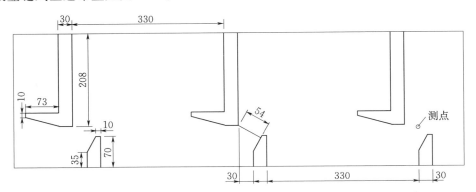

图 2.24 带翼板竖缝式鱼道布置（单位：cm）

采用三维数学模型，对该典型鱼道池室水力条件进行了计算，鱼道槽身计算长度总长 27m，由于隔板型式较为复杂，计算区域采用四面体进行网格划分（图 2.25）。

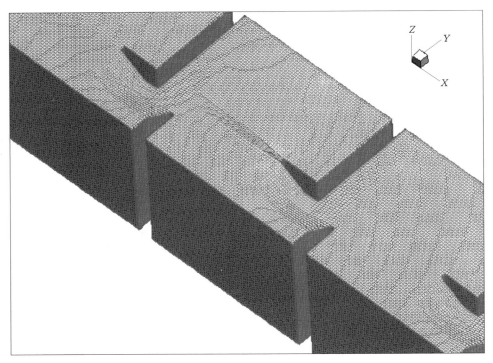

图 2.25 计算区域网格划分图（参见文后彩图）

鱼道水面线及总体流态形状见图 2.26，距离鱼道池底部 1.5m 平面流速分布见表 2.10，鱼道池室不同高程流速及流场分布见图 2.27。由图 2.26 和图 2.27 可见，上级鱼池水流通过竖缝进入下级鱼池时受隔板下游横向导板作用，竖缝流出的水流偏向池室左侧，受下级隔板竖缝影响在池室中心部开始偏向池室右侧，主流在上下级池室内形成"3"字形流态，主流两侧回流区流速小于 0.2m/s，池室内主流流向明确，水流过渡较平稳。

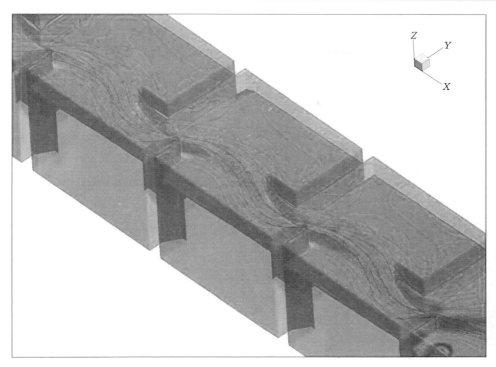

图 2.26 鱼道水面线及总体流态形状（参见文后彩图）

表 2.10　　　　　　　　　　　距离鱼道池室底部 1.5m 平面流速分布

距离右边墙/m	X 方向流速/(m/s)				Y 方向流速/(m/s)				Z 方向流速/(m/s)				流速绝对值/(m/s)			
	0m	0.5m	1.5m	2.5m	0m	0.5m	1.5m	2.5m	0m	0.5m	1.5m	2.5m	0m	0.5m	1.5m	2.5m
0.11	0.11	−0.02	−0.32	−0.09	0.07	0.08	0.01	−0.06	0.00	0.02	−0.02	−0.01	0.13	0.08	0.32	0.11
0.30	0.25	−0.01	−0.16	0.13	0.20	0.15	0.03	−0.17	0.00	0.03	−0.01	−0.01	0.32	0.16	0.16	0.22
0.49	0.51	0.01	0.04	0.44	0.33	0.18	0.02	−0.27	0.00	0.04	0.00	−0.01	0.60	0.18	0.05	0.52
0.68	0.78	0.11	0.29	0.75	0.41	0.15	−0.03	−0.35	−0.01	0.04	0.01	0.00	0.88	0.20	0.29	0.83
0.87	0.97	1.01	0.73	0.91	0.45	0.41	−0.11	−0.38	−0.01	0.00	0.00	−0.01	1.06	1.09	0.74	0.99
1.06	0.19	1.08	1.05	0.64	0.04	0.44	−0.12	−0.23	0.02	0.00	0.00	0.00	0.21	1.17	1.06	0.68
1.25	0.00	0.70	0.99	0.30	−0.16	0.27	−0.09	0.01	0.02	0.01	0.01	0.00	0.16	0.75	0.99	0.30
1.44	0.02	0.26	0.71	0.40	−0.18	0.03	−0.05	0.05	0.01	0.01	0.00	0.00	0.18	0.26	0.71	0.40
1.63	0.02	0.11	0.41	0.26	−0.20	−0.08	−0.04	0.09	0.00	0.00	0.00	0.00	0.21	0.14	0.41	0.27
1.82	0.01	0.07	0.22	0.14	−0.23	−0.12	−0.05	0.12	0.00	0.00	−0.01	0.00	0.23	0.14	0.22	0.18
2.01	0.00	0.02	0.09	0.04	−0.24	−0.14	−0.06	0.14	0.00	0.00	−0.01	0.00	0.24	0.14	0.11	0.14
2.20	−0.01	−0.03	−0.03	−0.06	−0.23	−0.14	−0.06	0.14	0.00	0.00	0.00	0.00	0.23	0.15	0.07	0.16
2.39	−0.03	−0.10	−0.15	−0.16	−0.21	−0.13	−0.06	0.13	0.00	0.00	−0.01	0.00	0.22	0.16	0.16	0.21
2.58	−0.05	−0.16	−0.28	−0.26	−0.17	−0.11	−0.05	0.10	0.00	0.00	−0.01	0.01	0.19	0.19	0.28	0.28
2.77	−0.07	−0.23	−0.40	−0.36	−0.11	−0.07	−0.03	0.05	0.00	0.00	0.00	0.02	0.14	0.24	0.40	0.36
2.96	−0.07	−0.25	−0.40	−0.36	−0.03	−0.01	−0.01	0.01	0.00	0.00	0.01	0.02	0.08	0.25	0.40	0.36

注　表头中 0m、0.5m、1.5m 和 2.5m 分别表示距离竖缝中心线的距离；X、Y、Z 方向分别为顺槽身方向、横向和垂向。

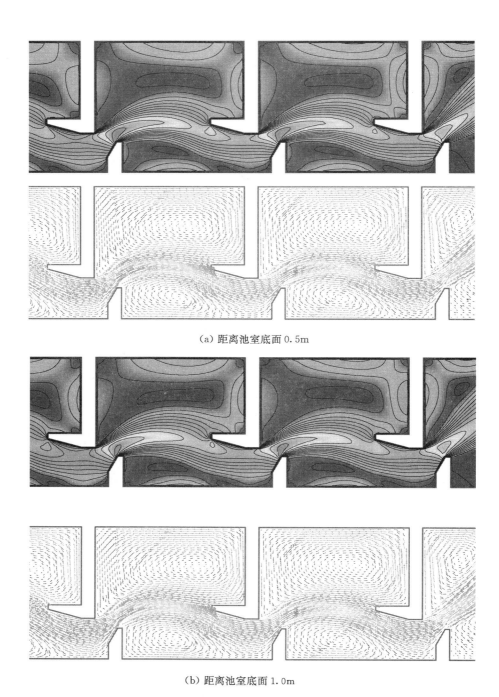

（a）距离池室底面0.5m

（b）距离池室底面1.0m

图 2.27（一） 鱼道池室不同高程流速及流场分布（单位：m/s）（参见文后彩图）

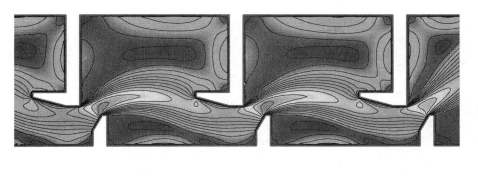

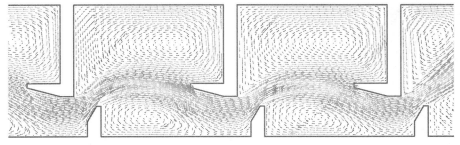

(c) 距离池室底面 1.5m

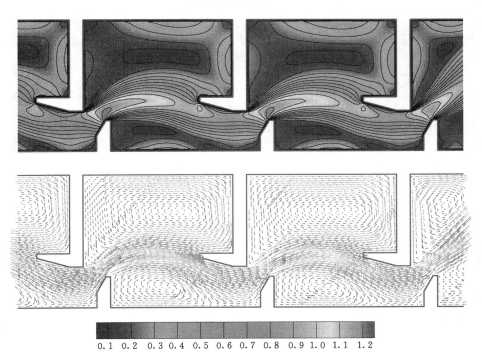

0.1 0.2 0.3 0.4 0.5 0.6 0.7 0.8 0.9 1.0 1.1 1.2

(d) 距离池室底面 1.9m

图 2.27 (二)　鱼道池室不同高程流速及流场分布 (单位: m/s) (参见文后彩图)

由图 2.27 池室不同水深位置流速分布看，池室不同水深位置处流速分布比较接近，在相同水深池室平面范围内，横向导板下游出口附近流速较大，最大值达到了约 1.2m/s，但在竖缝区域流速小于 1.0m/s。根据传统公式该鱼道最大流速应为 0.92～0.98m/s，根据本书推荐公式应为 1.21m/s 与三维数模计算值十分吻合，进一步验证了本书公式的准确性。

由图 2.28 鱼道池室纵向断面流速分布可见，在鱼道池室纵向断面上看，池室内流速

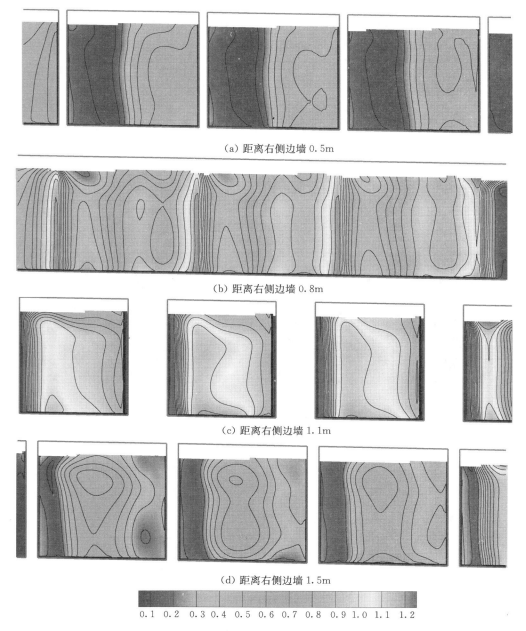

(a) 距离右侧边墙 0.5m

(b) 距离右侧边墙 0.8m

(c) 距离右侧边墙 1.1m

(d) 距离右侧边墙 1.5m

0.1 0.2 0.3 0.4 0.5 0.6 0.7 0.8 0.9 1.0 1.1 1.2

图 2.28　鱼道池室纵向断面流速分布（单位：m/s）（参见文后彩图）

超过 0.6m/s 的区域主要非连续的分布在距离右侧池室壁 0.5～1.5m 的范围内，其余区域池室内流速均小于 0.6m/s。

由图 2.29 可见，在竖缝中心线上最大流速约 1.0m/s；鱼道池室内最大流速出现在竖缝中心线下游 0.5m 附近区域，最大流速约 1.1～1.2m/s；在其他区域池室内最大流速约 1.0m/s，大于 0.8m/s 的区域最大仅占池室横截面的 1/4 左右。

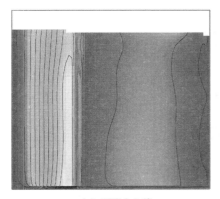

（a）竖缝中心线

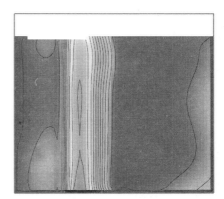

（b）竖缝中心线下游 0.5m

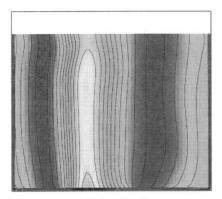

（c）竖缝中心线上游 1.5m

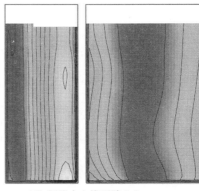

（d）竖缝中心线下游 2.5m

0.1 0.2 0.3 0.4 0.5 0.6 0.7 0.8 0.9 1.0 1.1 1.2

图 2.29　鱼道池室不同断面流速分布（单位：m/s）（参见文后彩图）

图 2.30 为距池室底部 1.5m 处池室内不同位置流速分布情况，坐标 0 点为鱼池右岸，坐标 3m 为鱼池左岸。图 2.30（a）、图 2.30（b）和图 2.30（c）为 X 向流速、Y 向流速和 Z 向流速分布，图例中 0m 为横隔板轴线与横向导板轴线间的中线位置，其他各图例均以该中心线为基准，依次表示中心线下游 0.5m、1.5m 及 2.5m 位置。由 2.30 图可以看出，鱼池宽度范围内，0.5～1.5m 区域内流速值较大，即竖缝内流速较大，但各断面 Z 向流速值均较小，对鱼类影响不大，Y 向流速值在 -0.4～0.45m/s 范围波动，X 向流速最大值在 1.0m 以上，但范围较小，基本能够满足设计要求。

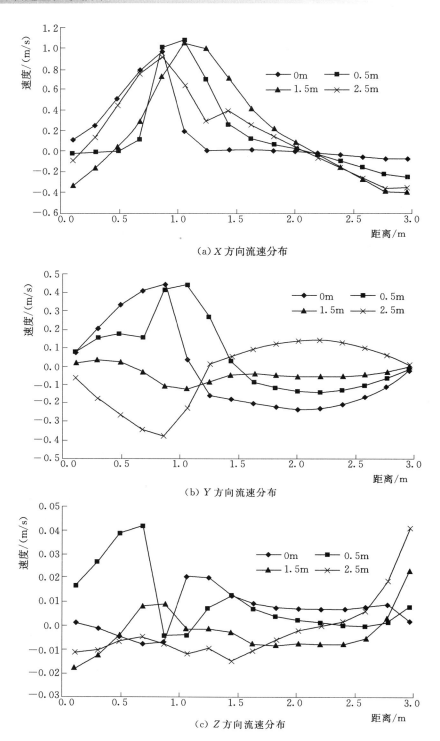

(a) X方向流速分布

(b) Y方向流速分布

(c) Z方向流速分布

图 2.30　池室内不同位置流速分布

(距离池室底部 1.5m 平面)

2.4.5 无翼板简单竖缝式鱼道

国内某无翼板简单竖缝式鱼道池室长 3.3m、宽 3.0m，池室水位差 0.055m，竖缝宽 0.56m，池室及隔板布置见图 2.31。对于该隔板型式，根据传统公式该鱼道最大流速应为 0.88～0.93m/s，根据本书推荐式（2.31）应为 1.23m/s。

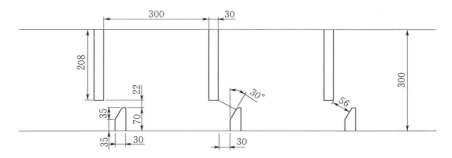

图 2.31　无翼板简单竖缝式鱼道布置（单位：cm）

采用三维数学模型，对该典型鱼道池室水力条件进行了计算，鱼道槽身计算长度总长 27m，由于隔板型式较为复杂，计算区域采用四面体进行网格划分（图 2.32）。

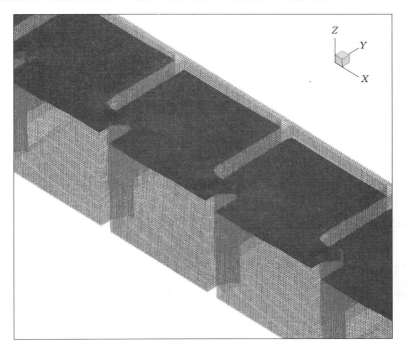

图 2.32　三维水流计算区域局部网格划分（参见文后彩图）

鱼道水面线及总体流态形状见图 2.33，鱼道池室不同高程流速及流场分布见图 2.34。

由图 2.33 和图 2.34 可见，上级鱼池水流通过竖缝进入下级鱼池时受隔板下游 0.3m 处横向导板作用，竖缝孔流出的水流偏向池室左侧；受下级隔板竖缝影响，在池室中心部开始偏向池室右侧,主流在上下及池室内形成"3"字形流态,主流两侧回流区流速小于0.2m/s,池室内主流流向明确,水流过渡平稳。

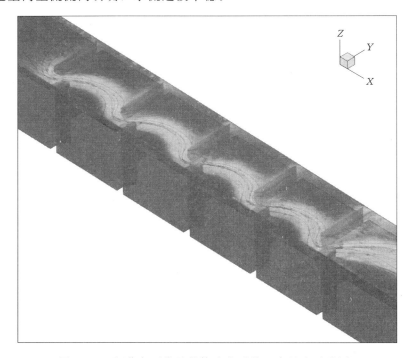

图 2.33　鱼道水面线及总体流态形状(参见文后彩图)

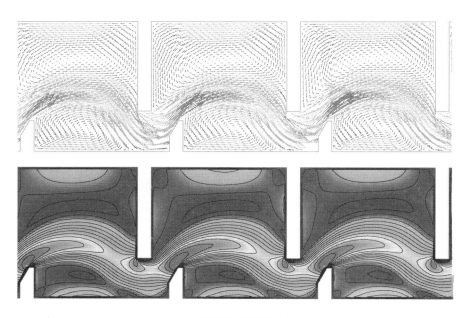

(a)距离池室底面 0.24m

图 2.34(一)　鱼道池室不同高程流速及流场分布(单位:m/s)(参见文后彩图)

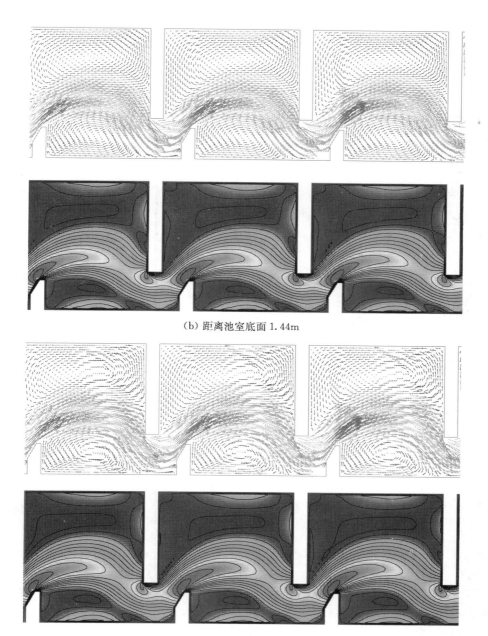

(b) 距离池室底面 1.44m

(c) 距离池室底面 2.04m

图 2.34（二）　鱼道池室不同高程流速及流场分布（单位：m/s）（参见文后彩图）

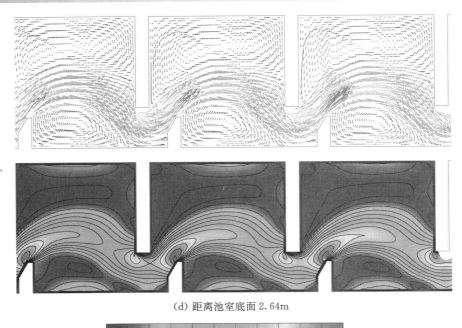

(d) 距离池室底面 2.64m

0.1 0.2 0.3 0.4 0.5 0.6 0.7 0.8 0.9 1.0 1.1 1.2

图 2.34（三）　鱼道池室不同高程流速及流场分布（单位：m/s）（参见文后彩图）

由图 2.34 池室不同高程流速分布看，池室底部的流速略大于上部流速，在同高程池室平面范围内，横向导板下游出口附近流速较大，最大值达到了约 1.2m/s，但在竖缝区域流速小于 1.0m/s，池室底部横向导板下游流速超过 1.2m/s 的区域要大于上部水域。可见三维数学模型计算值与传统公式计算的 0.88～0.93m/s 差距较大，而与本书推荐公式计算的 1.23m/s 值较为接近。

由图 2.35 可见，在隔板中心线横断面上最大流速约 0.9m/s，在隔板中心线下游

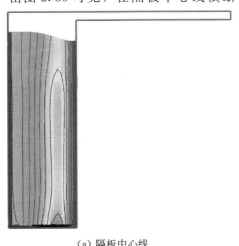

(a) 隔板中心线

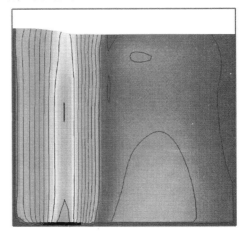

(b) 隔板中心线下游 0.35m

图 2.35（一）　鱼道池室不同断面流速分布（单位：m/s）（参见文后彩图）

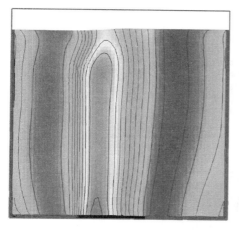 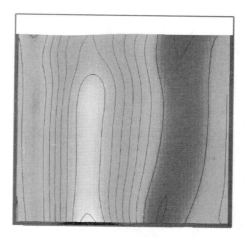

（c）隔板中心线下游 1.4m　　　　　　　　　（d）隔板中心线下游 2.4m

图 2.35（二）　鱼道池室不同断面流速分布（单位：m/s）（参见文后彩图）

0.35m 的竖缝最小断面上，最大流速约 0.9～1.0m/s，在隔板中心线下游 2.4m 处池室内整体流速已扩散较为均匀，最大流速约 0.8m/s。

由图 2.36 可见，在鱼道池室纵向断面上看，池室内流速超过 0.8m/s 的区域主要非连续的分布在距离右侧池室壁 0.5～1.5m 的范围内，其余区域池室内流速均小于 0.8m/s。

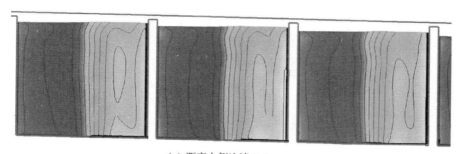

（a）距离右侧边墙 0.5m

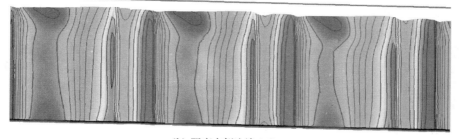

（b）距离右侧边墙 0.8m

图 2.36（一）　鱼道池室纵向断面流速分布（单位：m/s）（参见文后彩图）

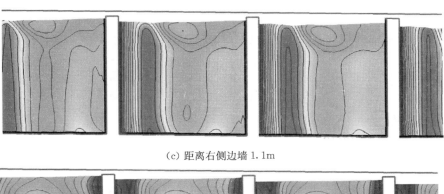

(c) 距离右侧边墙 1.1m

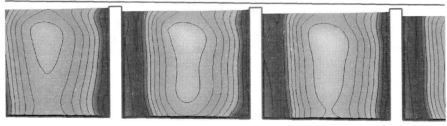

(d) 距离右侧边墙 1.5m

0.1 0.2 0.3 0.4 0.5 0.6 0.7 0.8 0.9 1.0 1.1 1.2

图 2.36（二）　鱼道池室纵向断面流速分布（单位：m/s）（参见文后彩图）

2.5

典型组合式鱼道

　　国内某组合鱼道池室长 3.6m，横截面采用变截面型式，底部宽 3.0m，顶部宽 4.8m，池室水位差 0.06m，竖缝宽 0.50m，计算比较了两种隔板型式（图 2.37 和图 2.38），两种隔板的主要差别为 B 型隔板在竖缝下游增设了导流板，为组合式隔板。这两种隔板型式，根据传统公式该鱼道最大流速应为 0.92～0.98m/s，根据本书推荐公式（2.31）应为 1.16m/s。两种方案鱼道槽身计算长度总长均为 18m，计算区域采用四面体进行网格划分（图 2.39）。

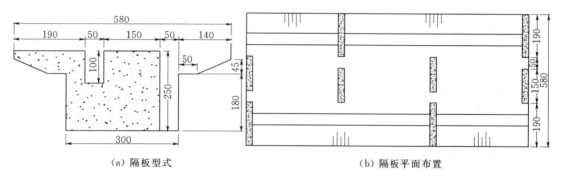

图 2.37　A 型隔板及池室布置（单位：cm）

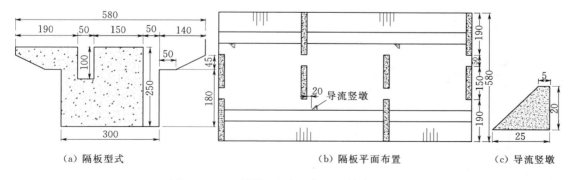

图 2.38　B 型隔板及池室布置（单位：cm）

　　2.00m 水深情况，A 型隔板鱼道水池内的流速及流场分布见图 2.40、图 2.41。由图可见：

　　（1）通过隔板竖孔进入下级水池的水流，大部分沿槽身边壁流动直到受到下一级隔板

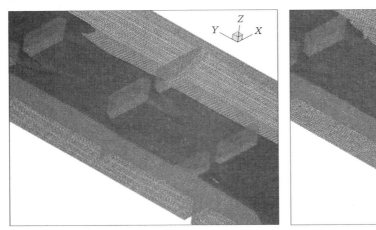

（a）A型隔板方案　　　　　　　　　　（b）B型隔板方案

图 2.39　三维水流计算区域及局部网格划分（参见文后彩图）

阻挡后改变方向，沿下一级隔板上侧边壁流动，水流扩散消能效果较差，水池内流速分布非常不均匀。

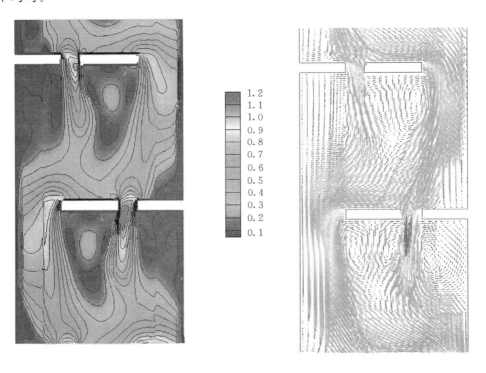

（a）距离池室底面 1.9m

图 2.40（一）　A 型隔板鱼道池室不同高程流速及流场分布（单位：m/s）

（参见文后彩图）

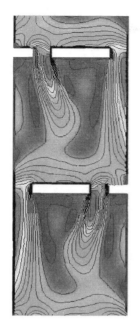
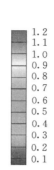
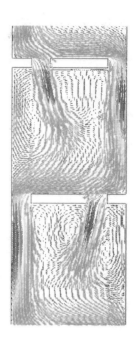

(b) 距离池室底面 1.6m

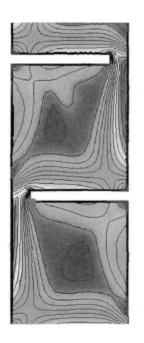
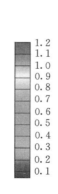
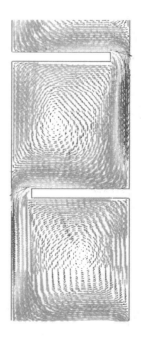

(c) 距离池室底面 1.0m

图 2.40（二）　A 型隔板鱼道池室不同高程流速及流场分布（单位：m/s）

（参见文后彩图）

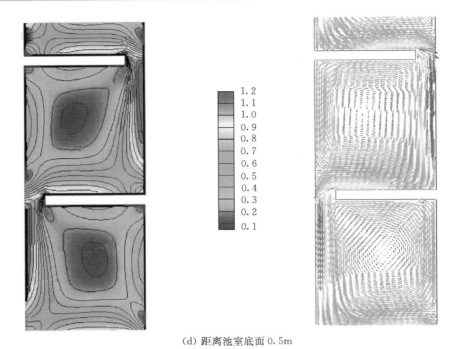

（d）距离池室底面 0.5m

图 2.40（三）　A 型隔板鱼道池室不同高程流速及流场分布（单位：m/s）

（参见文后彩图）

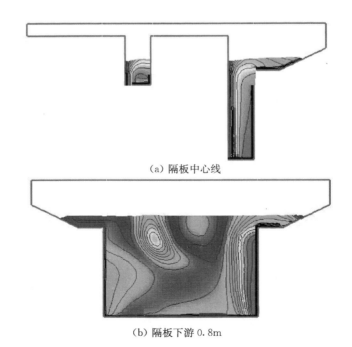

（a）隔板中心线

（b）隔板下游 0.8m

图 2.41（一）　A 型隔板鱼道池室不同断面流速分布图（单位：m/s）

（参见文后彩图）

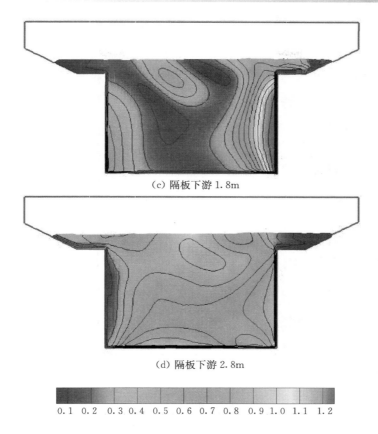

(c) 隔板下游 1.8m

(d) 隔板下游 2.8m

0.1 0.2 0.3 0.4 0.5 0.6 0.7 0.8 0.9 1.0 1.1 1.2

图 2.41（二） A 型隔板鱼道池室不同断面流速分布图（单位：m/s）

（参见文后彩图）

（2）由于距离池底 1.50m 范围内的水流全部均由竖孔进入水池，因此在整个水池底部 1.50m 水深范围内形成了一个大的回流区，在该区域内竖孔及槽身边壁附近最大流速在 1.10～1.20m/s 左右，且分布区域较广。

（3）在距离池室 1.50～1.80m 的水深范围内，由于有一部分水流从隔板表孔内进入下级水池，水池内水流不均匀程度有所改善，但对从隔板竖孔进入下级水池的水流流态影响较小，且这部分水流沿下级隔板上侧边壁流动时，部分流量会进入下级表孔增大下级表孔的流量，最大流速约为 1.10～1.20m/s。在距离水池底 1.80m 以上范围内，由于槽身断面扩大，由竖孔进入下级水池的水流流态相对较好，最大流速约 0.90～1.00m/s，表孔附近最大流速 1.00～1.10m/s。

为改善 A 型隔板通过竖孔进入下级水池水流流态，B 型隔板在 A 型隔板的竖孔下游 20cm 处设置了 180cm 高的导流竖板以改善竖孔流态。2.0m 水深情况下，B 型隔板鱼道水池内的流速及流场分布见图 2.42、图 2.43。由图可见：

（1）B 型隔板由于增加了导流竖板改善竖孔流态，因此在距水池底部 1.8m 范围内，回流区域明显减小，水池内流态有显著改善，整个水池内仅在隔板表孔及竖孔出口导流竖板附近局部区域流速超过 1.0m/s。

（2）增加导流竖板后，由于水池内流态改善，竖孔水流在水池内扩散效果较好，在隔板下游 1.8m 处断面最大流速约 0.9m/s，在隔板下游 2.8m 处断面最大流速仅 0.6m/s。

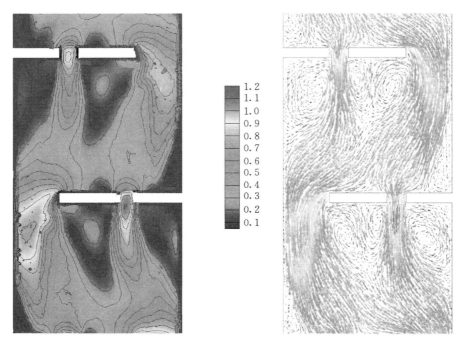

（a）距离池室底面 1.9m

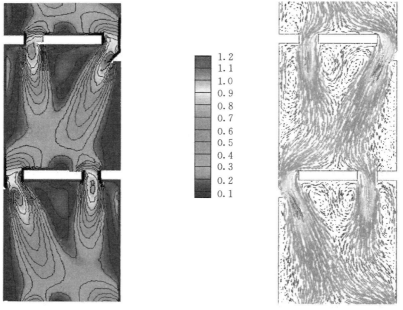

（b）距离池室底面 1.6m

图 2.42（一） B 型隔板鱼道池室不同高程流速及流场分布（单位：m/s）（参见文后彩图）

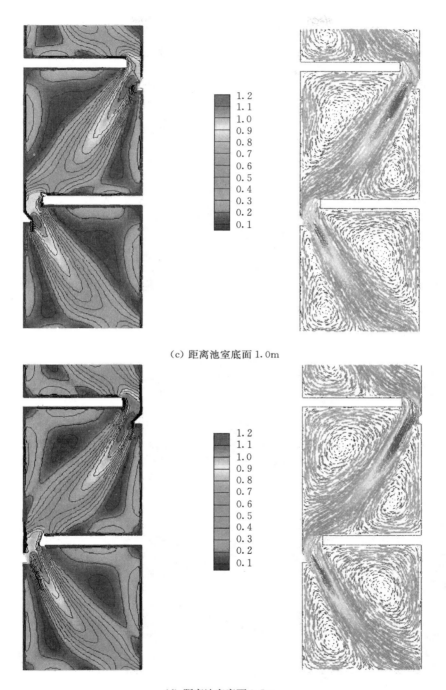

（c）距离池室底面 1.0m

（d）距离池室底面 0.5m

图 2.42（二）　B 型隔板鱼道池室不同高程流速及流场分布（单位：m/s）（参见文后彩图）

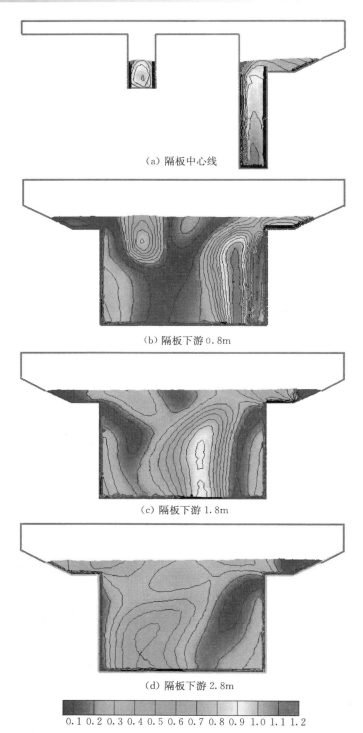

（a）隔板中心线

（b）隔板下游 0.8m

（c）隔板下游 1.8m

（d）隔板下游 2.8m

0.1 0.2 0.3 0.4 0.5 0.6 0.7 0.8 0.9 1.0 1.1 1.2

图 2.43　B 型隔板鱼道池室不同断面流速分布（单位：m/s）

（参见文后彩图）

2.6

鱼道辅助设施

2.6.1　拦鱼导鱼设施

为增强鱼道进口进鱼效果，宜在鱼道进口设置导鱼诱鱼设施。为了避免鱼类误入难以找到鱼道进口的水域，可设置拦鱼设施。根据鱼道进口的位置，拦鱼和导鱼设施可结合布置。鱼道的拦鱼导鱼设施，主要利用鱼类对电刺激的反应设置电栅系统，而诱鱼设施主要利用鱼类对声、光、色的生理习性，设置喷洒水及灯光等设备。本节主要结合郁江老口鱼道拦鱼导鱼设施介绍电栅的工作原理及布置设计方法，老口鱼道概况详见 3.3.4。

2.6.1.1　电栅的拦鱼导鱼基本原理

我国有近十万座水库，可养鱼面积 200 万 hm^2，还有数以万计的湖泊，可养鱼面积 180 万 hm^2，还有许多沿海渔场。这是我国各种经济鱼类的主要养殖基地。在这些水域内，有各种不同类型的进水口和出水口。每年汛期，大量鱼类即要顶着来水通过上游溪流或随着泄水通过溢洪道逃离湖泊和水库；在水电站及泄水闸运行时，鱼类也会通过电厂取水口误入水轮机，或逆流上溯至尾水区及泄水闸下，不能继续上溯；在灌溉用水期，鱼类也会误入农田；在城镇供水时，鱼类也会误入水厂管道。据统计，我国每年通过各种进水口、出水口逃离养殖水域和误入电站、泄水闸下游的鱼，严重时可占这些水域年产量的 1/4 左右。为解决这些进水口、出水口的拦鱼导鱼问题，以往一般采用竹箔、网具和格栅。很显然，这些都是"有形的"机械性拦鱼、导鱼设施，都有较大的阻水面积，易被污物和鱼类堵塞，影响正常供水和电厂、水厂安全。因而，这些设施虽有一定使用价值，但都具有不可克服的使用局限性。

电栅是有效而安全的先进拦鱼、导鱼设施，即在水中按照一定间距布置一些电极通以电流，在水中就形成了一个具有一定强度的电场，利用电场对鱼类的恐吓和驱赶效应，达到拦鱼、导鱼的目的。由于水下电场是"无形"的，就从根本上克服了"有形"的拦鱼设施的局限性。

1. 鱼类在水下电场中的三态反应

国内外大量试验表明，鱼类处在用交流电、直流电、脉冲电形成的电场中，都会随着电场强度的改变而呈现不同状态的感电反应。比较明显地，这种反应主要分成三种状态，故称"三态反应"。在国外，将这种反应分成五种或六种状态，实际上，各状态间的"界线"并不清晰，实际应用中也不必要，故下面只介绍"三态反应"：

第一反应（初始反应，惊吓反应）。当电场强度由零增加到一定值时，鱼类即感到电场的存在，开始惊游，窜游，呼吸急促，两鳍抖动。这种反应的电场强度具有一定范围，其最低值，即第一反应的"阈值"。超过这个阈值，随着电场强度的增加，这种反应就更为强烈、明显。采用电栅拦鱼导鱼，主要利用这一状态的反应，因而，这个阈值是设计电栅的重要参数。

第二反应（定向反应）。当电场继续增强时，鱼类就出现第二反应，随着电流的不同，其反应也不尽相同：①在直流电或脉冲电电场中，鱼类开始朝向阳极游去，此即"趋阳反应"，可用于直流电捕鱼作业；②在交流电或交流脉冲电场中鱼体移向电场最弱的方位，即与等位线平行的方位，以逃避电场的刺激。这一阶段的电场变化幅度最小。

第三反应（昏迷反应）。当电场继续增强时，鱼类就出现下列反应：①在直流电场中，鱼体倒转，肚向上，下沉，呼吸停止，嘴闭，鱼体变软；②在交流电及各种脉冲电场中，鱼的反应同直流电，但全身僵直，嘴鳃张开，鳍僵直。这阶段的电场变化幅度最大，在这幅度的某一范围内，若停止通电，鱼类会逐渐恢复常态。用交流电捕鱼就是利用这一范围内的反应。若电场继续增大，或受刺激时间过长，鱼类就会死亡。

根据室内试验及室外观测，掌握了不同阈值及其变化幅度，即能用于不同的目的，如拦鱼、导鱼、捕鱼等作业。

2. 影响鱼类感电反应的有关因素

不同鱼类在不同水域、不同电场内的三态反应阈值是有差异的，其主要影响因素如下：

（1）鱼类品种：有鳞鱼感电不敏感，细长的鱼比粗短的鱼感电较敏感。

（2）鱼类规格：同一种鱼，大鱼比小鱼易感电，即较敏感。

（3）鱼的生理：体质健壮、新陈代谢旺盛时对电场的敏感性较强；反之则弱。性成熟时对电的敏感性较弱。

（4）水温：因水温直接影响鱼类的新陈代谢，温度适当时，鱼对电的敏感性较强；水温太高或太低时，敏感性较弱。

（5）水电导率：鱼处在电导率较高的水中，较易感电；在电导率较低的水中，就不易感电。

（6）流速：与静水相比，在流水中，使鱼开始感电的电场强度有所提高，而使鱼处于僵游状态的电场强度，流水与静水时基本相同。

（7）电场特性：鱼对直流脉冲电比对交流电、直流电更为敏感；鱼对断续供电的交流电比对连续供电的交流电更为敏感。

3. 电栅的分类

拦鱼电栅的类别，可按下列因素划分：

（1）按逃鱼方向。①上逃：用于拦阻顶水上溯的鱼，一般设在水库、湖泊上游的进水河道、溪流及厂房和泄水闸下游尾水区；②下逃：用于拦阻顺水下行的鱼，一般设在溢洪道，电厂进水口，灌溉渠道进水口，进水涵洞等处。

（2）按电极阵排数。①单排：电栅由单栅电极组成，可呈直线、折线或曲线布置；②双排：电栅由双排电极组成，二排电极可呈前后对应或相互叉开排列；③多排：电栅由多于二排的电极组成。

（3）按电极阵结构。①埋设式：电极阵埋固在设计断面位置，一般适用于可在旱地施工时；②悬挂式：电极阵悬挂在设计断面上空，适用于不能旱地施工时，或漂浮物太多时；③浮筒式：电极阵连接在浮筒上，浮筒固定在设计断面水面上，适用于水位变幅较大时。

（4）按供电电源。①交流电：直接引用 380V、220V 交流电；②脉冲电：用交流电经脉冲发生仪形成直流脉冲电。

目前我国的电栅，绝大多数是采用直流脉冲电的单排式电栅，主要设在水库溢洪道及水库、湖泊的上游河道、溪流上。

4. 电流对鱼类生理的影响

电流对鱼类生理影响的有关主要因素有鱼类在电场中的位置、感电时间、电场强度及电场分布特性等。

一般说来，鱼类在电场中，都有逃避电场刺激的本能，尽量使自己不感电或少感电。在一个设计合理的电场中，鱼类很快就能判别逃避路线和方向，很快逃避电场的强刺激，而游向弱电场区，所以电场对鱼的刺激，是暂时的、有限的。鱼类即使已经昏迷，若能很快脱离电场，也能很快（10min 左右）苏醒恢复，对鱼类的生长、繁殖、遗传等均无不良影响。当鱼类处在一个设计不当的电场中，若其电场强度较强，短时间内鱼类即很快感电且感电量较大。同时，由于电场强度是一个"矢量"，既有大小又有方向，若鱼类所处位置的场强方向不明确，鱼类在受到强刺激后不能很快判明逃离方向，甚至在肌肉痉僵及流水作用下进入到更强的电场区中，如处于"第三反应"中，鱼类就被很快击昏或受到更大的生理损伤。

我国已建的 100 座电栅，大多是直流脉冲电栅，运行 30 年来，从未发现电死鱼和对鱼的生理有严重影响的实例和报道。可以认为，采用交流电的电栅，若设计不当，对鱼有一定损害，甚至被电击而死；若采用直流脉冲电，不仅可以大大提高拦鱼效果，而且对鱼的损伤最小。

2.6.1.2 电栅设计标准及总体布置

1. 电栅设计标准

依据老口枢纽实际情况，设定电栅的设计标准如下：

（1）拦导鱼种及规格：主要拦导鱼类有日本鳗鲡和白肌银鱼，淡水洄游鱼类有青、草、鲢、鳙"四大家鱼"，土著鱼类有倒刺鲃、唇鲮和鳊。

（2）主要拦导季节，每年 4—7 月，即鱼道主要过鱼季节。

（3）电栅设计水位，同鱼道下游设计水位，即平均低水位 65m，平均高水位 67m。

（4）库水电导率：平均值为 267μS/cm。

2. 电栅总体布置

根据上述标准，电栅总体布置如下：

（1）电栅断面位置：电栅一端位于电站厂房右岸，鱼道入口上游 10m，一端位于电站厂房左岸，并折向电站尾水导流墩，总体呈"∠"形，总长约 210.9m。"∠"形斜边与主流交角约 45°，长 145m，与主流平行边长度约 65.9m。电栅实际长度及位置由最终定线后确定。

（2）拦导水深，据电栅断面江底平均高程及设计最高水位，电栅处平均水深约为11.4m。

（3）电极间距，据拦导对象、水体电导率、电栅长度及脉冲仪输出要求等因素，决定电极间距为3.0m。

（4）电极直径，考虑上述因素，采用外径8.3cm镀锌铸铁管为电极。

（5）电栅类型，采用单排悬挂可拆卸电极式电栅。因电栅长度较长，若用一根主索横跨两岸，其承载太大，故拟将其分为若干"设计单元"，即在河床中每隔一定间距埋设一根支柱，两支柱间的主索承担设计单元间电栅电极及所有附件重量，并由一台脉冲仪为一个单元供电，故设计单元长度需经电工计算和悬索计算后决定。河床两端有铁塔和锚墩，确保整个电栅系统稳定。

2.6.1.3　电栅各部结构

1. 电栅总体结构

悬挂式电栅主要由主索、吊索、水平索、电极（包括附件）及支柱、铁塔、锚墩等组成。每设计单元主索跨度由电工计算及悬索计算而定。在主索上每隔10m（水平距离）设一根吊索，吊住水平索，水平索高程68.20m，高于下游高水位1.2m，以便安装电极附件。电极悬挂于水平索上。其总体结构布置示意图见图2.44。

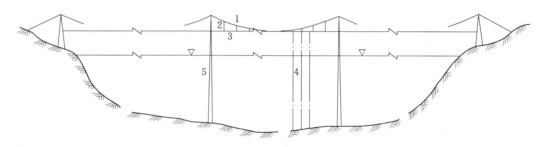

图2.44　电栅结构总体布置示意图

1—主锁；2—吊索；3—水平索；4—电极系统；5—支柱

2. 电极及其附件的结构

根据地形及下游最高设计水位67m，电极平均长度需11.4m，为减小悬索承重，采用串状分节电极。考虑到鱼类适宜水深范围，电极示意如图2.45所示。电极采用整根镀锌铁管，上端长6m，下部采用串状分节电极，自上而下分别为1m连接索（也带电），2m电极、1m连接索、1.4m电极。

电极连接示意图见图2.46，电极悬挂件示意图见图2.47。每根槽钢上安装3个绝缘子，供3根导电母线（LJ16硬铝裸绞线，以A、B、C编号）通过。每根电极用单芯铜芯软线与3根硬铝裸绞线中的一根相连。

3. 仪器控制室

仪器控制室即观测室，并可兼作值班及配电室。其一般要求为：①仪器室应尽量靠近电栅，以便直接观察到电栅运行时电栅附近的鱼类动态及逃鱼情况；②仪器室面积不小于3m×3m；③室风应有良好的通风、照明、防潮、绝缘、取暖及避雷设施；④制定控制室管理制度，限制无关人员随意入内。

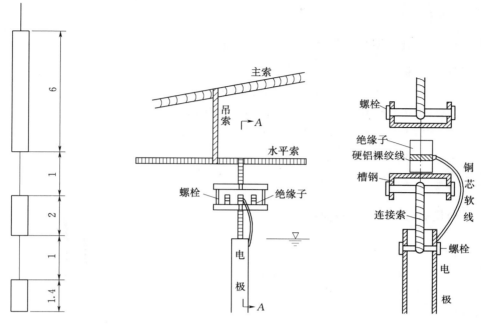

图 2.45 斜主流向电极 图 2.46 电极连接示意图 图 2.47 电极悬挂件示意图
示意图（单位：m） （A—A 剖面图）

4. 支柱

支柱即各电极单元两侧的立柱，理论上立柱两侧由水平索相互拉紧，并不受横向拉力，但设计中必须考虑另一侧电极系统或水平索或主索等断裂的最危险状态时（特别是靠近仪器控制室几个单元的支柱），确保支柱的稳定，避免"多米诺"效应。为此必须在河床中埋设（或浇制）一定体积的基础。按设计要求，支柱顶高程 72.2m（高于水平索 4m，此即垂度），平均高度达 16.6m（按河床平均高程 55.6m 计），在河床低洼处，立柱高度更高，故需用钢筋混凝土浇制，确保足够的抗弯强度。

2.6.1.4 电栅设计及计算

1. 电工计算及脉冲仪——电极的连接

国内电栅的电极布置（电极阵），主要有 3 种形式，不同的形式适用不同的脉冲发生仪，脉冲仪输出的导电母线，与电极的连接次序不一样，电工计算的方法也不同。

电栅电工计算的目的，就是根据各种电极阵布置、连接次序及其他设计要求，计算每台脉冲发生仪的负载能力，确定脉冲发生仪数量。

根据老口枢纽电栅规模和库水电导率，选用水利部中国科学院水工程生态研究所生产的 HGL-I 型脉冲电发生仪。首先对老口枢纽"∠"形电栅的斜向布置电栅（与主流流向呈 45°）进行电工计算分析，对于单排式电栅，该型脉冲仪每一台能承载的电极组数 n 可用下式计算：

$$n=\frac{\rho\ln\dfrac{2d}{\pi r}}{\pi l R_{AC}} \tag{2.33}$$

式中　ρ——水体电阻率，为电导率的倒数，此处 $\rho=\dfrac{1}{267}\times10^6=3745\mathrm{cm\cdot\Omega}$；

　　　　d——电极间距，为 300cm；

　　　　r——电极半径，为 3 英寸管，4.15cm；

　　　　l——放电部分电极实际长度，平均为 940cm；

　　R_{AC}——脉冲仪负载电阻，在单排布置时为 0.5Ω。

则

$$n=\frac{3745\times\ln\dfrac{2\times200}{3.14\times4.15}}{3.14\times940\times0.5}\approx9.72$$

每台仪器可承载的电栅面积为

$$W=nDH \tag{2.34}$$

式中　D——单排式布置时连续三根电极之间的距离，即 $D=2d$；

　　　　H——电栅断面平均最大水深，约为 11.4m。

可得 $W=9.72\times2\times3\times11.4=664.85\mathrm{m}^2$。

电栅实际面积达 $145\times11.4=1653\mathrm{m}^2$，故需脉冲仪数量 $N_1=\dfrac{1653}{664.85}=2.49$ 台，取 3 台。

实际布置中，每台脉冲仪承担面积 $W=\dfrac{1653}{3}=551\mathrm{m}^2$。

则每台脉冲仪承担的电栅长度 $L=\dfrac{W}{H}=\dfrac{551}{11.4}=48.33\mathrm{m}$，取 48.5m。

据此可定电栅，每隔 48.5m 为一个电栅"设计单元"，用一台脉冲仪为此单元供电，即 145m 长的电栅，有 3 个设计单元，各长 48.5m，用 3 台脉冲仪分别为其供电。按照 HGL－Ⅰ型脉冲仪的输出接线要求，其三个输出端（以 A、B、C 表示），分别用三芯电缆与电极上方的三根硬铝裸绞线（亦以 A、B、C 表示）相接。每根电极再用单芯铜线与一根硬铝裸绞线相连，其连接次序见表 2.11 及图 2.48，安装时不能接错，以免影响仪器输出及水下电场分布。

表 2.11　　　　　　　　　每一电栅单元各电极与硬铝裸绞线连接次序

电极号	1	2	3	4	5	6	7	8	9	10	11	12	13	14	15	16
硬铝裸绞线号	A	B	C	B	A	B	C	B	A	B	C	B	A	B	C	B

2. 悬索系统结构计算

电栅悬索系统由主索承受全部荷载，主要荷载有主索自重，吊索、水平索、电极及其附件、导电母线等的自重，悬索系统受风力、水力及污物的推力等，以下分别计算。

电栅每一设计单元长 48.5m，两侧有固定支柱，即主索跨度为 48.5m，垂度为 4m。

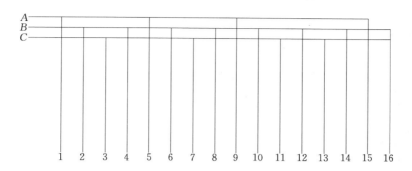

图 2.48 电极——硬铝裸绞线连接示意图（斜主流向电栅）

（1）主索自重 G_1：经反复计算，拟采用 $\phi20$ 钢丝索为主索，每 100m 自重 142.9kg，考虑到垂度，每一设计单元的主索长度按 50m 计算，则 $G_1 = 71.45$kg。

（2）水平索自重 G_2：拟用 $\phi17$ 钢丝索，每 100m 重 102.3kg，实用 48.5m，则 $G_2 = \frac{48.5}{100} \times 102.3 \approx 49.62$kg。

（3）电极自重 G_3：分节串状电极平均长度为 11.4m，由整根电极（6m）及分节电极（共 3.4m）和连接索（2m）组成，故电极实际长度为 9.4m，3 英寸镀锌管每米重 8kg，电极间距 3m，每一设计单元共有 16 根电极，则 $G_3 = 9.4 \times 8 \times 16 = 1203.2$kg。

（4）硬铝裸绞线自重 G_4：采用 LJ16，每 100m 重 44kg，共 3 根，各长 48.5m，则 $G_4 = \frac{48.5}{100} \times 44 \times 3 = 64.02$kg。

（5）吊索（间距 10m，用 $\phi17$ 钢丝索）及每根电极上的附件总重 G_5：按每根电极 30kg 计，每单元有 16 根电极，则 $G_5 = 16 \times 30 = 480$kg。

（6）风力、水流及污物的推力：悬挂式电极可随风和水流而适度摆动，污物不会集聚太多，故一般在安全系数中考虑。

整个单元悬挂系统的总荷载为

$$G = G_1 + G_2 + G_3 + G_4 + G_5 = 1868.29\text{kg}$$

由此，主索承受的张力按下式计算：

$$P = \frac{G}{2}\sqrt{\left(\frac{L}{4f}\right)^2 + 1} \tag{2.35}$$

式中　L——主索跨度，m；

　　　f——主索垂度，m。

则

$$P = \frac{1868.29}{2}\sqrt{\left(\frac{48.5}{4 \times 4}\right)^2 + 1} = 2981.7\text{kg}$$

查钢丝索 $\phi20$ 的抗拉强度为 25700kg，则安全系数 $K = \frac{25700}{2981.7} = 8.62$，悬索计算中要求安全系数大于 3.5～4.0，故设计满足要求。

对于老口枢纽"∠"形电栅的顺水流向电栅跨度约 66m，可分为两个设计单元，各宽 33m，为采购及施工方便，可采用与斜向电栅相同的脉冲仪、主索及其他材料，不另行计算。

老口水利枢纽电栅主要器材见表2.12。

表 2.12　　　　　　　　　　　　　老口水利枢纽电栅主要器材表

序号	器材名称	型　号	数　量			备　　注
			斜交主流电栅	平行主流电栅	总计	
1	脉冲发生仪	HGL-I	3 台	2 台	5 台	未计备用机
2	主索	6×19φ20	150m	70m	220m	
3	水平索	6×19φ17	145.5m	66m	212m	
4	吊索	6×19φ17	30m	14m	43m	
5	电极	3英寸镀锌管	451.2m	198m	650m	
6	硬铝裸绞线	LJ16	436.5m	198m	635m	
7	三芯电缆	三芯	145.5m	33m	179m	胶套屏蔽，防水
8	铜芯软线	单芯	48m	22m	70m	可用BVR40
9	连接器材					钢丝夹、槽钢、连接索等
10	低压电器					绝缘子、闸刀、开关等

注　硬铝裸绞线、三芯电缆长度未计算旱地接线需要长度。

2.6.1.5　电栅施工和运行

1. 电栅连接及安装主要工序

按照电工计算和悬索计算，全长212m的电栅共分成5个电极单元，用5台脉冲仪分别为每一单元供电。每台脉冲仪有三个输出端，分别用三芯电缆连接电极上方的三根硬铝裸绞线，故共有5根三芯电缆从5台脉冲仪输出，通过水平索分别连接到5个单元的三根硬铝裸绞线上。输出线路很多，长度不同，不能接错。仪器输出电缆与各设计单元连接示意图见图2.49，即1号脉冲仪输出的三芯电缆通过水平索道直达第①第②设计单元之间的支柱上，再向①设计单元供电，以此类推。

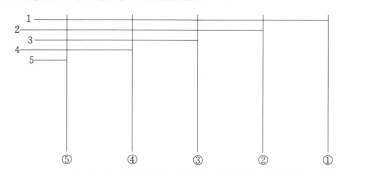

图 2.49　仪器输出电缆与各设计单元连接示意图

在主索、吊索、水平索安装完成后，上述连接施工可分为5个工序：

（1）在旱地上将各电极及其附件组装成体，因地形高低，电极长度不同，需定位编号。

（2）将各电极集成体按编号连接到水平索上。

（3）将三根硬铝裸绞线安装在各根电极的三个绝缘子上，从每一单元的第一根电极上方直通至最后一根电极上方。注意每一单元的硬铝裸绞线互不相通，以确保一台脉冲仪为一个单元供电。

（4）通过水平索依次连接各单元的三芯电缆和硬铝裸绞线（图2.49）。

（5）用单芯铜芯导线按表2.11次序将硬铝裸绞线与各电极相连。

完成上述工序，电栅安装即告完成。从脉冲仪三个端子输出的脉冲电流即可按要求通达各个电极。

上述工序（2）～（5），可在高水位时用船只沿电栅断面依次实施。

2. 电栅施工中的注意事项

（1）电极在水中的位置必须按设计要求正确定位，确保间距均匀。

（2）主索、吊索、水平索、电极及其附件之间的连接必须牢固。

（3）分节串状电极每节电极间用连接索相接，连接必须牢固，以免影响导电性能。

（4）靠近仪器控制室的几个单元的支柱，因需承受"过境"电缆重量（图2.49），必须加固。

（5）硬铝裸绞线（三根）与各电极的连接次序，必须按表2.11所列要求，不能接错，以免影响水下电场分布；三根硬铝裸绞线在相邻两个设计单元间不能相通，以免影响电场分布。

（6）在仪器室内，脉冲仪用电线路要用专线输入，要与室内温控、照明、通信等其他用电线路分开，以免后者用电事故，影响仪器正常用电。

（7）电极系统高于设计水面部分可以涂油漆，以求醒目；但不能将电极水下部分涂油漆，以免减弱水下电场；也可在电栅顶部安装红灯，以便夜间警示。

（8）电栅上下游一定距离内设立警示牌，严禁无关人员进入。

3. 电栅运行管理中的注意事项

（1）每年汛期运行前，要全面检查悬索系统及输电线路各个连接点（焊接点）是否牢固，接线有否硬化、风化、接线次序是否正确。

（2）电栅运行时，鱼类大量集聚、徘徊在电极下游3～5m处。此时的鱼类若受惊动，极易成群窜越电栅，因此，严禁围观、投石、捕鱼、喧哗，保持电栅区安静。

（3）在拦阻逆水鱼时，脉冲仪输出频率可在10～30Hz，使鱼感电较强，在水流的冲击下不致逆水上溯。

（4）脉冲仪要由专人操作和维修，使用前应检查仪器性能，运行时严格按规程操作，使用后装箱保管。

（5）当电栅备有备用脉冲发生仪时，配电盘上应设切换开关，以便及时切换发生故障的脉冲器，尽量减少失电时间。

（6）电栅常在汛期阴雨天工作，需安装防雷设施。

（7）认真做好观测记录（特别是"备注"一栏），以便积累资料，总结经验教训，提高电栅建设和管理水平。

2.6.2 集鱼系统

2.6.2.1 集鱼系统简介

在电站枢纽下游厂房尾水渠中，常聚集了大量从下游循着厂房尾水溯游上来的鱼。由于电厂尾水是经常性水流，其流量又远比鱼道下泄流量要大，所以，这部分鱼受这股水流诱集，久久徘徊在厂房尾水管附近，有的甚至游进尾水管，而不易找到鱼道进口。

1938 年美国兴建哥伦比亚河上的邦维尔坝过鱼设施时，首先建成了厂房集鱼系统，把进入集鱼系统的鱼顺利地导向过坝的鱼道上溯。

为了充分利用电站机组尾水诱导作用，一般在电站机组尾水上部设置集鱼系统，使上溯至电站尾水区域的鱼类能快捷过坝。集鱼系统由许多分布在厂房尾水平台中的进鱼口、集鱼（输鱼）槽、扩散室和补水设施等组成。水电站鱼道进口及厂房集鱼系统、补水系统见图 2.50。

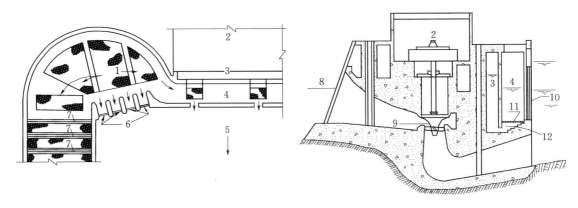

图 2.50 水电站鱼道进口及厂房集鱼系统、补水系统
1—扩散室；2—厂房；3—补水渠；4—集鱼渠；5—电厂尾水；6—调节堰和主进口；7—堰；8—拦污栅；9—水轮机；10—可调节堰；11—格栅；12—扩散室

集鱼系统的集鱼（输鱼）槽横跨厂房尾水前沿，其进口即为集鱼（输鱼）槽下游面侧壁上的一系列孔口，它常是等间距地布置在电厂各机组段，孔口高程可以不同。这些进口常设自动控制的闸门，它随下游尾水位调节开度，控制从槽中流至下游的流量、流速和水深。

厂房集鱼系统应设补水设施，因为鱼道下泄的水量，远不能满足集鱼系统各进口（包括鱼道主进口）的流量要求。当尾水位抬高时，为强化各进口水流，需要适当补水。

本节以鱼梁鱼道集鱼系统为例介绍鱼道集鱼系统各部分功能、布置及集鱼的试验研究方法。鱼梁鱼道典型集鱼系统初始布置见图 2.51。

集鱼渠主要功能使已上溯至电站下游鱼类能方便、快捷找到鱼道的进口，因此在集鱼渠下游侧布置进鱼孔，上溯鱼类经进鱼孔进入集鱼渠，进而通过会合池到达鱼道，鱼梁鱼道集鱼渠一般沿电站尾水渠前沿通长布置，顶部高程 92.50m，底部高程 87.40m，宽 1.5m，长 50.0m。集鱼渠上设置两排共 6 个进鱼孔，底高程分别为 89.20m、87.70m，对应的进鱼孔尺寸（高×宽）分别为 1.0m×0.6m、1.0m×0.8m，进鱼孔面积为 2.4～4.2m，随水位变化。

补水渠由于下游最高水位（隔板前水深 4.7m）时鱼道下泄流量仅为 0.35～0.87m³/s，鱼道、集鱼渠的进鱼口和集鱼渠内的流速无法达到过坝鱼类的感应流速，需增设补水系统，以满足鱼类上溯所需流速的条件。

补水系统主要由引水管、补水渠及补水孔组成。补水系统从上游水库内引水，引水管

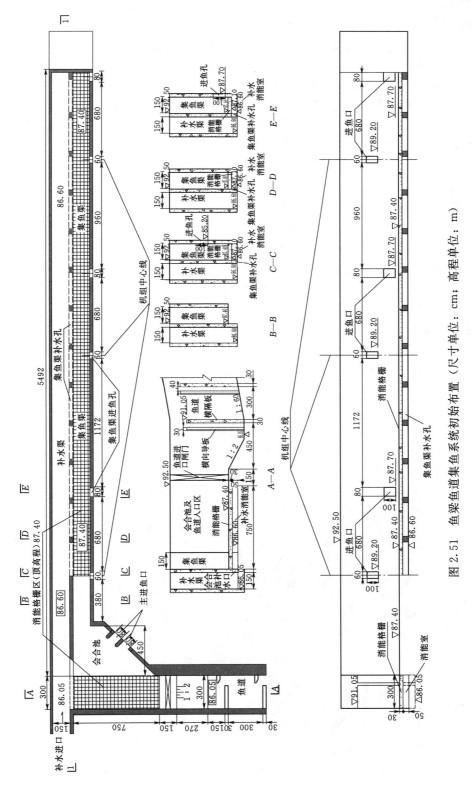

图 2.51 鱼梁鱼道集鱼系统初始布置（尺寸单位：cm；高程单位：m）

进口设在厂房进口，进水口处设置闸门以控制补水量，引水管初步选择直径为2.0m的圆管。补水渠与集鱼渠平行沿电站尾水渠前沿通长布置，宽1.3m，长61.38m。集鱼渠补水孔（2.5m×0.3m）则布置于补水渠与集鱼渠墙底部，孔口顶高程92.50m，底高程86.60m；会合池的补水孔（1.5m×0.3m）布置于消力池侧壁上，孔口底高程86.60m。补水过程中，水流一部分进入补水渠进而通过补水孔进入集鱼渠；另一部分则通过补水孔进入会合池补水消能室，再经消能格栅（格栅出水孔尺寸0.025m×0.025m）消能后进入会合池及集鱼渠。消能室消能格栅布置范围大致分成三个区域：①鱼道与主进口连接段，区域范围7.5m×3.0m（长×宽）；②靠近主进口的三角区；③在集鱼渠内，区域范围4.5m×1.5m（长×宽）。

会合池是主进鱼口、集鱼渠、鱼道的会合处，同样也是由主进鱼口、集鱼渠汇集的鱼类进入鱼道的会合场所。会合池及其到鱼道第一块隔板过渡段的断面均比隔板过鱼孔大，仅靠鱼道的下泄流量无法满足该处鱼类溯游流速的要求，因而可能导致由主进鱼口进入的鱼类游向集鱼渠，而集鱼渠内的鱼类到会合池后又从主进鱼口游出，故须增设补水系统。原会合池到第一隔板的过渡段宽度3.00m，鱼道底宽3.00m，第一块隔板底高程86.05m，主进鱼口底高程87.40m（宽0.8m），故利用1.35m的高差增设补水系统。补水系统消能室底高程86.60m，会合池沿连接段底宽布置消能格栅（格栅孔口尺寸为0.025m×0.025m），格栅高程在87.10m与87.40m之间，同时在消能室内靠上游端设置一根消力导流槛（槛高0.2m），在消能的同时将一部分补水水流导向设在主进鱼口后的三角区及集鱼渠出水区。

2.6.2.2 某工程集鱼系统布置案例

集鱼系统试验在整体模型上进行，试验主要研究鱼道主进鱼口、集鱼系统进鱼孔、补水系统及各部分尺寸布置是否合理，并观察会合池、集鱼渠内流态，并确定适应下游水位变化所需的补水量。集鱼、补水系统模型布置见图2.52。

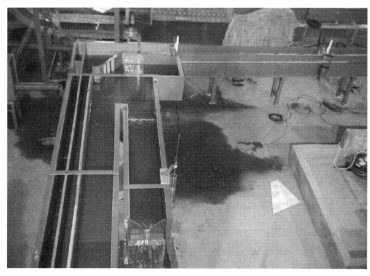

图2.52 集鱼、补水系统模型布置（参见文后彩图）

试验以上游低水位、下游高水位为主（这种条件下鱼道的流量最小），同时在上游高水位、下游低水位条件下进行复核，试验水位组合如下：

（1）上游水位 98.00m，下游水位 90.75m，鱼道流量为 0.36m³/s。

（2）上游水位 99.50m，下游水位 88.75m，鱼道流量为 0.87m³/s。

上述两种水位组合，一是设计水深运行工况，二是鱼道最小下泄流量工况，此工况下游水位最高，所需要的补水量最大。

各种补水工况下集鱼渠流态见表 2.13。

表 2.13 各种补水工况下集鱼渠流态

水位组合 /m	补 水 量/(m³/s)				集鱼渠内流态
	总流量	补水渠	会合池	鱼道	
98.00～90.75	5.03	1.48	3.19	0.36	渠内局部有倒流
	4.19	0.64	3.19	0.36	无倒流现象
	2.93	0.00	2.57	0.36	无倒流现象
	2.48	0.00	2.14	0.34	无倒流现象
	1.90	0.00	1.55	0.35	无倒流现象
99.50～88.75	1.91	0.00	1.04	0.87	无倒流现象
	0.93	0.00	0.06	0.87	无倒流现象

由表 2.13 可见：

（1）鱼道按上游 98.00m、下游最高水位 90.75m 运行。当补水渠补水量为 1.48m³/s、会合池补水量为 3.19m³/s 时，此时集鱼渠内部分进鱼孔下游侧（远离会合池一侧）有倒流现象，如此将会导致鱼类由进鱼孔进入集鱼渠后向远离会合池方向游去，因此，应适当减少集鱼渠的补水量，而增加通过会合池流入集鱼渠的流量。

当补水渠补水量减小到 0.64m³/s 时，试验中观察到集鱼渠内的倒流现象已基本消失，此时主进鱼口流速在 0.38～0.44m/s 之间，而集鱼渠进鱼口流速则在 0.41～0.57m/s 之间。为了避免集鱼渠内出现倒流情况，并考虑到补水渠内补水量较小，因此取消补水渠的布置，仅通过引水管向会合池补水。集鱼、补水系统修改方案 1 布置见图 2.53。

修改方案 1。在 98.00～90.75m 水位组合下，当会合池补水流量为 2.57m³/s 时，主进鱼口流速为 0.40m/s，集鱼渠进鱼口流速在 0.35～0.43m/s 之间；当会合池补水流量为 2.14m³/s 时，主进鱼口流速为 0.35m/s，集鱼渠进鱼口流速在 0.30～0.37m/s 之间；当会合池补水流量为 1.55m³/s 时，主进鱼口流速为 0.26m/s，集鱼渠进鱼口流速在 0.23～0.30m/s 之间。为达到引导鱼类游向鱼道的目的，建议会合池补水量在 2.0～3.0m³/s 之间，此时主进鱼口流速在 0.35～0.40m/s 之间，集鱼渠进鱼口流速在 0.30～0.42m/s 之间，集鱼渠内流速则在 0.10～0.31m/s 之间。

（2）鱼道按设计水深运行，下游最低水位 88.75m。适当控制补水量就能达到很好的补水效果。当会合池补水量为 1.04m³/s 时，主进鱼口流速为 0.54m/s，而集鱼渠进鱼口流速在 0.48～0.52m/s 之间；如果仅鱼道运行，不补水，主进鱼口流速则为 0.29m/s，集鱼渠进鱼口流速为 0.25m/s。因而，建议会合池补水流量在 1.0～1.5m³/s 之间，此时

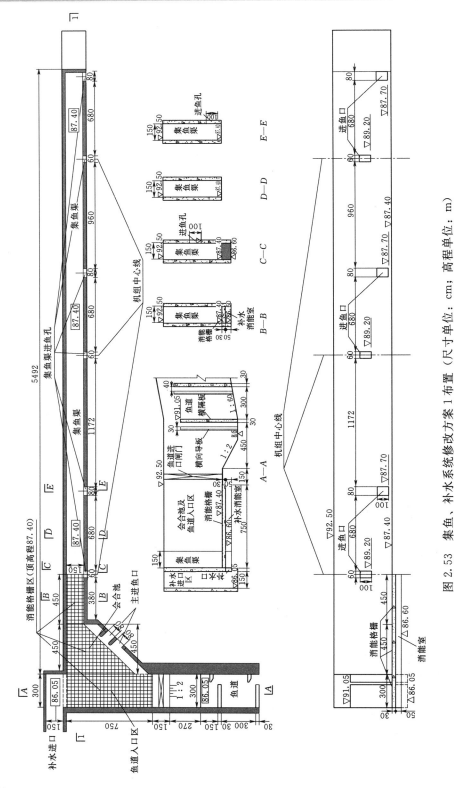

图 2.53 集鱼、补水系统修改方案 1 布置（尺寸单位：cm；高程单位：m）

主进鱼口流速在 0.4~0.6m/s，集鱼渠进鱼口流速在 0.35~0.60m/s 之间，集鱼渠内流速则在 0.15~0.50m/s 之间。

修改方案 1 的集鱼、补水系统已满足设计和鱼道运行要求，与设计单位商讨沟通，设计认为会合池及集鱼渠补水和电站尾水交叉布置，应尽量避免。因此，取消了会合池及集鱼渠补水，保留鱼道与主进口连接段，区域范围 7.5m×3.0m（长×宽），并在连接段旁向岸内扩了 4.0m，作为补水的出水口，增大会合池面积，集鱼、补水系统修改方案 2 布置见图 2.54。

修改方案 2。在 98.00~90.75m 水位组合下，当补水流量为 1.06m³/s 时，主进鱼口流速为 0.20m/s，集鱼渠进鱼口流速在 0.15~0.20m/s 之间；补水流量为 2.20m³/s 时，主进鱼口流速为 0.38m/s，集鱼渠进鱼口流速在 0.33~0.44m/s 之间；补水流量为 2.67m³/s 时，主进鱼口流速为 0.49m/s，集鱼渠进鱼口流速在 0.41~0.55m/s 之间。

在 99.50~88.75m 水位组合下，无补水时，主进鱼口流速为 0.34~0.37m/s，集鱼渠进鱼口流速在 0.23~0.29m/s 之间，基本上达到了鱼类的喜爱流速；补水流量为 1.01m³/s 时，主进鱼口流速为 0.55~0.63m/s，集鱼渠进鱼口流速在 0.45~0.58m/s 之间，集鱼渠内流速则在 0.20~0.30m/s 之间。

试验方案小结。

（1）由试验结果可知，给会合池补水能够满足集鱼渠和会合池内的水流条件的要求。在引水管与会合池之间设置一个消能室，使水流能平稳地进入会合池及集鱼渠。集鱼、补水系统具体布置如下：

集鱼渠：顶部高程 92.50m，底部高程 87.40m，宽度 1.50m，长度为 50.0m，沿尾水前沿通长布置。

补水出水孔：鱼道与主进口连接段，区域范围 7.5m×3.0m（长×宽），并在连接段旁向岸内扩了 4.0m，增大会合池面积，在高程 87.10~87.40m 之间布置 0.025m×0.025m 的消能格栅，作为补水的出水孔，高程 86.60m 与 87.10m 之间设置消能室，消能室内沿鱼道内侧边墙设置高 0.5m 消力槛一根。

进鱼孔布置：主进鱼孔 2 个、集鱼渠进鱼孔 6 个，主进鱼孔底高程为 87.40m，宽 0.8m，集鱼渠进鱼孔底高程分别为 89.20m、87.70m，对应的进鱼孔尺寸（高×宽）分别为 1.0m×0.6m、1.0m×0.8m，总的进鱼孔面积为在 4.56~9.56m² 之间（不同的水位下过鱼孔面积不同）。

（2）补水系统运行方式：为达到引导电站尾水处鱼类快捷找到鱼道的目的，建议会合池补水量在 1.0~3.0m³/s 之间，根据水位组合控制补水流量，保持主进鱼口流速在 0.40m/s 以上，集鱼渠进鱼口流速在 0.30~0.50m/s 之间，此时集鱼渠内流速则在 0.10~0.30m/s 之间。补水流量过于大，消能格栅孔口流速也增大，导致会合池鱼类方向性差。

下游水位 90.75m，控制补水量 2.0~3.0m³/s 之间，上游水位上升，补水量减少；下游水位 88.75m，补水量控制在 1.0m³/s 左右，下游水位大于 89.8m，补水量开始适当增加，但不能大于 3.0m³/s。

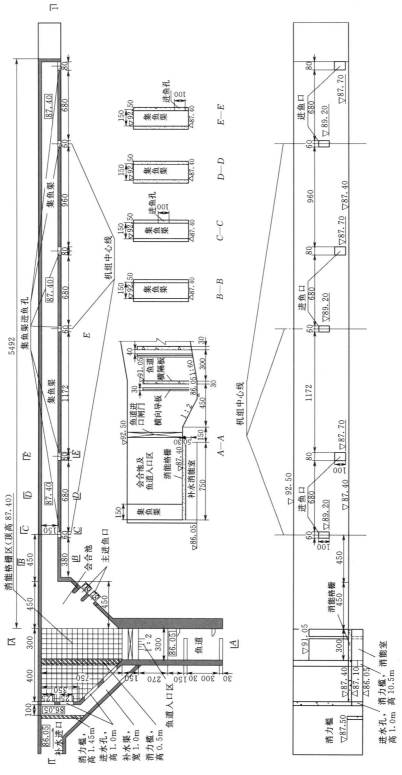

图 2.54 集鱼、补水系统修改方案 2 布置（尺寸单位：cm；高程单位：m）

典型鱼道及鱼类保护系统实例

3.1

长江流域中下游地区典型鱼道

3.1.1 流域简介

长江发源于青藏高原唐古拉山主峰各拉丹冬西南侧,干流流经青海、西藏、四川、云南、重庆、湖北、湖南、江西、安徽、江苏、上海等 11 个省(自治区、直辖市),干流河道全长 6300 余 km,流域面积约 180 万 km²,为中国第一大河。

长江水系由 7000 余条大小支流组成。流域面积大于 1000km² 的支流有 483 条,其中大于 10000km² 的有 49 条,大于 80000km² 的支流有雅砻江、岷江、嘉陵江、乌江、沅江、湘江、汉江、赣江等 8 条。中游的较大支流,除汉江直接汇入长江外,其他分别经过洞庭湖和鄱阳湖汇流入长江。多年平均流量大于 1500m³/s 的支流有雅砻江、岷江、嘉陵江、乌江、沅江、湘江、汉江、赣江。

长江流域的大小湖泊数以百计,总面积约 1.52 万 km²,接近全国湖泊总面积的 20%。湖面面积大于 10km² 的有 125 个,其中大于 100km² 的有 34 个。主要湖泊有鄱阳湖、洞庭湖、太湖、巢湖、洪湖、梁子湖、西凉湖等。

长江流域水资源丰富,多年平均水资源总量为 9958 亿 m³,占全国水资源总量的 35%。

本节结合长江中下游重要支流赣江上的石虎塘枢纽,介绍鱼道的设计优化过程。

赣江流域地处长江中下游右岸,为鄱阳湖水系中最大河流,长江八大支流之一,纵贯江西省南部和中部。由章水和贡水汇合而成,故名赣江。流域东临抚河流域,西隔罗霄山脉与湘江流域毗邻,南以大庾岭、九连山与珠江流域东江、北江为界,北通鄱阳湖。流域地跨江西、福建、广东、湖南 4 省 60 个县(市),流域面积 82809km²。赣江发源于江西省石城县横江镇赣江源村石寮崬,干流自南向北流经江西省赣州、吉安、宜春、南昌、九江 5 市,至南昌市八一桥以下扬子洲头,尾闾分南、中、北、西四支汇入鄱阳湖。主河道长 823km。

赣江河网密布,水系发育。控制流域面积 10km² 以上河流 2072 条,其中控制流域面积 10～100km² 河流 1842 条,控制流域面积 100～300km² 河流 159 条,控制流域面积 300～1000km² 河流 50 条,控制流域面积 1000～3000km² 河流 11 条,控制流域面积 3000～10000km² 河流 10 条。主要一级支流有湘水、濂水、梅江、平江、桃江、章水、遂川江、蜀水、孤江、禾水、乌江、袁水、肖江、锦江等。

3.1.2 赣江鱼类资源现状

3.1.2.1 鱼类种类

赣江鱼类共有 118 种，隶属 11 目 22 科 74 属，其中以鲤科鱼类为主，占总种数的 58.5%，其次为鲶科 9.3%，鳅科 5.9%，鮨科 5.1%，鳗科、银鱼科、鲇科、塘鳢科、鰕虎鱼科、斗鱼科和鳢科等各占 1.7%，其余 11 科共占 9.3%。赣江鱼类中，不少是我国江河平原区的特产鱼类，如青鱼、草鱼、鲢、鳙、鳡、鳊、鲂、鲌、银鲴、黄尾鲴、细鳞斜颌鲴及银飘鱼等。

2008 年和 2009 年 4—6 月，相关部门在江西省泰和、吉安等地采集鱼类标本，对赣江中游鱼类资源进行调查，共记录鱼类 71 种，隶属 7 目 16 科 58 属。据采样分类鉴定，统计了该江段电捕渔获物的重量和数量比。结果显示当地主要经济鱼类主要有鳊、银鲴、赤眼鳟、半䱻、鲤、光泽黄颡鱼、鳜、翘嘴红鲌、草鱼等。渔获物重量组成比例中，赤眼鳟占 21.77%、鳊 15.17%，其次为银鲴 11.81%、鲤 11.52%、翘嘴红鲌 7.60%、半䱻 6.57% 等。就数量百分比来说，半䱻 19.25% 和银鲴 13.89% 为优势种，其次为鳊 11.09% 和赤眼鳟 8.46%。鱼类以中小型鱼类为主，如鲴亚科、鲌亚科鱼类等。一些个体较大、性成熟时间长、食料范围较窄的鱼类，如鳡、鳡、青鱼、鳙等，资源量显著下降。而目前主要经济鱼类皆为一些中小型鱼类，如赤眼鳟、银鲴等。一直以来作为优势种的"四大家鱼"中，除草鱼还有一定数量外，青鱼、鲢和鳙基本很难捕捞到。据历年调查和多次访问渔民，一些珍稀名贵鱼类，如中华鲟、鲥、鳤等近 20 多年来未见踪迹。

3.1.2.2 主要经济鱼类产卵场

历史上赣江一直是鱼苗产区之一，据文献记载，万安以上有赣州、望前滩、良口滩及万安，万安以下有百嘉下、泰和、沿溪渡、吉水、小港、峡江、新干及三湖等，都是青鱼、草鱼、鲢、鳙、鳡、鲤的产卵场，以沿溪渡、吉水、小港及峡江为主，占产卵量的 3/4，鲥鱼的产卵场集中在峡江至新干一带，该江段水深 3~4m，深潭可超过 10 余 m，河床为砂石底质。据文献和渔政部门的资料记载，石虎塘水利工程涉及的赣江段鱼类产卵场有 3 个，为泰和（澄江）、沿溪渡、百嘉下，其中百嘉下产卵场在淹没区尾端的上游，不在工程区的范围内。2007 年 4—5 月，项目调查组对产卵场进行现场调查，采集鱼类标本，解剖，计算怀卵量，发现产卵场主要产卵鱼类为鲤、青鱼、草鱼、鳊、鳡、银鲴、花鲭等。

3.1.3 赣江石虎塘枢纽鱼道研究

3.1.3.1 石虎塘鱼道概况

石虎塘航电枢纽工程位于赣江中游吉安市市区与泰和县城之间，鱼类资源丰富，经济鱼种类较多，其中江湖洄游鱼类主要以"四大家鱼"等经济鱼类为主，同时为原有珍稀鱼类（如鲥鱼）重新回到赣江中下游创造基本条件。石虎塘鱼道位于枢纽右侧。石虎塘鱼道平面布置图见图 3.1。

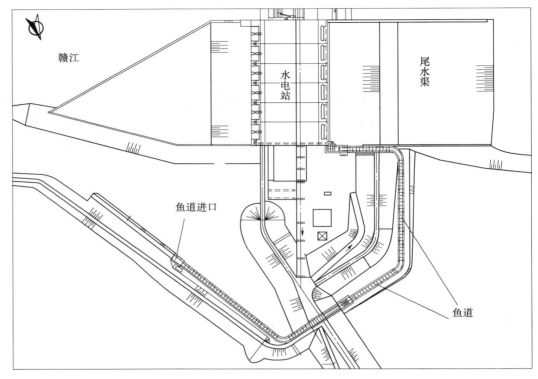

图 3.1 石虎塘鱼道平面布置图

3.1.3.2 鱼道设计参数

（1）主要过鱼品种：主要是赣江干流洄游鱼类、江湖洄游鱼类及原有珍稀鱼类（如鲥鱼），其中江湖洄游鱼类主要以"四大家鱼"等经济鱼类为主。

（2）主要过鱼季节：每年 4—7 月。

（3）过鱼季节中上游、下游设计水位：过鱼季节鱼道出口设计水位为 57（最高运行水位）～55（预泄消落）m，鱼道进口设计水位为 50（机组全开）～48（开两台机）m，最大设计水位差 9m。

（4）鱼道隔板过鱼孔设计流速：采用式（2.31）计算得鱼道最大流速为 0.9～1.16m/s。

3.1.3.3 石虎塘鱼道整体布置

（1）结构型式选择。选择横隔板式鱼道。

（2）鱼道水池尺度。鱼道采用设计鱼道槽身断面底宽 3.00m，两侧边墙高 1.80m，上接 1∶2 斜坡高 0.70m；设计水池净深 2.00m；水池长取 3.60m（垂直竖缝隔板之间的距离）。

（3）隔板过鱼孔尺寸。初设中选择一侧垂直竖孔＋坡孔、另一侧表孔的隔板型式，孔的宽度为 0.50m。

（4）鱼道有效工作水深。鱼道最低工作水深选择为 1.00m，净高为 2.50m，最高工作水深取 2.00m，上部预留 0.50m 高度。

（5）进鱼口布置。进鱼口设计高程 47.00m，在下游最低设计水位 48.00m 时（开两台机），进鱼口第一块隔板过鱼孔水深为 1.00m；在下游平均设计水位 49.00m 时，进鱼口第一块隔板过鱼孔水深为2.00m。

（6）鱼道槽身底坡和断面形状。鱼道的底坡1：60；总水头9.0m，每块隔板水头0.06m，需150块隔板，中间分别在底高程51.4m、49.6m、47.7m设置了三个平底休息池，进口、休息池、出口的平底与坡的衔接处均应设隔板，因此实际需隔板大于150块；考虑枢纽交通要求，在高程50.8m处（平面：鱼0+018～鱼0+036之间）采用隧洞布置，同样在高程50.8m处设置了观察室。设计初步考虑采用复式断面——下部为矩形断面、上部为梯性。

（7）出鱼口布置。采用一个出鱼口，出鱼口底高程54.0m，并设置闸门控制。

3.1.3.4 水力学局部模型试验

1. 模型设计

鱼道水工水力学模型按重力相似准则设计，模型几何比尺$L_r=8$。模型用塑料板制造，长10m，共设10块隔板（自下而上以1～10编号），上下相邻两隔板交叉布置。局部模型布置见图3.2。

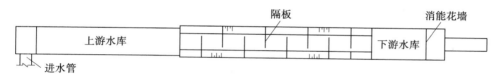

图3.2 局部模型布置

2. 方案比较

断面模型采用三种隔板型式，由梯形坡孔、垂直竖孔、表孔、底孔组成。根据已建鱼道水力学模型试验及原体观测，"垂直竖孔-坡孔"能形成大小不同流速区，上述三种隔板型式都带有垂直竖孔-坡孔。

（1）A型：一侧垂直竖孔+坡孔、另一侧表孔。

（2）B型：一侧垂直竖孔+坡孔、另一侧底孔。

（3）C型：一侧垂直竖孔+坡孔（另一侧无孔），并设置导流竖板。

对于A型和B型隔板型式，还进行了设置导流竖板的试验研究（分别称为A2型、B2型），因此局部模型隔板型式进行了5个方案的比较。不同型式隔板布置及测点位置见图3.3～图3.10。

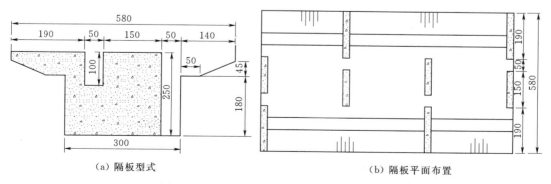

（a）隔板型式　　　　　　　　　　（b）隔板平面布置

图3.3 A型隔板型式及布置（单位：cm）

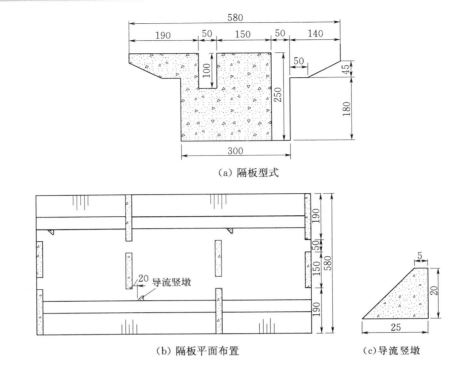

（a）隔板型式

（b）隔板平面布置

（c）导流竖墩

图 3.4　A2 型隔板型式及布置（单位：cm）

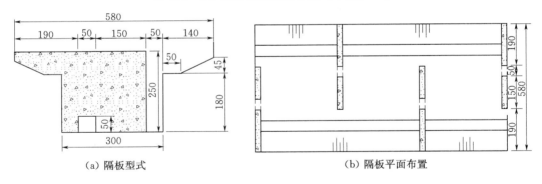

（a）隔板型式

（b）隔板平面布置

图 3.5　B 型隔板型式及布置（单位：cm）

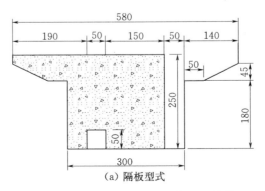

（a）隔板型式

图 3.6（一）　B2 型隔板型式及布置（单位：cm）

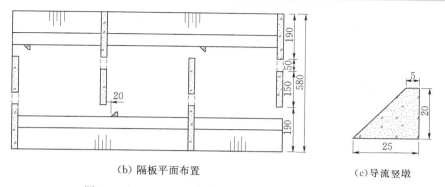

（b）隔板平面布置　　　　　　　　　　　（c）导流竖墩

图 3.6（二）　B2 型隔板型式及布置（单位：cm）

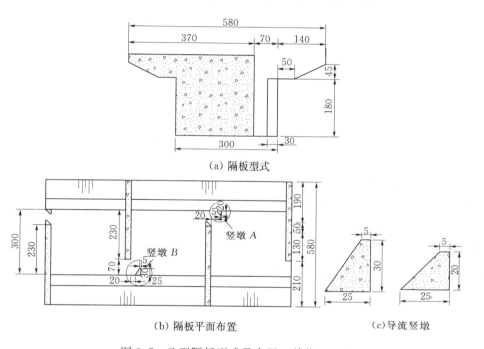

（a）隔板型式

（b）隔板平面布置　　　　　　　　　　　（c）导流竖墩

图 3.7　C 型隔板型式及布置（单位：cm）

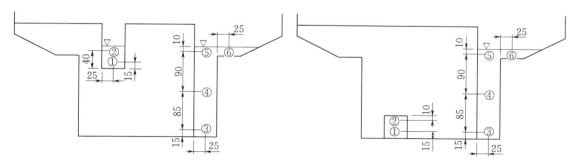

图 3.8　A 型和 A2 型隔板流速测点布置
（单位：cm）

图 3.9　B 型和 B2 型隔板流速测点布置
（单位：cm）

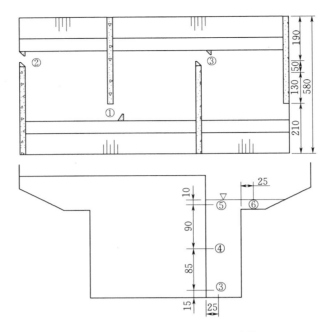

图 3.10　C 型隔板流速测点布置（单位：cm）

3. 试验成果分析

各型隔板各过鱼孔测点的流速见表 3.1。

表 3.1　　　　　　　　　　　**各型隔板各过鱼孔测点的流速**　　　　　　　单位：m/s

隔板型式	隔板编号	流　速					
		测点①	测点②	测点③	测点④	测点⑤	测点⑥
A	3 号	1.23	1.18	1.16	1.13	0.98	0.78
	5 号	1.39	1.21	1.23	1.14	1.03	0.76
	7 号	1.28	1.12	1.15	1.01	0.95	0.79
	9 号	1.12	1.11	1.09	1.16	1.02	0.78
	平均	1.26	1.15	1.16	1.11	0.99	0.78
A2	3 号	0.93	1.08	0.91	1.03	1.00	0.76
	5 号	1.00	1.00	0.83	1.00	0.86	0.74
	7 号	0.90	0.99	0.82	0.84	0.70	0.75
	9 号	1.10	1.04	0.80	0.93	0.84	0.75
	平均	0.98	1.03	0.84	0.95	0.85	0.75
B	3 号	1.14	1.34	0.91	1.13	1.12	0.84
	5 号	1.23	1.30	0.93	1.16	1.17	0.82
	7 号	1.26	1.35	1.00	1.01	1.15	0.75
	9 号	1.13	1.35	0.89	1.08	1.02	0.83
	平均	1.19	1.34	0.93	1.09	1.11	0.81

续表

隔板型式	隔板编号	流速					
		测点①	测点②	测点③	测点④	测点⑤	测点⑥
B2	3 号	1.04	0.98	0.77	0.94	1.03	0.72
	5 号	1.02	1.06	0.83	0.93	1.04	0.74
	7 号	1.04	1.08	0.80	0.95	1.05	0.73
	9 号	1.18	1.18	0.94	1.01	1.06	0.70
	平均	1.07	1.08	0.84	0.96	1.04	0.72
C	3 号			0.74	0.84	0.86	0.78
	5 号			0.80	0.80	0.94	0.77
	7 号			0.84	0.80	0.82	0.70
	9 号			0.81	0.76	0.88	0.72
	平均			0.80	0.80	0.87	0.74

（1）A 型隔板：由一侧垂直竖孔＋坡孔、另一侧表孔组成。其水流流态见图 3.11 和图 3.12，表现为：①竖孔-坡孔水流沿水池壁在下一隔板前形成一定横向水流，该水流引起水池流态混乱；②设计水位，表孔水流改变了竖孔-坡孔引起的表面水流回流现象，使得表面水流流向明确，两侧回流范围较小；③当隔板前水深小于 1.50m，水位低于表孔底沿，水池内形成有一定强度范围较大的表面回流；④竖孔-坡孔及表孔表面水流交会后流向下一隔板表孔，由于两股表面水流作用，导致表孔的流速偏大，达 1.11～1.39m/s，不能满足设计要求；⑤用实测的隔板孔口平均流速，计算该型式隔板流速系数为 0.99。

图 3.11 A 型隔板水流流态（高水位）
（参见文后彩图）

图 3.12 A 型隔板水流流态（低水位）
（参见文后彩图）

（2）A2 型隔板：由于 A 型隔板在水池内产生一定的横向水流，要改变流态，须将竖孔水流与水池壁分离，故隔板改为由一侧垂直竖孔＋坡孔、另一侧表孔、同时设置导流竖板组成。其水流流态见图 3.13 和图 3.14，表现为：①设置导流竖板，改变了竖孔-坡孔水流流向，极大地改善了鱼池流态；②设计水位时，竖孔-坡孔及表孔表面水流流向明确，主流顺畅，两侧及竖孔-坡孔和表孔间回流范围较小；③隔板前水深小于 1.50m，水位低于表孔底沿，由导流竖板作用，竖孔-坡孔表面水流流向明确，主流顺畅，两侧回流范围较小；④竖孔-坡孔及表孔表面水流在鱼池中交会后扩散，较均匀流向下一隔板，隔板孔口流速为 0.74～1.10m/s，坡孔处流速为 0.74～0.76m/s，满足设计要求；⑤用实测的隔板孔口平均流速，计算该型式隔板流速系数为 0.83。

图 3.13　A2 型隔板水流流态（高水位）　　　图 3.14　A2 型隔板水流流态（低水位）
（参见文后彩图）　　　　　　　　　　　　　　（参见文后彩图）

　　（3）B 型隔板：A2 型隔板过鱼孔的流速满足设计要求，但最大流速发生在表孔处，故将过鱼孔重新组合，即由一侧垂直竖孔＋坡孔、另一侧底孔组成。其水流流态见图 3.15 和图 3.16，表现为：①设计水位，竖孔-坡孔表面水流流向明确，主流顺畅，由于另一侧没有表孔，故一侧表面回流范围较大，强度较小；②隔板前水深小于 1.80m，水位低于坡孔底沿，由底孔作用，表面水流流向明确，无明显表面回流；③上一隔板竖孔-坡孔底部部分水流直接进入下一隔板底孔，导致底孔的流速偏大，达 1.13～1.35m/s，不能满足设计要求；④用实测的隔板孔口平均流速，计算该型式隔板流速系数为 0.99。

图 3.15　B 型隔板水流流态（高水位）　　　图 3.16　B 型隔板水流流态（低水位）
（参见文后彩图）　　　　　　　　　　　　　　（参见文后彩图）

（4）B2 型隔板：B 型隔板竖孔水流直接进入下一隔板底孔，导致底孔的流速偏大，须增设导流板对竖孔水流导向，隔板型式由一侧垂直竖孔＋坡孔、另一侧底孔、同时设置导流竖板组成。B2 型隔板水流流态见图 3.17 和图 3.18，表现为：①设计水位，竖孔-坡孔表面水流流向明确，主流顺畅，由导流竖板作用，表面回流范围较 B 型减小，水流较平稳；②隔板前水深小于 1.80m，水位低于坡孔底沿，由底孔、导流竖板作用，表面水流流向明确，无明显表面回流；③上一隔板竖孔-坡孔底部与底孔水流未形成直冲下一隔板的底孔，故底孔流速较 B1 型小，流速为 0.98～1.18m/s，满足设计要求；④用实测的隔板孔口平均流速，计算该型式隔板流速系数为 0.88。

图 3.17　B2 型隔板水流流态（高水位）　　　　图 3.18　B2 型隔板水流流态（低水位）
（参见文后彩图）　　　　　　　　　　　　　（参见文后彩图）

（5）C 型隔板：A2 型、B2 型两种隔板最大流速均不在竖孔或坡孔，因此，封了底孔或表孔，即一侧垂直竖孔＋坡孔（另一侧无孔），并设置导流竖板组成。其水流流态见图 3.19 和图 3.20，表现为：①设计水位，竖孔-坡孔表面水流流向明确，主流顺畅，由于另一侧没有表孔，有导流竖板作用，虽然一侧表面水流回流范围较大，但强度弱；②隔板前水深小于 1.80m，水位低于坡孔底沿，由于另一侧没有底孔，但在导流竖板作用，表面水流

图 3.19　C 型隔板水流流态（高水位）　　　　图 3.20　C 型隔板水流流态（低水位）
（参见文后彩图）　　　　　　　　　　　　　（参见文后彩图）

流向明确，两侧表面有回流水流，范围较小，强度较弱；③上一隔板竖孔-坡孔底部水流，经导流竖板导流，水流在水池中扩散，未形成直冲孔口水流，故孔口流速较小，流速为 $0.70\sim0.94\text{m/s}$，满足设计要求；④该型隔板流速较 A 型、B 型隔板都小，但水池内流态不如 A2 型、B2 型隔板，设计水位时过鱼孔面积比 A 型、B 型隔板都小；⑤用实测的隔板孔口平均流速，计算该型式隔板流速系数为 0.74。

3.1.3.3.5 整体模型试验

模型按重力相似准则设计，几何比尺 $L_r=15$。模型用塑料板制作，长度为 36m，有两个 $180°$ 的弯道，共布置 93 块隔板（自进鱼口到上游出口以 $1\sim93$ 编号）。根据局部模型试验结果，采用 A2 型隔板，即由一侧垂直竖孔＋坡孔、另一侧表孔同时设置导流竖墩组成，交叉布置。

1. 试验工况

试验工况分为 3 种类型，见表 3.2。

表 3.2 试 验 工 况

类 型	上游水位/m	下游水位/m	备 注
鱼道槽身设计水深以及对应的上下游平行水位	56.0	49.0	试验工况 1
	55.0	48.0	试验工况 2
上游设计水位、下游高水位	56.0	49.5	试验工况 3
上游高水位、下游设计水位	56.5	49.0	试验工况 4

2. 试验成果分析

（1）工况 1 鱼道槽身的水力条件。在工况 1 条件下测量了 9 块隔板过鱼孔流速和水深，过鱼孔流速，每块隔板实测 5 个测点，分别见表 3.3 和图 3.21。由图表可见：①竖孔-坡孔各测点（①、②、③、④、⑤）流速和水深，自上而下增大的趋势均不明显。究其原因，由于鱼道每块隔板水头差不大，底坡较缓（1:60），水池较大（3.6m×3.6m），隔板型式较为合理，表示水流消能较为充分，能量自上而下积聚并不明显，故流速自上而下增大的趋势不明显。②对比断面模型实测流速资料，整体模型实测流速普遍偏大 10% 以上。除量测误差外，主要因为整体模型隔板的过鱼孔尺度较小，小流速仪测速头直径已达 1cm，各占孔宽度、高度的 $10\%\sim20\%$，故实测流速偏大。③在整体模型试验中，由于模型尺度较小，流速测点都是位于过鱼孔中心位置，或偏后收缩断面位置，一般该处流速最大，实测流速都是过鱼孔流速最大值的位置，其四周流速必然有所减小。因此，对于工况 1 推荐的隔板型式和现在的鱼道槽身布置是可以满足设计要求的。

表 3.3 整体模型各隔板各测点实测流速 单位：m/s

隔板号	实 测 流 速					
	测点①	测点②	测点③	测点④	测点⑤	测点⑥
2 号	1.11	1.19	0.86	0.92	0.88	—
12 号	1.20	1.15	1.06	1.15	1.04	—
20 号	1.19	1.18	1.07	1.18	1.08	—

隔板号	实 测 流 速					
	测点①	测点②	测点③	测点④	测点⑤	测点⑥
29 号	1.09	0.95	1.10	0.97	0.77	—
41 号	1.20	1.17	1.04	1.07	0.91	—
57 号	1.19	1.03	1.15	1.14	1.10	—
62 号	1.15	1.12	1.02	1.19	0.93	—
76 号	1.17	1.20	1.12	1.17	0.98	—
92 号	1.17	1.18	1.09	1.02	0.92	—
平均	1.16	1.13	1.06	1.09	0.96	—

注 其中坡角测点 6 因水舌太薄，无法测量。

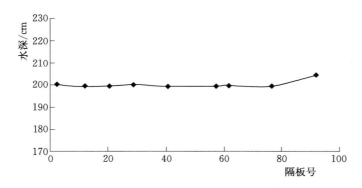

图 3.21 试验工况 1 鱼道槽身水深沿程变化

(2) 工况 2 鱼道槽身的水力条件。在工况 2 条件下测量了 9 块隔板过鱼孔流速和水深，见表 3.4 和图 3.22。由表 3.4 和图 3.22 可见：水力条件与工况 1 类似，但由于槽身水深较小（仅为 0.95～1.0m），坡孔已经在水面以上，因而无低流速孔口，小鱼上溯困难。

表 3.4   **整体模型各隔板各测点实测流速**   单位：m/s

隔板号	实 测 流 速					
	测点①	测点②	测点③	测点④	测点⑤	测点⑥
2 号	—	—	1.10	1.11	—	—
12 号	—	—	1.10	1.15	—	—
20 号	—	—	1.09	1.18	—	—
29 号	—	—	1.13	1.14	—	—
41 号	—	—	1.16	1.09	—	—
57 号	—	—	1.18	1.14	—	—
62 号	—	—	1.14	1.14	—	—
76 号	—	—	1.20	1.12	—	—
92 号	—	—	1.20	1.14	—	—
平均	—	—	1.14	1.14	—	—

注 其中坡角测点①、测点②、测点⑤、测点⑥因水舌太薄，无法测量。

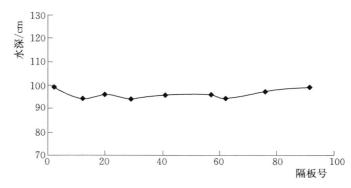

图 3.22　试验工况 2 鱼道槽身水深沿程变化

（3）工况 3 鱼道槽身的水力条件。表 3.5 和图 3.23 为工况 3 条件下测量的 9 块隔板过鱼孔流速和水深。由表 3.5 和图 3.23 可见：①由于进鱼口水位较高，水深较大，因此进鱼口以及附近的水流流速有明显的下降；②除受到下游水位影响的部分鱼道槽身和进鱼口外，其他鱼道槽身的水深和水流流态与工况 1 类似。因此，对于工况 3 推荐的隔板型式和现在的鱼道槽身布置是可以满足设计要求的。

表 3.5　　　　　　　　　　　　　整体模型各隔板各测点实测流速　　　　　　　　　　单位：m/s

隔板号	实　测　流　速					
	测点①	测点②	测点③	测点④	测点⑤	测点⑥
2 号	1.05	0.87	0.64	0.73	0.49	—
12 号	1.17	1.08	0.87	0.94	0.85	—
20 号	1.18	1.20	1.04	1.02	0.91	—
29 号	1.19	1.19	0.97	1.02	0.95	—
41 号	1.20	1.16	1.05	1.08	0.89	—
57 号	1.21	1.08	1.18	1.08	1.01	—
62 号	1.19	1.19	1.12	1.19	1.09	—
76 号	1.20	1.20	1.19	1.18	0.96	—
92 号	1.20	1.20	1.12	1.08	0.92	—
平均	1.18	1.13	1.02	1.04	0.90	—

注　其中坡角测点⑥因水舌太薄，无法测量。

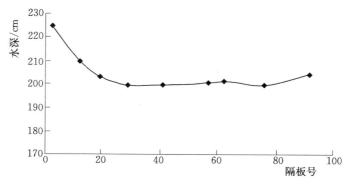

图 3.23　试验工况 3 鱼道槽身水深沿程变化

（4）工况 4 鱼道槽身的水力条件。在工况 4 条件下也测量了 9 块隔板过鱼孔流速和水深，见表 3.6 和图 3.24。由图表可见：由于上游出鱼口水深为 2.5m 下游进鱼口水深仅为 2.0m，下游的顶托作用较小，因此在进鱼口以及附近（隔板号 2 号～隔板号 12 号）水深出现快速减小，虽然仍达到 2.1m 以上，但相应的水流流速已经大于 1.2m/s，在隔板号 2 号的表孔流速达 1.86m/s，竖孔最小流速亦为 1.24m/s。显然，水力条件不能满足。

表 3.6　　　　　　　　　　　　　整体模型各隔板各测点实测流速　　　　　　　　　　单位：m/s

隔板号	实　测　流　速					
	测点①	测点②	测点③	测点④	测点⑤	测点⑥
2 号	1.86	1.86	1.35	1.45	1.24	—
12 号	1.57	1.51	1.12	1.15	0.97	—
20 号	1.55	1.27	1.05	1.10	0.96	—
29 号	1.33	1.25	1.07	1.06	1.01	—
41 号	1.38	1.38	1.03	1.05	0.95	—
57 号	1.52	1.54	1.13	1.15	0.96	—
62 号	1.35	1.41	1.04	1.07	0.89	—
76 号	1.40	1.44	0.90	0.89	0.96	—
92 号	1.43	1.42	0.91	0.96	0.91	—
平均	1.49	1.45	1.07	1.10	0.98	—

注　其中坡角测点⑥因水舌太薄，无法测量。

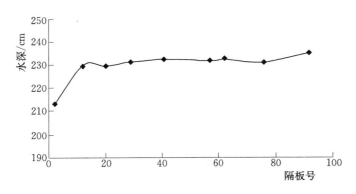

图 3.24　试验工况 4 鱼道槽身水深沿程变化

3. 鱼道进出口的修改、调整

根据上述工况水流条件，与设计单位协商后，决定对原方案作局部修改。

（1）鱼道的出口。由原方案试验得出，下游水位 48.00m，上游水位高于 56.00m 时，鱼道进口处部分隔板前水深超出 2.00m 设计水深，而下游鱼道进口处部分隔板前水深还是设计水深，导致部分隔板孔口流速大于设计流速。与设计单位商讨，考虑到过鱼季节，上游水位变化较小，下游水位变化大，故将鱼道出口的底高程由 54.00m 改为 55.00m。鱼道出口的底高程修改后，最高运行水位 57.00m 时，鱼道运行满足设计要求；当上游水位低于 56.80m，隔板孔口流速满足设计流速，上游鱼道出口处部分隔板的坡孔高于水面，因而无低流速区。

（2）鱼道的进口。由原方案试验得出，下游水位 48.00m，上游水位高于 55.00m 时，鱼道进口处部分隔板孔口流速大于设计流速，因此建议将鱼道进口的底高程由 47.00m 降至 46.00m。将鱼道进口的底高程降低的分析：①下游水位 48.00m 时，进口处隔板前为设计水深，鱼道进口处隔板孔口流速能满足设计要求；②下游水位 49.50m 时，隔板高度 2.5m，此时，进口处隔板顶与水面齐平，鱼道进口处隔板孔口流速降低，也能满足设计要求；③下游水位 49.50~50.00m 时，下游部分隔板将被淹没，导致了部分隔板处流速降至小于鱼类的感应流速，故建议顶高程低于 50.00m 的隔板，从隔板高度 2.5m 处增至高程 50.00m 以上，增加部分在竖孔、表孔中心线高程为 49.70m 处设置 2 个直径 20cm 的过鱼孔，方便表层活动的鱼类上溯。

4. 进一步减小过鱼孔流速的措施

经过对鱼道进出口的调整，上述所有工况均已能满足过鱼要求。但是考虑到洄游鱼类的多样性，本文讨论了进一步减小过鱼孔流速的措施。

本鱼道过鱼孔尺度较大。在设计水深 2m 时，隔板过鱼孔面积约占鱼道槽身横断面面积的 23%。若再需减低过鱼孔流速，有 3 种途径：①在每块隔板水头差不变时，加长水池长度，以增加流程，降低流速；②在水池长度不变时，减小每块隔板的水头差，增加隔板块数，直接降低过鱼孔流速；③增加鱼道全程糙率。

上述①、②两种途径必然增加鱼道长度，增加工程量，而且增加了在现场布置中的困难，不经济也不合理，同时也受到地形条件的限制。综合比较后认为，途径③是可以采用的既合理又经济的方案。

需指出，模型是用塑料板制成的，按照重力相似准则，糙率 n 的相似准则是：$n_r = L_r^{1/6}$，本鱼道局部模型比尺是 1:8，故

$$n_r = 8^{1/6} = 1.414$$

而塑料板的糙率是 0.0086。要求原形鱼道槽身糙率为

$$n = 0.0086 \times 1.414 = 0.0122$$

这与混凝土的糙率基本相同，此即表示，原型鱼道若用混凝土浇筑槽身，原型和模型流速是满足相似准则的；而浆砌块石的糙率为 0.017~0.027，大于混凝土的糙率 50%，故若采用浆砌块石砌筑鱼道槽身，综合流速系数将进一步减小，过鱼孔流速也会进一步减小，故建议鱼道槽身用浆砌块石铺砌。在模型中没有进行模拟浆砌块石糙率的加糙试验，故不能定量计算采用浆砌块石后各过鱼孔流速的减小幅度。

3.2

东北地区典型鱼道

3.2.1 图们江流域简介

图们江发源于长白山东南部石乙水，流经中朝边界，向东北又折向东南，其干流流经和龙、龙井、图们、珲春四市。珲春市敬信镇于防川土字牌在东经 130°42′、北纬 42°17′处出境流入日本海。干流全长 525km。

流域面积我国一侧 2.2 万 km²。中朝界河段 510km。土字牌以下 15km² 为朝俄界河段。河道总落差 1200m。滞道平均坡降 1.6%，沿途接纳 10km 以上的支流 180 条，30km以上的支流 30 条。主要支流：中国侧有红旗河、嘎呀河、珲春河等；朝鲜侧有西头水、延面水、城川江、会宁川、五龙川等。图们江与红旗河汇流处以上河源区，为长白山主峰地域，崇山峻岭，森林茂密，人烟稀少，交通不便。

河流穿行于玄武岩熔台地的深谷中，谷深达百余米，河道坡度陡，平均坡度下降2%。水流急，河槽窄深，河底多大孤石，水声轰鸣，数里可闻。三合镇以上为上游，有两条源流：红土水和溺流水。红旗河口以下平均水面宽约 50～100m，河道坡降陡，平均坡降为 2.36‰，水流湍急，水量足，丰枯变化小。上游两岸山势陡峻、多峭壁。山地多次生林，河道异常弯曲，河槽宽窄不一，狭窄地段，洪水水面仅宽 190m，开阔地段龙渊洪水水面可达 1000m。

三合至甩弯子为中游，河谷逐渐开阔，流域面积约增加两倍，水量猛增。河面展宽，水流变缓，平均水面宽 60～240m，水深约 1.2～3m。汛期水位猛涨猛落，变化急剧，经常造成洪水灾害。山地森林逐渐减少，沿江人烟密集，两岸多农田，交通方便。开山屯镇至图们江一带，形成较宽的河谷盆地，河床为砂卵石，局部弯曲段冲刷剧烈，多汊道、沙洲。嘎呀河汇入后，河面展宽。

甩弯子以下为下游，进入珲春河谷平原，地势开阔平坦，坡度减缓，河面宽阔，水流平稳，水量大增，河道平均坡降为 0.2‰～0.1‰，水面宽为 240～250m，河道水流易左右摆动，江中形成岛屿和沙洲。

珲春河是图们江下游最大的一级支流，是关系到珲春市人民生活及经济社会发展命脉的生命之河。珲春河发源于吉林省珲春市与汪清县交界的盘岭山脉秃头岭北侧，流经汪清县杜荒子村，珲春市的春化镇、杨泡满族乡、哈达门乡、珲春市区、三家子满族乡、板石镇，在板石镇南河口屯汇入图们江。河流长 198km，流域面积 3963km²，河道平均比降 2.1‰。

3.2.2 珲春河主要洄游鱼类

（1）马苏大麻哈鱼。俗名齐目鱼。鱼体长450～610mm，每年3—4月聚集在图们江河口开始溯河，4—6月大批进入图们江，在干流深处索饵，少量进入珲春河。每年8—9月洪水下泄，成熟的鱼个体溯入珲春河、密江，经三家子至二道沟、四道沟和西北沟，寻找水质清澈、砂砾石底质的地方产卵，次年降海生长。

（2）大麻哈鱼。鱼体长640～850mm，个体较大，为典型的洄游鱼类，具有江里生、海里长并有返回原出生地产卵的繁殖习性。进入珲春河时，体色银白，两侧有不明显的暗色横条纹。9—10月溯入的成熟鱼，体色鲜艳，体侧有8～10条橙赤色横斑条。

大麻哈鱼主要产地为乌苏里江，因习性不同分秋、夏两种；而进入图们江的秋鲑，属珍贵经济鱼类，肉色粉红，质细鲜美，鱼卵色红，为高级滋补品。

（3）驼背大麻哈鱼。俗名罗锅子，鱼体长380～710mm，每年6—7月在珲春河下游出现，产卵场也是珲春河上游四道沟、西北沟一带，产卵期为8—9月。

（4）日本七鳃鳗。俗名七星子，体长350～500mm。成熟个体于秋、冬季大量聚集在图们江下游江段，每年4—6月初水温15℃时从江中上溯入珲春河至河口处40km的哈达门附近开始产卵，主要产卵场在四道沟、春化一带。

其他还有滩头鱼、亚洲胡瓜鱼、鲮鱼等，亦属生活在河口咸淡水的洄游性鱼，但其社会、经济意义远不如上述四种主要洄游鱼类。

3.2.3 老龙口枢纽鱼道研究

3.2.3.1 老龙口鱼道概况

吉林省老龙口水利枢纽位于珲春河干流上，是以防洪和供水为主要开发目标的综合利用工程。珲春河历史上是马苏大麻哈鱼、大麻哈鱼、驼背大麻哈鱼、日本七鳃鳗等洄游性鱼类的必经通道。老龙口水利枢纽必将截断这些鱼类的洄游，严重影响这些鱼类的生存和繁衍。为了保护这些鱼类，达到生态平衡、生物多样性和可持续性发展的要求，决定兴建老龙口鱼道，鱼道位于溢洪道右侧。

该鱼道是我国第一座通过大麻哈鱼的鱼道，也是我国水头差最大和底坡最陡的鱼道，鱼道槽身具有二种断面型式，情况较为复杂。为了确保过鱼效果，进行水工水力学模型试验是非常必要的。

3.2.3.2 鱼道设计参数

（1）主要过鱼品种：马苏大麻哈鱼、大麻哈鱼及驼背大麻哈鱼。

（2）主要过鱼季节：每年8—10月为主要过鱼季节。

（3）过鱼季节上、下游设计水位：上游水库最高过鱼设计水位109.0m，最低102.0m，下游最高设计正常尾水位82.0m，最低81.0m，最大水位差28.0m。

（4）鱼道隔板过鱼孔设计流速：大麻哈鱼在产卵季节，由于生理及其他要求，其冲刺速度可达2.4～5.0m/s，而其喜爱流速仅为0.3～1.8m/s，该鱼道隔板较多，底坡较陡，长度较长，故采用1.8～2.0m/s为隔板过鱼孔设计流速。利用式（2.31）计算鱼道最大流速为2.26～2.45m/s。

3.2.3.3 老龙口鱼道整体布置

（1）鱼道进鱼口布置。老龙口水利枢纽右岸有电站，左岸有溢洪道，由于地形限制，鱼道布置在左岸溢洪道与土石坝间。老龙口水利枢纽平面布置见图 3.25。由于厂房下泄流量远较鱼道流量要大，上溯鱼类将被电厂泄流吸引，集聚在尾水渠末端的拦鱼栅附近或沿珲春河上溯至土石坝下不能继续上溯，也不易找到鱼道进口。为此将鱼道进鱼口上移，以避免电厂泄流直接冲击。上溯鱼类在游离拦鱼栅后继续上溯途中，鱼道进鱼口下泄水流就是该水域唯一的水流，鱼类易被吸引而进入鱼道进鱼口，而溢洪道下游出水口距鱼道进口较远，故对鱼道正常运行影响不大。鱼道进鱼口设计高程 78.10m，用 1：2 的倒坡与下游引渠相接，为减少开挖，引渠底部高程 80.00m，为一平底梯形渠道，直达珲春河。在下游最低设计水位 81.00m 时，进鱼口第一块隔板过鱼孔水深为 2.90m，下游引渠水深 1.00m。

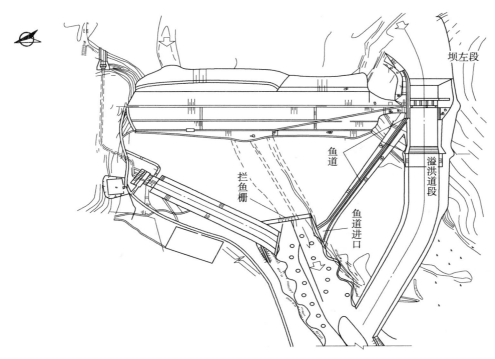

图 3.25　老龙口水利枢纽平面布置图

（2）鱼道槽身底坡。根据过鱼孔设计流速要求及鱼道与溢洪道、土石坝的布置等地形因素，老龙口鱼道初步设计曾考虑：①1：10 全程均一底坡；②1：10 底坡（上游出鱼口段）及 1：20（上游出鱼口段后至下游进鱼口）两种；③1：16 全程均一底坡等三种槽身底坡，需通过模型试验确定。

（3）鱼道槽身断面形状。初步设计鱼道上游出鱼口至鱼 0+038.00 段为矩形断面，底宽 2.5m，高 3.5m；从此而下至下游进鱼口为梯形断面，底宽 2.5m，高 3.5m，边坡 1：0.75，此即原设计开挖断面边坡。采用梯形断面，可节约回填工程。

（4）鱼道出鱼口。鱼道出鱼口除了保证上溯鱼类从鱼道游出进入上游产卵外，还要使降海鱼类能易于发觉和进入，并顺利通过鱼道进入下游。老龙口鱼道上游4个出鱼口，各有闸门控制，分别控制上游水位一定变幅（表3.7）。鱼道每年过鱼季节后可关闭闸门，以节约水量并检修闸底及隔板。

表3.7　　　　　　　　　　　　　上游出鱼口有关参数

出鱼口编号	底高程/m	适合水位/m	出鱼口编号	底高程/m	适合水位/m
1号	106.00	109.00～106.60	3号	101.40	104.40～102.00
2号	103.70	106.70～104.30	4号	99.10	102.10～99.70

当每年过鱼季节来临第一次开启上游出鱼口闸门时，闸下形成自由出流状态，门底高速出流可能冲刷底板并危及出鱼口处最初几块隔板，故需进行水力计算，并由模型试验验证，由此决定闸门段的结构和施工方案，以确保安全。

平板闸门下自由出流流量可按下式计算：

$$Q=\mu b e \sqrt{2gH}$$

式中　　b——闸门宽度，该鱼道为0.8m；

　　　　μ——流量系数，$\mu=0.60-0.18\dfrac{e}{H}$，此式适用于$0.1<\dfrac{e}{H}<0.65$时；

　　　　e——闸门开度，m；

　　　　H——闸门前水深，该鱼道为3.00m；

　　　　故此式适用于$0.3m<e<1.95m$时。

设定开度e，即可求得相应流量及闸下出流断面平均流速v。平板门下自由出流水力计算见表3.8。由表3.8可见，当闸门开度小于1.2m时，闸下自由出流时闸下平均流速大于4m/s，继续提升闸门，门下流速将逐步减小。当闸门全开时（3.0m），因门后水深增加，门后流速将继续减小。当鱼道全程充水至设计水深（3m）时，即是正常运行状态。

表3.8　　　　　　　　　　　　平板门下自由出流水力计算表

e/m	μ	Q/(m³/s)	$v=\dfrac{Q}{be}$/(m/s)	e/m	μ	Q/(m³/s)	$v=\dfrac{Q}{be}$/(m/s)
0.3	0.582	1.07	4.46	1.0	0.540	3.32	4.14
0.4	0.576	1.42	4.42	1.2	0.528	3.90	4.05
0.5	0.570	1.75	4.37	1.5	0.510	4.71	3.91
0.8	0.552	2.72	4.23	1.8	0.500	5.54	3.84

（5）鱼道隔板型式。该鱼道有三种底坡，两种槽身断面型式，共进行了4种方案9种隔板型式的比较试验，以满足水池流态及过鱼孔设计流速的要求。鱼道水工水力学模型试验总表见表3.9。

A方案鱼道隔板布置见图3.26，槽身分为两段，为1:10段矩形断面，采用Ⅰ型隔板，此为平板形隔板，一侧长1.73m，另一侧长0.5m，过鱼孔宽（垂直主流方向）

0.37m。下游段为 1:20 的矩形断面（亦为Ⅰ型隔板，尺度同上），及 1:20 的梯形断面，采用梯形隔板（Ⅱ型），边坡 1:0.75，过鱼孔尺度同上。试验水深为：上游出鱼口 0.6m，下游进鱼口 2.89m。

表 3.9   鱼道水工水力学模型试验总表

方案	槽身底坡	槽身断面	隔板型式	说　　明
A	1:10	矩形	Ⅰ	平板形隔板，出鱼口水深 0.6m，进鱼口水深 2.89m，实测流量 0.43m³/s
	1:20	矩形	Ⅰ	
	1:20	梯形	Ⅱ	
B	1:10	矩形	Ⅰ	平板形隔板，出鱼口水深 0.6m 及 3.0m 两组，进鱼口水深 2.89m，实测流量 0.37m³/s 及 1.67m³/s
	1:20	矩形	Ⅲ	
	1:20	梯形	Ⅳ	
C	1:10	矩形	Ⅴ	半圆头形隔板，出鱼口水深 3.0m，进鱼口水深 2.89m，实测流量 2.28m³/s
	1:20	矩形	Ⅵ	
	1:20	梯形	Ⅶ	
D	1:16	矩形	Ⅷ	带射流角隔板，出鱼口水深 0.6m、2.14m 及 3.0m 三组，进鱼口水深 2.90m，实测流量 0.30~1.61m³/s
	1:16	梯形	Ⅸ	

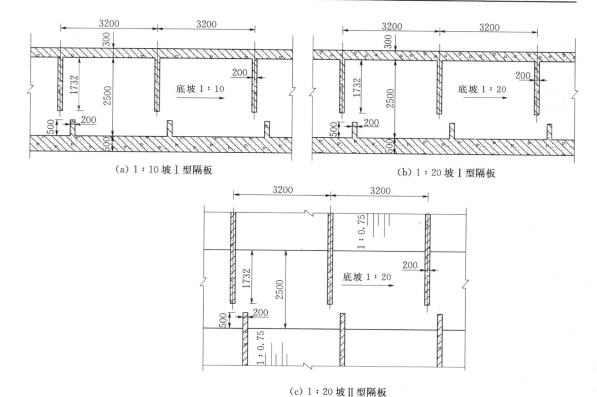

(a) 1:10 坡Ⅰ型隔板　　　　　　　　　(b) 1:20 坡Ⅰ型隔板

(c) 1:20 坡Ⅱ型隔板

图 3.26 A 方案鱼道隔板布置（单位：mm）

B 方案鱼道隔板布置见图 3.27，在 1:10 坡矩形断面，仍采用 A 方案 Ⅰ 型隔板；在 1:20 坡矩形断面，采用 Ⅲ 型隔板，为克服 A 方案中的水位局部涌高现象，其过鱼孔较 Ⅰ 型为大，仍为平板形隔板，一侧长 1.58m，另一侧长 0.5m，过鱼孔宽（垂直主流方向）0.51m；在 1:20 坡梯形断面，采用 Ⅳ 型隔板，边坡 1:0.75，过鱼孔宽度同 Ⅲ 型隔板。

C 方案鱼道隔板布置见图 3.28，在 1:10 坡矩形断面采用 Ⅴ 型隔板，即原 B 方案 Ⅰ 型加 1/4 圆头；在 1:20 坡矩形断面采用 Ⅵ 型隔板，即原 B 方案 Ⅲ 型加 1/4 圆头；在 1:20 坡梯形断面采用 Ⅶ 型隔板，即原 B 方案 Ⅳ 型加 1/4 圆头。

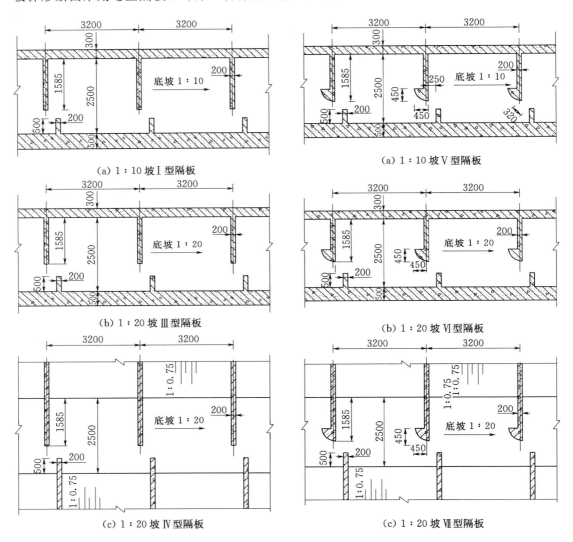

图 3.27　B 方案鱼道隔板布置（单位：mm）　　图 3.28　C 方案鱼道隔板布置（单位：mm）

D 方案鱼道隔板布置见图 3.29，鱼道全线底坡改为 1:16，出鱼口由四个改为三个，每个出鱼口分别控制上游水位一定变幅（表 3.10），自出鱼口至鱼道 0+038.00 段为矩形断面，以下至进鱼口为梯形断面。

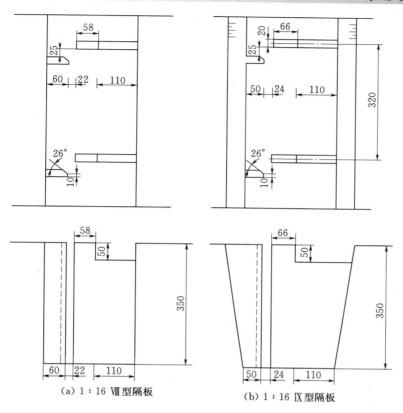

图 3.29　D 方案鱼道隔板布置（单位：cm）

表 3.10　　　　　　　　　　　　上游出鱼口有关参数

出鱼口编号	底高程/m	适合水位/m
1 号	106.00	109.00～106.60
2 号	103.70	106.70～104.30
3 号	101.40	104.40～102.00

3.2.3.4　试验成果分析

老龙口鱼道模型按重力相似准则设计，模型几何比尺 $L_r=8$，共进行了表 3.9 中 4 个方案 9 种隔板型式的对比试验研究。

老龙口鱼道 A、B、C、D 4 个方案，试验方案比较见表 3.11。由表可见，A、B、C 方案均有 4 个出鱼口，适合上游水位 99.70～109.00m，过鱼孔最小宽度 0.37m，鱼道全长约 485.60m，两种底坡。试验实测隔板孔最大流速 2.72m/s 左右，最大流量 2.28m³/s，出鱼口水深 3.00m 时水面线局部先涌高后跌落。

A 方案。上游隔板因过鱼孔水深较小（最小 0.6m），且底坡较陡，故流速增大，底部流速较表层为大；下游隔板过鱼孔水深较大，底坡较缓，故流速减小，中部流速较底部和表面为大；在 1∶10 坡段由于该型隔板消能较差导致局部有较明显的水位壅高，在 1∶20 坡度段隔板水头差较小，隔板过流能力减弱，存在局部水位明显涌高现象，当水深增加至 3.0m 时就无法正常运行。

表 3.11 试 验 方 案 比 较

方案	出鱼口数	坡比	适合上游水位/m	鱼道全长/m	过鱼孔宽度/m	最大流速/(m/s)	最大流量/(m³/s)	水 面 线
A	4	1:10	99.70	485.60	0.37	2.40	—	涌高，水深 3.0m 无法运行
		1:20	109.00					
B	4	1:10	99.70	485.60	0.37	2.54	1.67	1:10 段涌高，变坡段跌落
		1:20	109.00		0.51			
C	4	1:10	99.70	485.60	0.37	2.59	2.28	1:10 段涌高，变坡段跌落
		1:20	109.00		0.51			
D	3	1:16	102.10	448.00	0.41	1.93	1.61	基本平行（3.10m 水深）
			109.00		0.42			

B 方案。由于 1:10 坡上 Ⅰ 型隔板过鱼孔没有扩大，水深较小，底坡较陡，在 1:10 坡各隔板过鱼孔流速仍达 2.54m/s；而 1:20 坡上 Ⅲ 型、Ⅳ 型隔板过鱼孔已有扩大，且水深较大，底坡较缓，流速大为降低，可以满足设计流速的要求，出鱼口水深为 0.6m 和 3.0m 时，鱼道流量分别为 $0.37m^3/s$ 和 $1.67m^3/s$。

C 方案。在加 1/4 圆头后（图 3.28），各底坡各过鱼孔流速有所增大，观测流态可见，在水流流经 1/4 圆头后有所收缩，导致局部流速加大，到 1/4 圆头并未改善流态减低流速，且施工安装不便。

D 方案。根据 A、B、C 三个方案试验结果及定性分析，矩形隔板过鱼孔宽定为 0.41m（Ⅷ型隔板），梯形隔板过鱼孔宽定为 0.42m。大麻哈鱼喜爱在表层跳跃窜越，在 3.5m 高的隔板上设一表孔，长度 1.10m，深度 0.50m，即在鱼道水深 3.0m 时，有 0.1m 的表层溢流，在短隔板侧切 26° 的射流角，从改变水池内流态达到消能的效果（Ⅸ型隔板，见图 3.29）。D 方案设有 3 个出鱼口，适合上游水位 102.10～109.00m，过鱼孔最小宽度 0.41m，鱼道全长约 448.00m，一种底坡。测得隔板孔最大流速 1.93m/s，最大流量 $1.61m^3/s$，出鱼口水深 3.00m 时水面线基本平行于底坡，无明显涌高、跌落。

D 方案适应上游水位变化小，但不会影响鱼道正常运行，102.10～109.00m 水位包含了过鱼期的上游水位变化；鱼道全长缩短，可减少工程造价；过鱼孔宽，隔板孔流速小，可提高过鱼效果；最大流量减小，可节省水资源。经过深入试验对比，在出鱼口同等条件下，D 方案在隔板过鱼孔流速、水池内流速、流态、消能效果均优于 A、B、C 方案，因此，重点对 D 方案进行试验研究。

D 方案对三组不同水深进行了隔板孔流速、水池内流速、流态水面线等观察和测量。三组出鱼口水深分别为 0.6m、2.14m、3.00m，进鱼口水深均为 2.90m，实测流量在 0.30～$1.61m^3/s$，测得流速见表 3.12，隔板孔缝流速测点布置图见图 3.30。

由表 3.12 和图 3.30 可见：①隔板孔流速在 0.40～1.93m/s 之间，最大流速小于 2.00m/s，满足要求。随出鱼口水深下降，进鱼口处隔板孔流速减小，这主要由于进鱼口水深不变，鱼道水深自而上而下逐渐增加所致；出鱼口处隔板孔流速较大，原因是过鱼孔水深较小，底坡仍较陡。就总体而言，大流速区段缩短，鱼上溯容易。②当鱼道水深 3.10m 时，溢流表孔流速比较均匀，且过鱼前沿相当宽阔，适合大麻哈鱼跳跃窜越。观察水池中

表 3.12   D 方案隔板孔缝流速

水　深	模型隔板号	隔板型式	坡比	流　速/（m/s）			
				测点①	测点②	测点③	测点④
出鱼口水深 0.60m； 隔板前水深 0.70m	1	Ⅷ	1：16	1.68	1.48		
	6	Ⅷ	1：16	1.86	1.73		
	11	Ⅷ	1：16	1.93	1.85		
	16	Ⅷ	1：16	1.92	1.86		
	22	Ⅷ	1：16	1.90	1.89		
	26	Ⅷ	1：16	1.93	1.84		
	31	Ⅷ	1：16	1.67	1.41		
	37	Ⅸ	1：16	0.96	0.88		
	42	Ⅸ	1：16	0.64	0.54		
	46	Ⅸ	1：16	0.43	0.40		
出鱼口水深 2.14m； 隔板前水深 2.24m	1	Ⅷ	1：16	1.53	1.49	1.32	
	6	Ⅷ	1：16	1.69	1.88	1.80	
	11	Ⅷ	1：16	1.72	1.85	1.74	
	16	Ⅷ	1：16	1.72	1.74	1.73	
	22	Ⅷ	1：16	1.75	1.68	1.67	
	26	Ⅷ	1：16	1.62	1.59	1.69	
	31	Ⅷ	1：16	1.51	1.41	1.41	
	37	Ⅸ	1：16	1.78	1.41	1.45	
	42	Ⅸ	1：16	1.58	1.41	1.35	
	46	Ⅸ	1：16	1.75	1.61	1.42	
出鱼口水深 3.00m； 隔板前水深 3.10m	1	Ⅷ	1：16	1.44	1.48	1.45	1.55
	6	Ⅷ	1：16	1.82	1.79	1.82	1.93
	11	Ⅷ	1：16	1.76	1.83	1.76	1.90
	16	Ⅷ	1：16	1.79	1.77	1.78	1.86
	22	Ⅷ	1：16	1.93	1.89	1.85	1.86
	31	Ⅷ	1：16	1.70	1.63	1.61	1.60
	37	Ⅸ	1：16	1.43	1.35	1.51	1.55
	42	Ⅸ	1：16	1.81	1.55	1.55	1.64
	46	Ⅸ	1：16	1.75	1.73	1.69	1.55

注　进鱼口水深 2.90m（高程 81.00m），带射流角隔板。

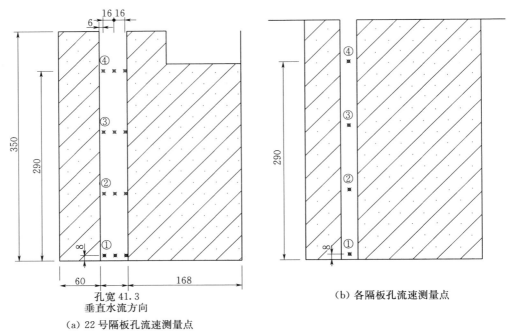

（a）22号隔板孔流速测量点

（b）各隔板孔流速测量点

图 3.30　隔板孔缝流速测点布置图（单位：cm）

流态，主流通过隔板孔，在下一水池中二度折弯，再进入下一隔板孔，主流两侧有两个范围不同的回流，有利于消能。③实测流量在 $0.3 \sim 1.61\text{m}^3/\text{s}$ 之间，矩形、梯形段隔板的综合流量系数分别为 0.64 和 0.62。结果说明隔板过鱼孔宽度较 A、B、C 方案增大，下泄水量无明显增加，而过鱼孔宽，更加有利于鱼上溯。

为进一步分析 D 方案的隔板局部水流条件，在矩形和梯形断面段分别选取 22 号、24 号隔板，测试了隔板孔流速分布和隔板后水池流速分布，详细分析隔板孔和水池内流态。隔板后水池流速见表 3.13。

表 3.13　　　　　　　　　　隔板后水池流速分布　　　　　　　　　　单位：m/s

位　　　置	断面号	流　　　速					
		测点①	测点②	测点③	测点④	测点⑤	测点⑥
22 号隔板孔流速	Ⅰ	1.85	1.82	1.85	1.79		
	Ⅱ	1.88	1.45	1.67	1.40		
	Ⅲ	1.46	1.04	0.87	0.59		
22 号隔板后水池	Ⅰ	1.82	1.45	1.04			
	Ⅱ	0.38	0.83	1.41	0.67		
	Ⅲ	0.34		0.41	1.12	0.91	
	Ⅳ	0.37		0.71	0.83	0.65	
24 号隔板后水池	Ⅰ	1.63	1.54	0.59			
	Ⅱ	0.37	0.33	1.14	0.77	0.18	0.16
	Ⅲ	0.29	0.26	0.68	0.65	0.19	0.13
	Ⅳ		0.25	0.66	0.64	0.57	0.27

注　出鱼口水深 3.00m，隔板前水深 3.10m，进鱼口水深 2.90m（高程 81.00m）。

由试验资料可见：

（1）隔板后水池流速分布见表 3.13，隔板孔宽 0.41m，孔口最大流速小于 2.0m/s，孔口有约 1/2 区域小于 1.5m/s，满足要求。

（2）22 号、24 号隔板后水池流速分布见表 3.13 和图 3.31。实测流速水深位于图 3.31 中③点位置。由表 3.13 和图 3.31 可见，主流通过孔口后扩散，水池内 2/3 区域流速小于 1.00m/s。在短隔板侧切 26° 射流角，主流在水池中二度折弯，再进入下一隔板竖孔。消能效果强于前述方案。

（3）当鱼道水深 3.10m，进鱼口水深 2.90m 时，水面线基本平行于底坡；当出鱼口水深降低，出鱼口之后水池水面略有涌高，水深逐渐增加，隔板孔、水池内的流速随之减小，水流平稳，但主流仍明显，有利于鱼的上溯。

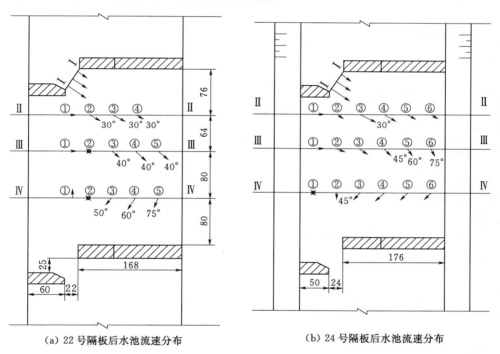

(a) 22 号隔板后水池流速分布　　　　(b) 24 号隔板后水池流速分布

图 3.31　隔板后池室内测点布置及流速分布（单位：cm）

3.3

珠江流域典型鱼道

3.3.1 流域简介

珠江是我国南方的大河,流经我国云南、贵州、广西、广东、湖南、江西等省(自治区)及越南东北部,流域面积约 453690km²,其中我国境内面积 442100km²。

珠江流域北靠五岭,南临南海,西部为云贵高原,中部丘陵、盆地相间,东南部为三角洲冲积平原,地势西北高,东南低。珠江流域是一个复合的流域,由西江、北江、东江及珠江三角洲诸河等四个水系所组成。西江、北江在广东省三水市思贤窖、东江在广东省东莞市石龙镇汇入珠江三角洲,经虎门、蕉门、洪奇门、横门、磨刀门、鸡啼门、虎跳门及崖门等八大口门汇入南海。

主流西江发源于云南省曲靖市境内的马雄山,在广东省珠海市的磨刀门企人石入注南海,全长 2214km。西江由南盘江、红水河、黔江、浔江及西江等河段所组成,主要支流有北盘江、柳江、郁江、桂江及贺江等。思贤窖以上河长 2075km,流域面积约 353120km²,约占珠江流域面积的 77.8%。

北江发源于江西省信丰县大茅塬,思贤窖以上河长 468km,流域面积约 46710km²,约占珠江流域面积的 10.3%。主要支流有武水、翁江、连江、绥江等。

东江发源于江西省寻乌县桠髻,石龙以上河长约 520km,流域面积约 27040km²,约占珠江流域面积的 5.96%。主要支流有新丰江、西枝江等。

珠江三角洲面积约 26820km²,河网密布,水道纵横。注入珠江三角洲的主要河流有流溪河、潭江、深圳河等十多条。

3.3.2 珠江鱼类资源特点

珠江水系鱼类资源丰富,种类复杂,简要叙述如下。

(1)种类繁多。珠江水系鱼类共 370 种(亚种),隶属于 17 目 49 科 174 属,居全国各大江河之冠(表 3.14),占全国淡水鱼种类的一半左右。这是由于珠江水系气候、地理条件的特殊性和水文条件的复杂性,决定了珠江水系鱼类的多样性。这也符合"纬度越低,种类越多"的动物地理分布的基本规律。

(2)种类组成上以骨鲤类为基础,鲤目和鲶目约占珠江鱼类总数的 70%。在所有科中,以鲤科占优势,共 73 属 167 种,占珠江鱼类总数的 45.1%。鲤科鱼类种数的绝对值高于其他水系,但由于珠江水系鱼类繁多,其相对值(即所占比例)较其他水系为低。

表 3.14 中国各大水系的鱼类

水系	种 类			水系	种 类		
	科	属	种（亚种）		科	属	种（亚种）
珠江	49	174	370	黄河	27	96	153
长江	37	136	310	黑龙江	22	75	130

（3）鲃亚科在鲤科鱼类中种类最多，共 18 属 52 种，占鲤科鱼类 31.1%，占珠江水系鱼类的 14.1%。全国鲃亚科鱼类的记录约 110 种，珠江水系约占一半。鲃亚科的一些种类如峻鱼不仅是江河捕捞的主要对象，而且与草鱼、鲢、鳙一起在珠江流域池塘养鱼中称为"四大家鱼"，其产量占珠江流域池塘养鱼产量的 1/3。因此，鲃亚科鱼类在珠江水系的渔业中起着重要的作用。

（4）洄游性、河口性以及海水偶然进入淡水的种类占珠江水系鱼类的比例很大，共 86 种，占珠江鱼类的 23.2%，这在全国各水系中也是比较突出的，这些种类多数为经济鱼类，且一些种类在一定季节形成渔汛。如珠江口的"黄皮汛"（梅童渔汛）、河口及中、下游的"三鲏汛"（鲥鱼渔汛）、"黄尾汛"（花鲫渔汛）、"龙利汛"（鳎类渔汛）等，对江河渔业也很有意义。

（5）特有种属多：鲤亚科中特有种类很多。如上游南盘江高原湖泊群的大头鲤、翘嘴鲤、异龙中鲤，西江中游（包括支流）的三角鲤，龙州鲤和乌原鲤等仅在我国珠江分布。其他的特有种属有四须鳃、山白鱼、盘鲄属、白鱼属、鲮鱼属、卷口鱼属、唐鱼属、唇鱼、大刺鱼胃、广东鲂、中华长臀鮠、斑鳢、华鲮属、波鱼属、细鲫属、瑶山鲤属、无眼平鳅、巴马鲄唇鲤等。珠江水系与长江水系共有的种类为 135 种，与黄河水系共有的种类为 75 种，与黑龙江水系共有的种类为 37 种，可见地理位置（主要指纬度）相差越大，其相同的种类越少，且各自都有一些特有的种类。

（6）从鱼类群体起源来说，由七个复合体组成。珠江水系纯淡水鱼类 285 种，占珠江鱼类总数的 77.0%。在纯淡水鱼中：属于中国江河平原复合体和印度平原复合体的各有 90 种，各占淡水鱼类的 31.6%；属于中印山区复合体的有 56 种，占 19.6%，属于古代三纪复合体的有 25 种，占 8.8%；属于中国北方山区复合体的有 10 种，占 3.5%；属于中亚高原山区复合体的有 7 种，占 2.5%；属于北方平原复合体的有 2 种，占 0.7%。另外尚有唐鱼等 5 种，占 1.7%，未能确定其复合体。由此看来，珠江鱼类主要由中国江河平原复合体和印度平原复合体组成。

3.3.3 长洲水利枢纽鱼道研究

3.3.3.1 长洲鱼道概况

广西长洲水利枢纽是以发电和航运为主要开发目标的大型综合利用水利工程，位于西江干流浔江河段梧州市上游 12km，该河段上接黔江及郁江，下连西江直至珠江三角洲。枢纽跨越三江（内江、中江、外江）两岛（长洲岛、泗化洲岛），内江布置有厂房（6 台机组）、12 孔泄水闸及重力坝，中江布置有 15 孔泄水闸和重力坝，外江布置有厂房（9 台机组）和 16 孔泄水闸，鱼道位于泗化洲岛上。长洲枢纽布置示意图见图 3.32。

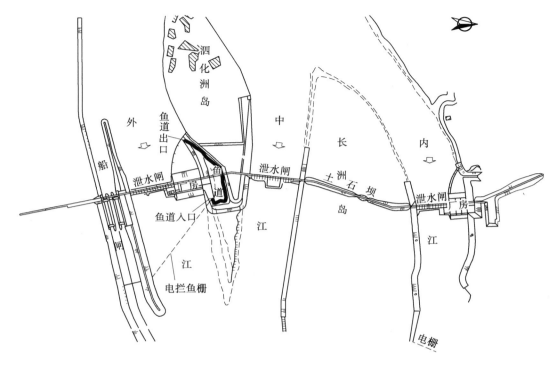

图 3.32　长洲枢纽布置示意图

长洲水利枢纽所处河段历史上是中华鲟、花鳗鲡等 6 种鱼类洄游、肥育的主要通道，其中中华鲟为国家一类珍稀保护鱼类，花鳗鲡是国家二级水生野生保护鱼类。这些鱼类在繁殖产卵季节，都有洄游习性。

3.3.3.2　鱼道设计参数

（1）主要过鱼品种：在长洲枢纽梧州江段洄游和生长的鱼类有 6 种，即溯河产卵的中华鲟、鲥鱼，基本定居型生长肥育的七丝鲚、白肌银鱼和降河产卵的花鳗鲡和鳗鲡。

（2）主要过鱼季节及泄洪季节：每年 1—4 月。

（3）鱼道主要过鱼季节上、下游水位：上游 20.60m，下游平均低水位 5.31m，平均高水位 11.95m，最大设计水位差 15.29m。

（4）鱼道隔板过鱼孔设计流速：在同一池室中形成 0.6～0.8m/s、0.8～1.3m/s 两个不同流速区，以适应不同规格鱼类通过。

3.3.3.3　长洲鱼道整体布置

1. 隔板过鱼孔平均流速

在隔板过鱼孔型式及鱼道槽身糙率一定的情况下，过鱼孔平均流速 v 可用下式计算：

$$v = \varphi \sqrt{2gh}$$

式中　φ——综合流速系数，取决于过鱼孔型式及消能效果；

　　　h——每块隔板前后的水位差。

由于隔板的过鱼孔型式多变，有竖孔、表孔、底孔及边孔，φ 值难以用水力学计算，而是通过水力学模型试验决定。在初设阶段和模型试验中，可取 φ 值为 0.7～0.9。消能效果愈好，φ 值愈小。

除 φ 值外，决定 v 值的还有每块隔板水头差 h。在初设和模型试验中，选取 h 值必须慎重，这是因为，若 h 选得过大，v 值将超过允许值；若 h 选得过小，固然可以满足设计流速要求，但增加了隔板块数，即增加了鱼道长度，而鱼道长度因地形及枢纽布置等因素都有一定限制，且增加了工程量。同时选定 h 值后还需在水工水力学模型中验证。

h 值直接与鱼道总水头、鱼道长度、鱼道水池长度、鱼道底坡及过鱼孔设计流速等因素有关。前三个参数已经确定，经综合考虑后，初设中决定鱼道底坡为 1:70，则每块隔板水头差：$h = \dfrac{l}{70} = \dfrac{6}{70} \approx 0.0857\mathrm{m}$，$l$ 为每一水池长度。

因此过鱼孔平均流速范围为：$v = (0.7 \sim 0.9)\sqrt{2g \times 0.0857} = 0.907 \sim 1.166\,(\mathrm{m/s})$，该值是隔板过鱼孔的平均流速，若采用式（2.31）计算则

$$v = 3.196 \times (0.85 \sim 0.9)\sqrt{2g \times 0.0857 \times 1.5/6} = 1.76 \sim 1.86\,(\mathrm{m/s})$$

该鱼道隔板过鱼孔要求具有小于 0.6m/s 的小流速区和小于 1.3m/s 的大流速区。隔板型式采用单一的矩形断面及单一的矩形竖孔、表孔或底孔，不能达到这个要求，必须采用组合式隔板才能达到设计要求。

2. 鱼道槽身断面型式

该鱼道既要通过大型中华鲟，又要通过中小型鲥鱼和鳗鱼，允许流速相差很大，而且是在泗化洲岛上岸地开挖，因此采用梯-矩形综合断面型式，设计鱼道槽身断面底宽 5m，两侧边墙高 2.5m，上接 1:2 斜坡高 1m，故共高 3.5m，再接马道。鱼道槽身断面型式见图 3.33。

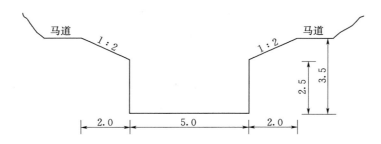

图 3.33 鱼道槽身断面型式（单位：m）

3. 鱼道水池尺度

该鱼道主要过鱼品种中华鲟，上溯产卵个体约长 1~3m，结合鱼道布置空间，决定池室尺寸选定长度为 6m，底宽为 5m。

4. 隔板块数 n

长洲鱼道总水头 15.29m，现每块隔板水头差 0.0857m，则隔板数量 $n = \dfrac{15.29}{0.0857} \approx 178.4$，取 179 块。

5. 鱼道长度

鱼道共 179 块隔板,形成 178 个水池,每水池长 6m,故鱼道有隔板的有坡段长度为 178×6＝1068m,另每隔 30 块隔板设一平底的休息池,共约设 5 个休息池,每个休息池长度为 10m,底宽 5m。此外,鱼道的转弯段、观测室段、上游出口闸及下游进口闸段都为平底。

6. 鱼道进出口高程

据鱼道上下游设计水位及鱼道水深,可得鱼道下游进口高程 2.31m,上游出口高程 17.6m,并用缓坡分别与下游、上游河床连接。

7. 隔板过鱼孔型式

该鱼道共进行了 3 种隔板型式的比较试验,以满足水池流态及过鱼孔设计流速的要求,具体试验隔板型式及测点布置见表 3.15 和图 3.34。

表 3.15 隔 板 型 式 汇 总 表

方案	竖孔	坡孔	底孔	三角形坡孔	表孔	说 明
A	√	√	√	√		一侧竖孔-坡孔,另一侧布置底孔及小三角形坡孔
B	√	√	√			一侧竖孔-坡孔,另一侧布置底孔,无小三角形坡孔
C	√	√			√	一侧竖孔-坡孔,另一侧布置表孔,无三角形坡孔

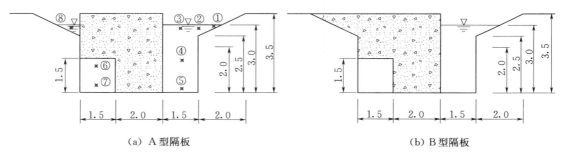

(a) A 型隔板 　　　　　　　　　　(b) B 型隔板

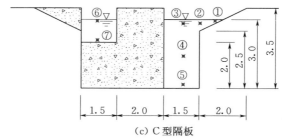

(c) C 型隔板

图 3.34 试验隔板型式及测点布置(单位:m)

3.3.3.4 水力学局部模型试验

局部模型按重力相似准则设计,模型几何比尺 $L_r=10$。局部模型共设 15 块隔板(自上而下以 1~15 编号),上下相邻二隔板交叉布置,试验隔板型式及测点布置见图 3.34,各型隔板各过鱼孔及各测点实测流速见表 3.16。

表 3.16　　　　　　　　各型隔板各过鱼孔及各测点实测流速汇总表　　　　　　　单位：m/s

隔板型式	隔板编号	实 测 流 速							
		测点①	测点②	测点③	测点④	测点⑤	测点⑥	测点⑦	测点⑧
A	2	0.79	0.96	0.99	1.07	1.09	0.64	1.28	0.80
	8	0.75	0.98	1.12	1.22	1.39	0.80	1.47	0.92
	14	0.84	1.05	0.95	1.41	1.34	0.83	1.39	0.99
	平均值	0.79	0.99	1.02	1.23	1.27	0.76	1.38	0.90
B	2	0.47	0.84	1.01	1.31	1.23	0.80	1.66	—
	5	0.69	0.95	1.19	1.35	1.21	1.16	1.52	
	8	0.61	0.75	1.12	1.19	1.32	0.62	1.47	
	14	0.59	0.81	1.03	1.25	1.28	0.50	1.47	
	平均值	0.59	0.83	1.09	1.27	1.26	0.77	1.53	
C	2	0.85	1.02	1.18	1.33	1.48	1.58	1.59	—
	8	1.16	0.92	1.16	1.30	1.32	1.47	1.56	
	14	1.18	0.88	1.11	1.04	1.42	1.46	1.44	
	平均值	1.06	0.96	1.15	1.22	1.40	1.50	1.53	

根据试验流态观测和表 3.16 可见：

（1）A 型隔板：①竖-坡孔表面水流流向明确，主流顺畅，两侧回流范围较小；②由于隔板两侧的小三角形坡孔自上而下直通，故两侧表面有一股直冲主流，导致小三角形坡孔的流速偏大，达 0.79m/s 以上，不能满足设计要求，而且这股主流与竖孔主流共同压缩表面水流，形成较强的表面回流；③上一隔板底孔的底部水流，进入水池后分成两股，一股进入下一隔板竖孔，另一股进入下一隔板的底孔，两侧孔底流速相差不大。

（2）B 型隔板：①竖-坡孔表面水流流向明确，主流顺畅，由于没有另一侧小三角形坡孔水流的压缩，两侧回流范围较 A 型稍大，但强度明显减小；②竖-坡孔在小三角形坡孔处形成小于 0.60m/s 的流速，靠近边角处更小，竖孔流速与 A 型基本相同，满足设计要求；③上一隔板的底孔水流进入水池后也分成两股，一股进入下一隔板竖孔，另一股进入下一隔板底孔，前者较小，后者较大。这是由于这一侧没有小三角形边孔，水流有较大部分进入底孔，并与来自上一隔板竖-坡孔的底流相汇，故底孔流速较大。

（3）C 型隔板：①竖-坡孔表面水流流向明确，主流顺畅，两侧回流范围因受另一侧表孔表面水流压缩，范围较小，但强度较大；②上一隔板竖-坡孔底部水流进入下一隔板的竖-坡孔底部，由于另一侧没有底孔，故底部回流范围较大，强度较小。从水面上部观察，表面流线几乎与底部流线重合；③表孔对水池水位的适应性较差，若水深低于表孔底沿，另一侧过鱼孔流速将大为增加；④上一隔板表孔水流，直冲进入下一隔板竖-坡孔表面，与来自上一隔板竖-坡孔的表面水流相汇，故在表孔内形成较大流速。同样，两股表面水流相汇就不可能再形成竖-坡孔小三角边坡的小流速区，该处流速高达 0.96m/s 以上，比 A 型、B 型隔板都大，不能满足设计要求。

通过上述三种隔板型式的试验及分析，可见：

（1）对于需要通过大鱼又要通过小鱼的鱼道，单一的矩形断面不能满足流速要求，必须采用具有小三角形坡角的"竖孔-坡孔"综合断面，这种断面，可以将"平均流速"按设计者的要求分配到不同区域，在同一断面内形成"大流速区"和"小流速区"。

（2）要形成"小流速区"，相邻两隔板必须交错布置，否则将形成自上而下的直冲水流，直接冲击三角形边坡，"小流速区"就不复存在。

（3）由于自上而下的直冲水流消能效果不佳，故必须在水池中形成弯曲的主流和一定强度、范围的回流，才能满足消能和流速要求。

（4）通过 A、B、C 三型隔板的实测结果，表明在初设中为模型试验选定的每块隔板水头差，鱼道水池长度，鱼道底坡等主要参数是正确和合理的。

（5）通过试验及分析，推荐 B 型隔板为最终布置方案。诚然，此型隔板底孔底部局部流速大于设计要求，但范围不大，约 $0.5\sim0.75m^2$，而 B 型隔板过鱼孔面积为 $7.0m^2$，因此对过大鱼影响不大，对于中小鱼类，在通过下一隔板边坡小流速区后进入水池。因水池断面较大，平均流速较小，鱼类可顺沿主流二侧，溯游进入上一隔板另一侧的小流速区继续上溯。

3.3.3.5 水力学整体模型试验

整体模型试验在局部模型试验确定的 B 型隔板基础上进行，模型按重量相似准则设计，模型几何比尺 $L_r=30$。

1. 鱼道流量及鱼道综合流速系数

在整体模型中用三角堰实测鱼道流量为 $6.64m^3/s$，鱼道隔板过鱼孔面积为 $7m^2$，故断面平均流速 $v=\dfrac{6.64}{7}\approx0.948$（m/s），可得鱼道的综合流速系数 φ 为 0.73，可见最终推荐的隔板型式 φ 值较小，即表示消能效果较好。

2. 鱼道隔板过鱼孔流速沿程变化

整体模型试验中随机施测了 6 块隔板过鱼孔流速。整体模型各隔板各测点实测流速见表 3.17。

表 3.17　　　　　　　　　　　整体模型各隔板各测点实测流速　　　　　　　　单位：m/s

隔板号	实测流速					
	测点①	测点②	测点③	测点④	测点⑤	测点⑥
12	—	0.69	1.33	1.32	1.38	1.49
41	—	0.75	1.04	1.28	1.43	1.51
59	—	0.95	1.33	1.52	1.50	1.62
86	—	0.92	1.24	1.49	1.44	1.63
110	—	1.16	1.40	1.34	1.43	1.52
138	—	1.12	1.35	1.50	1.49	1.43
各隔板测点流速平均值		0.93	1.28	1.40	1.44	1.53

由表 3.17 可见：

（1）除坡脚测点外，竖孔-坡孔及底孔中各测点（③、④、⑤、⑥）的流速，自上而下增大的趋势均不明显。究其原因，由于长洲鱼道每块隔板水头差不大（8.5cm），底坡较缓（1:70），水池较大（5m×6m），隔板型式较为合理，综合流速系数 φ 值较小（0.73），表示水流消能较为充分，能量自上而下积聚并不明显，故流速自上而下增大的趋势不明显。

（2）对比断面模型实测流速资料，整体模型实测流速普遍偏大 10% 以上。除量测误差外，主要因为整体模型隔板的过鱼孔尺度较小，小流速仪测速头直径已达 1cm，各占底孔宽度、高度及竖孔宽度的 20%，竖孔高度的 10%，故实测流速偏大。

（3）在整体模型试验中，由于模型尺度较小，流速测点都是位于过鱼孔中心位置，或偏后收缩断面位置，一般该处流速最大，实测流速都是过鱼孔流速最大值的位置，其四周流速必然有所减小。

3. 鱼道槽身全程充水过程

（1）在设计水头 15.29m（上游水位 20.60m、下游水位 5.31m）情况下：上游闸门关闭鱼道无水流下泄时，鱼道下游进口设计水深 3m，有 210m（35 个水池）处于有水状态（鱼道底坡 1:70，水池长 6m），仅上游 1～143 号水池处于无水状态（鱼道共 178 个水池）。当上游闸门开启 0.3m 时，闸下形成 6.2m/s 最大流速，继续提升至 1.2m 时，闸下流速减为 4m/s。此时由于上游最初几块隔板的阻挡，上游最初几个水池水位很快壅高。继续提升闸门，上游继续来水，门后流速逐步降低，水流在上游大多数水池中形成底流状态下泄，水池水位不能抬高，而下游水池因受下游水位壅高，已有部分充水。此时，鱼道全程处于上下游两端水池有水而中部大多数水池呈底部过水状态。继续提升闸门为全开（开度 3m）状态，水池水位自下而上逐级壅高，直至鱼道全程达到设计水深，并与上下游水位衔接。

（2）上游水位 20.60m，下游为平均高水位 11.95m 时（汛期），下游进口处水深达 9.64m，有 674.8m 长共 112 个水池已处于有水淹没状态，仅上游 1～66 号水池无水。因该时段不是主要过鱼季节，上游闸门已关闭。若需开启闸门，上游闸门后仍有 6.2m/s 最大流速，整个鱼道充水过程仍同前述，充水时间将大为缩短。

3.3.4 郁江老口枢纽鱼道研究

3.3.4.1 老口鱼道概况

广西郁江老口航运枢纽工程的坝址位于左江、右江汇合口下游 4.7km 处的郁江上游段，上距右江金鸡滩坝址 121km，距左江山秀坝址 84km，下游距南宁市区约 34.1km。老口航运枢纽工程鱼道拟建在电站右岸岸坡上，鱼道采用竖缝式结构，布置有鱼道进口、鱼道池室、休息池、出口、电栅、挡洪闸门、检修闸门等。老口鱼道平面布置见图 3.35。

3.3.4.2 鱼道设计参数

（1）主要过鱼品种：主要是河海洄游鱼类，有日本鳗鲡和白肌银鱼，淡水洄游鱼类有青、草、鲢、鳙"四大家鱼"，土著鱼类有倒刺鲃、唇鲮和鳊。

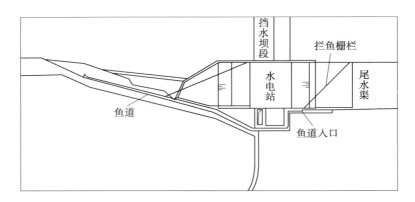

图 3.35　老口鱼道平面布置图

（2）主要过鱼季节：每年 4—7 月。

（3）过鱼季节上、下游设计水位：过鱼季节鱼道出口设计水位为 75.5～73.3m，鱼道进口设计水位为 67～65m，最大设计水位差 10.5m。

（4）鱼道隔板过鱼孔设计流速：采用式（2.31）计算得最大流速范围为 0.98～1.09m/s。

3.3.4.3　老口鱼道整体布置

（1）结构型式选择。选择横隔板式鱼道，隔板型式为竖缝式。该隔板又可分为不带导板的一般竖缝式（过鱼孔是从上到下一条竖缝，水流通过竖缝下泄）及带导板竖缝式（简称导竖式），考虑到该工程鱼道设计流速要求较高，需控制水池内水流流态，因此采用导竖式隔板。根据过鱼孔设计流速要求及鱼道与其他枢纽建筑物的布置等地形因素，初步设计考虑槽身底坡 1:60，每 10 个标准池设 1 个休息池，休息室长度 7.2m，共 17 个，初步设计中在鱼道中间附近设置了观察室。鱼道槽身初步考虑采用矩形断面，宽度为 3.0m（净宽），高度为 2.5m。

（2）鱼道水池尺度、数量及水位差。鱼道采用槽身断面底宽 3m 的矩形断面，净水深 2m，鱼道净长取 3.3m（鱼池隔板中线距离，即鱼道池长为 3.6m）。鱼道水池数量为 175 个（含 17 个平底休息池），每级水池承受的水位差约为 0.06m。

（3）隔板数量、型式及过鱼孔尺寸。隔板数量约为 176 块。该鱼道选择了竖缝式隔板中的单侧导竖式，初设中选择竖缝宽度为 0.45m。

（4）进鱼口布置。鱼道设计两个进鱼口，底高程为 65.00m 及 63.00m。

（5）鱼口布置。鱼道设 3 个出口，底高程分别为 73.50m、72.40m 及 71.30m。老口鱼道典型断面、结构图见图 3.36。

3.3.4.4　水力学局部模型试验

1. 模型设计

鱼道池室局部模型按重力相似准则设计，模型几何比尺 $L_r=8$。模型共设 15 块隔板（自下而上以 1～15 编号），隔板为同侧竖缝布置，局部水力学模型布置示意图见图 3.37，局部模型共对 5 种隔板型式进行试验研究，见表 3.18 和图 3.38～图 3.42。

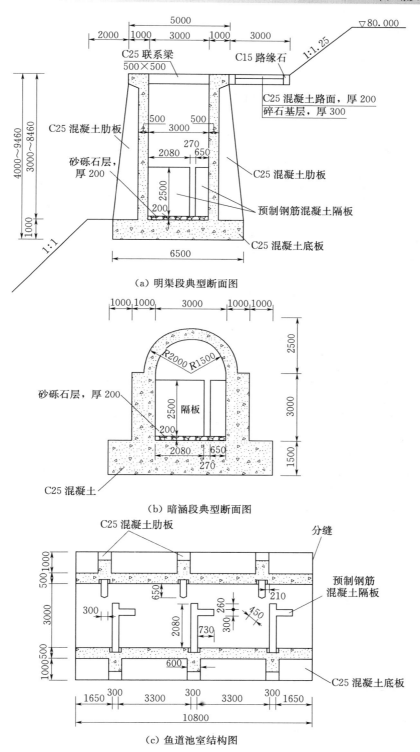

(a) 明渠段典型断面图

(b) 暗涵段典型断面图

(c) 鱼道池室结构图

图 3.36 老口鱼道典型断面、结构图（单位：mm）

图 3.37 局部水力学模型布置示意图

表 3.18 局部水力学试验工况表

方案	方案隔板型式编号	横隔板布置（长×宽）	横向导板布置（长×宽）	纵向导板布置（长×宽）
方案一	A	2.08m×0.3m	0.65m×0.3m 与横隔板水平间距0.21m，头部设45°导流角	0.73m×0.3m
方案二	B	2.08m×0.3m	0.70m×0.3m 与横隔板水平间距0.21m，头部设60°导流角	0.73m×0.3m，头部设15°导流角
方案三	C	2.08m×0.3m	0.70m×0.3m 与横隔板水平间距0.30m，头部设60°导流角	0.73m×0.3m，头部设15°导流角
方案四	D	2.08m×0.3m 头部设45°导流角	0.70m×0.3m 与横隔板水平间距0m，头部设60°导流角	0.73m×0.3m，头部设15°导流角
方案五	E	2.08m×0.3m 头部设45°导流角	0.97m×0.3m 与横隔板水平间距0.24m，头部设60°导流角	0.73m×0.3m，头部设15°导流角

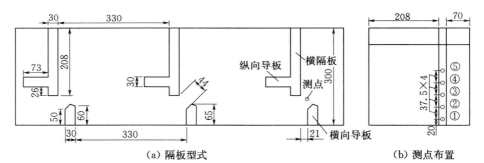

（a）隔板型式   （b）测点布置

图 3.38 A 型隔板型式及布置（单位：cm）

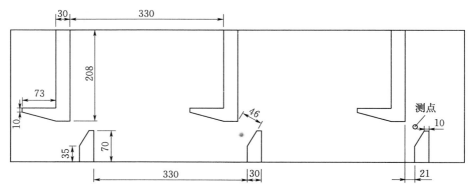

图 3.39 B 型隔板型式及布置（单位：cm）

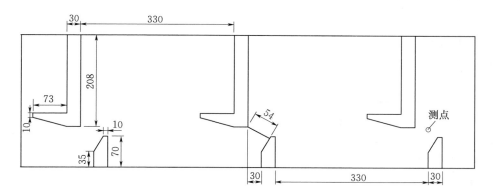

图 3.40 C 型隔板型式及布置（单位：cm）

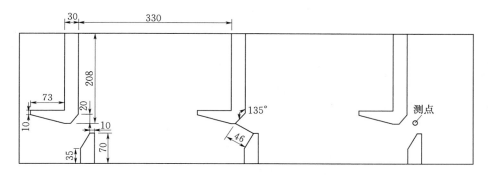

图 3.41 D 型隔板型式及布置（单位：cm）

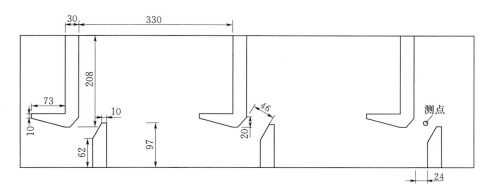

图 3.42 E 型隔板型式及布置（单位：cm）

2. 试验成果分析

考虑局部模型进出水口的影响，试验对中间隔板孔口水流流速进行测量，各型隔板各过鱼孔测点的流速见表 3.19。

（1）A 型隔板：①在该隔板型式下，表面水流流向明确，在隔板下游主流两侧形成局部回流，回流范围较大，但强度较小，消能效果受到影响；②射流角（水流与横隔板夹角）过大，主流直冲入下一块隔板的过鱼孔，通过竖缝下泄的水流在水池内扩散不理想，没有充分利用水池的宽度；③隔板的过鱼孔处，孔口两侧水流收缩明显，孔口水面有明显跌落，导致孔口断面流速偏大，实测最大达 1.17m/s，平均流速 1.09m/s，不能满足设计要求；④用实测的隔板孔口平均流速，计算 A 型隔板流速系数为 0.83。A 型隔板水流流态见图 3.43。

表 3.19 各型隔板各过鱼孔测点的流速 单位：m/s

方案	隔板型式	隔板编号	流速				
			测点①	测点②	测点③	测点④	测点⑤
方案一	A 型	5 号	1.07	1.10	1.17	1.16	1.15
		6 号	1.05	1.11	1.14	1.10	1.13
		7 号	1.07	1.10	1.11	1.14	1.14
		8 号	0.98	1.05	1.12	1.14	1.06
		9 号	0.93	1.00	1.06	1.07	1.13
		平均	1.02	1.07	1.12	1.12	1.12
方案二	B 型	5 号	0.98	1.05	1.04	1.08	1.12
		6 号	1.02	1.01	1.01	1.05	1.07
		7 号	0.94	0.97	0.94	0.93	1.06
		8 号	0.98	1.05	1.05	1.07	1.09
		9 号	1.04	1.03	1.07	1.06	1.11
		平均	0.99	1.02	1.02	1.04	1.09
方案三	C 型	5 号	0.88	0.96	0.98	0.94	1.02
		6 号	0.82	0.86	0.87	0.84	0.84
		7 号	0.81	0.86	0.97	0.89	0.88
		8 号	0.83	0.93	0.82	0.77	0.88
		9 号	0.83	0.86	0.88	0.90	0.91
		平均	0.83	0.89	0.90	0.87	0.91
方案四	D 型	5 号	1.04	1.05	1.08	1.06	1.08
		6 号	1.03	1.04	0.99	1.00	1.02
		7 号	1.02	1.06	1.02	1.04	1.00
		8 号	1.02	1.01	0.99	0.98	0.98
		9 号	1.02	1.05	1.05	1.06	1.05
		平均	1.03	1.04	1.03	1.03	1.02
方案五	E 型	5 号	1.01	1.01	1.05	1.04	0.92
		6 号	0.97	0.97	0.97	0.99	1.03
		7 号	0.89	1.04	1.04	1.05	1.04
		8 号	0.92	1.01	0.96	0.99	1.02
		9 号	0.88	0.96	0.96	1.00	0.96
		平均	0.93	1.00	1.00	1.01	0.99

（2）B型隔板：①竖缝表面水流流向明确，主流顺畅，主流经过上下游竖缝形成S形走向，消能路径延长，消能效果有所改善；②隔板的过鱼孔处，孔口水流收缩仍然明显，孔口水面有明显跌落，孔口断面流速仍然偏大，实测最大达1.12m/s，平均流速1.03m/s，不能满足设计要求；③用实测的隔板孔口平均流速，计算B型隔板流速系数为0.77。B型隔板水流流态见图3.44。

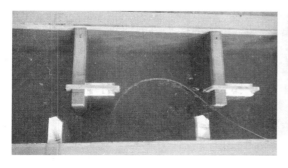

图3.43　A型隔板水流流态（参见文后彩图）　　图3.44　B型隔板水流流态（参见文后彩图）

（3）C型隔板：①竖缝表面水流流向较为明确，主流顺畅，主流两侧回流范围较小，强度较大；②射流角较A型隔板明显减小，孔口水流收缩现象较B型隔板得到较大的改善，水流在水池内扩散较好，C型隔板孔口最大流速减小为1.02m/s，平均流速减小为0.88m/s，基本满足设计要求；③用实测的隔板孔口平均流速，计算C型隔板流速系数为0.73。C型隔板水流流态见图3.45。

（4）D型隔板：①D型隔板经过竖缝的主流向明确，导流效果明显，水流在水池内成S形流向，主流两侧回流范围较小，但强度较大；②D型隔板孔口最大流速为1.08m/s，平均流速为1.03m/s，尽管水流流态较好，但竖缝内水流流速值过大，不能满足设计要求；③用实测的隔板孔口平均流速，计算D型隔板流速系数为0.83。D型隔板水流流态见图3.46。

图3.45　C型隔板水流流态（参见文后彩图）　　图3.46　D型隔板水流流态（参见文后彩图）

（5）E型隔板：①通过隔板竖缝的水流流向明确，主流顺畅，导流效果明显，水流在水池内成S形流向，射流角较小，主流两侧回流范围较小，但强度较大；②E型隔板孔口最大流速为 1.05m/s，平均流速为 0.99m/s，隔板孔口水流收缩明显，水流紊乱，孔口流速值依然过大，不能满足设计要求；③用实测的隔板孔口平均流速，计算该型式隔板流速系数为 0.82。E 型隔板水流流态见图 3.47。

图 3.47　E 型隔板水流流态（参见文后彩图）

综合上述 5 种方案（5 种隔板型式）的水流流态、流速条件，C 型隔板条件下水池水流条件较好，主流明确，竖缝流速值较小，消能效果较好，为推荐方案。

通过上述 5 种方案隔板型式的试验及分析，得到下列结论：

（1）通过 5 种方案隔板型式的实测结果，表明初设的方案是正确的，鱼道的断面、水池尺度等主要参数基本是合理的，经局部修改基本能满足设计要求。

（2）在原方案基础上，对鱼道隔板型式做部分修改。采用竖缝式隔板矩形断面的鱼道，隔板设置应以使水流孔后扩散消能充分，使得水流在水池中形成 S 形流向，利用水体消能，并尽量避免孔口水流直冲下一隔板孔口，推荐的横隔板与横向导板间距及横向导板头部导流角，对调整主流在水池中的流态有较明显的作用，对减少隔板孔口流速效果明显。

（3）通过试验及分析，推荐方案三，即 C 型隔板型式为最终布置方案。隔板孔口平均流速为 0.88m/s，流速系数为 0.73。该隔板孔口流速分布已经满足要求。

3.3.4.5　整体模型试验

模型按重力相似准则设计，几何比尺 $L_r=15$；速度比尺 $L_v=L_r^{1/2}\approx3.87$；流量比尺 $L_Q=L_r^{5/2}\approx871$。

1. 鱼道运行工况

鱼道运行工况分为 4 组，见表 3.20。

表 3.20　　　　　　　　　　鱼 道 运 行 工 况

工　况	上游出口水深/m	下游水位/m	下游水深/m
工况 1	2.00	65.00	2.00
工况 2	0.90	65.00	2.00
工况 3	0.90	67.00	4.00
工况 4	2.00	67.00	4.00

注　对于 2 号进鱼口，仅在 67.0m 水位开启，其他均开启 1 号进鱼口。

2. 试验成果分析

（1）工况 1 鱼道槽身的水力条件。

工况 1 鱼道的运行水头为 10.5m，鱼道沿程水深均为 2m，在该条件下测量了 12 块隔板过鱼孔流速和水深，每块隔板实测 5 个测点，结果分别见表 3.21 和图 3.48。

表 3.21 工况 1 各隔板各测点实测流速 单位：m/s

隔板号	实 测 流 速					
	测点①	测点②	测点③	测点④	测点⑤	平均
1 号	0.84	0.81	0.85	0.87	0.89	0.85
10 号	0.82	0.82	0.81	0.89	0.86	0.84
20 号	0.85	0.82	0.96	0.94	0.91	0.89
30 号	0.83	0.83	0.81	0.90	0.89	0.85
40 号	0.78	0.91	0.89	0.86	0.87	0.86
50 号	0.86	0.88	0.90	0.90	0.90	0.89
51 号	0.81	0.90	0.94	0.95	0.91	0.90
60 号	0.88	0.91	0.89	0.91	0.83	0.88
70 号	0.88	0.93	0.94	0.90	0.97	0.92
80 号	0.88	0.90	0.93	0.88	0.89	0.90
90 号	0.77	0.80	0.87	0.85	0.87	0.83
100 号	0.80	0.81	0.82	0.82	0.82	0.82
平均	0.83	0.86	0.88	0.89	0.88	0.87

注 隔板编号自下游向上游顺序编号。

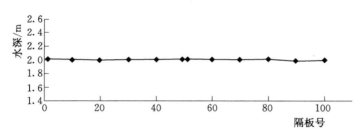

图 3.48 试验工况 1 鱼道槽身水深沿程变化

由表 3.21 和图 3.48 可见：①竖缝垂向流速（测点①、②、③、④、⑤测得流速值）和各池室水深（不同隔板号代表不同池室），自上（游）向下（游）增大的趋势均不明显。究其原因，由于鱼道每块隔板水头差不大，底坡较缓（1:60），水池较大（3.6m×3.0m，长×宽），隔板型式较为合理，水流消能较为充分，能量自上而下积聚并不明显，故流速自上而下增大的趋势不明显。②对比局部模型实测流速资料，整体模型实测流速与之非常吻合。③鱼道下泄流量为 0.92m³/s。

因此，对于工况 1 而言，推荐的隔板型式和现在的鱼道槽身布置可基本满足设计要求。

（2）工况 2 鱼道槽身的水力条件。

在工况 2 条件下也测量了 12 块隔板过鱼孔流速和水深，结果见表 3.22 和图 3.49。

表 3.22   **工况 2 各隔板各测点实测流速**   单位：m/s

隔板号	实 测 流 速					
	测点①	测点②	测点③	测点④	测点⑤	平均
1 号	0.38	0.39	0.37	0.40	0.39	0.39
10 号	0.39	0.44	0.42	0.37	—	0.41
20 号	0.54	0.48	0.53	—	—	0.51
30 号	0.78	0.69	0.63	—	—	0.70
40 号	0.59	0.55	0.59	—	—	0.58
50 号	0.90	0.86	—	—	—	0.88
51 号	0.87	0.87	—	—	—	0.87
60 号	0.89	0.91	—	—	—	0.90
70 号	0.92	0.93	—	—	—	0.93
80 号	0.80	0.78	—	—	—	0.79
90 号	0.91	0.82	—	—	—	0.87
100 号	0.82	0.81	—	—	—	0.81
平均	0.73	0.71	0.51	0.39	0.39	0.72

注   "—"表示测点已经在水面以上。

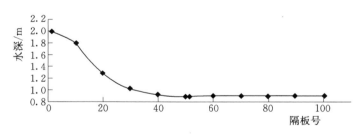

图 3.49   试验工况 2 鱼道槽身水深沿程变化

工况 2 上游水位 74.4m，下游水位 65.0m，鱼道运行水头由工况 1 的 10.5m 减小为 9.4m。由表 3.22 和图 3.49 可见：上游出口处隔板前的水深仅为 0.9m，但下游进口处隔板前水深仍为 2m。该工况下，由于鱼道上游下泄水量的大幅减少（减少为 0.4m³/s），鱼道内总体流速减少，下游端壅水作用明显，较工况 1 流速有明显下降，但也在鱼类感应流速以上，因此，该工况推荐的隔板型式和现在的鱼道槽身布置也可以满足设计要求。相比于工况 1，工况 2 流速值较小，有利于鱼类的上溯。

（3）工况 3 鱼道槽身的水力条件。

在工况 3 条件下同样测量了 12 块隔板过鱼孔流速和水深，结果见表 3.23 和图 3.50。

表 3.23 工况 3 各隔板各测点实测流速 单位：m/s

隔板号	实 测 流 速					
	测点①	测点②	测点③	测点④	测点⑤	平均
1 号	0.07	0.06	0.06	0.08	0.09	0.07
10 号	0.03	0.04	0.06	0.06	0.06	0.05
20 号	0.10	0.09	0.10	0.11	0.08	0.10
30 号	0.31	0.32	0.35	0.36	0.35	0.34
40 号	0.43	0.48	0.48	0.48	0.50	0.47
50 号	0.49	0.55	0.55	0.55	—	0.54
51 号	0.53	0.60	0.57	—	—	0.56
60 号	0.73	0.70	0.75	—	—	0.73
70 号	0.87	0.89	0.91	—	—	0.89
80 号	0.75	0.78	—	—	—	0.77
90 号	0.91	0.85	—	—	—	0.88
100 号	0.80	0.83	—	—	—	0.81
平均	0.50	0.52	0.42	0.27	0.22	0.52

注 "—"表示此测点已经在水面以上。

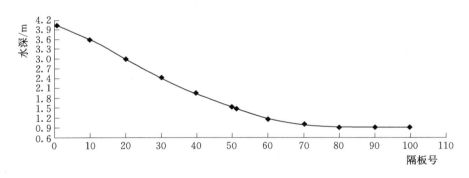

图 3.50 试验工况 3 鱼道槽身水深沿程变化

由表 3.23 和图 3.50 可见：工况 3 上游水位 74.4m，下游水位 67.0m，由于下游水位的上升，下游顶高程低于 67.0m 的隔板被淹没，因此 1 号进鱼口以及被淹没隔板的过鱼孔流速有明显的下降。下游水位的抬升将对下游端鱼道形成较大的壅水影响，促使鱼道入口及下端鱼道池室流速进一步减小。鱼道入口处由于大范围淹没流速非常小，进口处 30 块隔板孔口流速已低于鱼道感应流速（0.2～0.3m/s），将致使鱼类无法找到鱼道入口位置，该工况下实测流量为 0.4m³/s。鱼道池室水流条件不满足鱼道设计要求，需要调整。

此种工况下若启用 2 号进口，同时将 1 号进口封住，水流直接从 2 号进口下泄，此种工况类似工况 2。但启用 2 号进口需要满足如下条件：水位等于 67.0m 或者低于 67.0m 时，2 号进口第一块隔板水深大于出口处第一块隔板水深，实际运行中要加水位监测装置及时监测水深信息方可运行，受限条件较多，不建议采用。

（4）工况 4 鱼道槽身的水力条件。

在工况 4 条件下同样测量了 12 块隔板过鱼孔流速和水深，结果见表 3.24 和图 3.51。

表 3.24   工况 4 各隔板各测点实测流速   单位：m/s

隔板号	实 测 流 速					
	测点①	测点②	测点③	测点④	测点⑤	平均
1 号	0.21	0.18	0.19	0.21	0.24	0.21
10 号	0.23	0.26	0.25	0.24	0.25	0.24
20 号	0.40	0.45	0.41	0.48	0.48	0.44
30 号	0.59	0.53	0.75	0.75	0.74	0.67
40 号	0.81	0.87	0.83	0.82	0.83	0.83
50 号	0.82	0.85	0.84	0.86	0.83	0.84
51 号	0.79	0.80	0.81	0.81	0.80	0.80
60 号	0.84	0.82	0.85	0.84	0.84	0.84
70 号	0.86	0.90	0.91	0.90	0.90	0.90
80 号	0.83	0.80	0.81	0.82	0.82	0.81
90 号	0.85	0.83	0.88	0.85	0.88	0.86
100 号	0.76	0.82	0.82	0.84	0.82	0.81
平均	0.67	0.68	0.70	0.70	0.70	0.69

注 "—"表示此测点已经在水面以上。

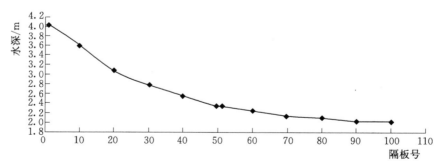

图 3.51   试验工况 4 鱼道槽身水深沿程变化

由表 3.24 和图 3.51 可见：工况 4 上游水位 75.5m，下游水位 67.0m，鱼道运行水头为 8.5m。相比于工况 3，该工况上游来水流量有所增加，将有益于增大 1 号进口处的流速条件。该工况下实测流量为 0.92m³/s，虽然进口处流速较小，但基本在 0.2m/s 以上，基本满足设计要求。

鱼道修改方案：考虑到实际鱼道出口设计水位 75.5～73.3m，原方案在工况 3 条件下难以满足鱼道设计水流条件，为此对鱼道出口底高程进行调整，并对下游鱼道进口段前

40块隔板顶高程加高至 67.00m，防止下游高水位时淹没隔板。具体调整后鱼道出口运行方式见表 3.25。从表 3.25 可以看到，此种运行方式条件下，鱼道出口运行水深较原方案有所增加，有望增大鱼道池室流量，进一步改善鱼道水流条件。

表 3.25　　　　　　　　　　　　鱼道入口、出口运行方式

位　　置	底板高程/m	适应水位/m	池室水深/m
上游 1 号出口	73.50	75.50～74.75	1.25～2.00
上游 2 号出口	72.75	74.75～74.00	1.25～2.00
上游 3 号出口	72.00	74.00～73.25	1.25～2.00
下游 1 号主进鱼口	63.00	67.00～65.00	2.00～4.00
下游 2 号进鱼口	65.00	67.00 时启用	2.00

注　调高出口高程，调整（增大）出口水深，增大鱼道泄流量。

依据出口设计水位 75.5～73.3m，鱼道入口、出口底高程，及水库出入口水位条件，考虑鱼道设计水深为 2m，可将鱼道运行工况分为如下 4 组，见表 3.26。

表 3.26　　　　　　　　　　　　运　行　工　况

工　况	上游出口水深/m	下游水位/m	下游水深/m
同工况 1	2.00	65.00	2.00
工况 5	1.25	65.00	2.00
工况 6	1.25	67.00	4.00
同工况 4	2.00	67.00	4.00

（5）工况 5 鱼道槽身的水力条件。

在工况 5 条件下测量了 12 块隔板过鱼孔流速和水深，结果见表 3.27 和图 3.52。

表 3.27　　　　　　　　　　工况 5 各隔板各测点实测流速　　　　　　　　　　单位：m/s

隔板号	实　测　流　速					
	测点①	测点②	测点③	测点④	测点⑤	平均
1 号	0.61	0.58	0.56	0.56	0.60	0.58
10 号	0.66	0.62	0.60	0.60	0.59	0.62
20 号	0.77	0.67	0.71	0.71	—	0.71
30 号	0.86	0.86	0.85	0.85		0.85
40 号	0.92	0.89	0.93	—		0.91
50 号	0.85	0.87	0.86			0.86
51 号	0.90	0.96	0.91			0.92
60 号	0.91	0.89	0.90			0.90
70 号	0.93	0.96	0.93			0.94
80 号	0.85	0.84	0.83			0.84
90 号	0.84	0.88	0.87			0.87
100 号	0.84	0.84	0.78	—		0.82
平均	0.83	0.82	0.81	0.68	0.59	0.82

注　"—"表示此测点已经在水面以上。

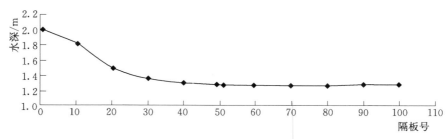

图 3.52 试验工况 5 鱼道槽身水深沿程变化

由表 3.27 和图 3.52 可见：上游出口处隔板前的水深为 1.25m，下游进口处隔板水深为 2m，该工况下，相对于原方案工况 2，由于鱼道上游下泄水量的增加，由 $0.4m^3/s$ 增大为 $0.55m^3/s$，鱼道内总体流速增大，鱼道内各池室流速均在设计流速范围内，因此，本工况推荐的隔板型式和现在的鱼道槽身布置也可以满足设计要求。

（6）工况 6 鱼道槽身的水力条件。

在工况 6 条件下测量了 12 块隔板过鱼孔流速和水深，结果见表 3.28 和图 3.53。

表 3.28　工况 6 各隔板各测点实测流速　单位：m/s

隔板号	实 测 流 速					
	测点①	测点②	测点③	测点④	测点⑤	平均
1 号	0.26	0.29	0.28	0.29	0.29	0.28
10 号	0.32	0.27	0.31	0.34	0.28	0.30
20 号	0.33	0.27	0.31	0.35	0.33	0.32
30 号	0.47	0.33	0.49	0.46	0.43	0.44
40 号	0.57	0.57	0.59	0.55	0.61	0.58
50 号	0.68	0.70	0.70	0.69	0.67	0.69
51 号	0.66	0.69	0.67	0.70	—	0.68
60 号	0.74	0.72	0.81	0.75	—	0.75
70 号	0.90	0.90	0.92	—	—	0.91
80 号	0.74	0.74	0.89	—	—	0.79
90 号	0.88	0.80	0.83	—	—	0.83
100 号	0.82	0.81	0.86	—	—	0.83
平均	0.61	0.59	0.64	0.52	0.44	0.62

注　"—"表示此测点已经在水面以上。

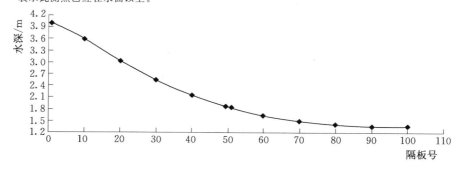

图 3.53 试验工况 6 鱼道槽身水深沿程变化

由表 3.28 和图 3.53 可见：上游出口处隔板前的水深为 1.25m，下游进口处隔板水深为 4m，该工况下，相对于原方案工况 3，由于鱼道上游下泄水量的增加，由 0.4m³/s 增大为 0.56m³/s，鱼道内总体流速增大，特别是鱼道进口位置流速有明显增大（超过感应流速），鱼道各池室流速均在设计流速范围内，因此，本工况推荐的隔板型式和现在的鱼道槽身布置也可以满足设计要求。

3.3.5 鱼梁枢纽鱼道研究

3.3.5.1 鱼梁枢纽鱼道概况

鱼梁枢纽位于广西壮族自治区百色市田东县城下游约 7.0km 的英和村右江河段上，距南宁市约 187km、距百色市约 87km，控制集雨面积 29243km²，是郁江综合利用规划的第五个梯级，是一座以航运为主、结合发电、兼顾其他效益的综合利用工程，枢纽由船闸、拦河坝、电站、鱼道等建筑物组成。鱼梁航运枢纽工程影响区分布的河海洄游鱼类有日本鳗鲡和白肌银鱼，淡水洄游鱼类有青、草、鲢、鳙"四大家鱼"，土著鱼类有倒刺鲃、唇鲮和鳊。鱼梁航运枢纽工程鱼道拟建在电站右岸岸坡上。鱼道采用竖缝式结构，布置有鱼道进口、鱼道池室、休息池、出口、补水系统、挡洪闸门、检修闸门等。

3.3.5.2 鱼道设计参数

（1）主要过鱼品种：该鱼道过鱼保护对象主要有：河海洄游鱼类有日本鳗鲡和白肌银鱼，淡水洄游鱼类有青鱼、草鱼、鲢、鳙"四大家鱼"，土著鱼类有倒刺鲃、唇鲮和鳊。

（2）主要过鱼季节：每年 4—7 月。

（3）过鱼季节上、下游设计水位：过鱼季节鱼道出口设计水位为 99.50（正常蓄水）～98.00m，鱼道进口设计水位为 90.75（不泄洪，电站全开）～88.75m（电站最低，保航运水位），最大设计水位差 10.75m。

（4）鱼道隔板过鱼孔设计流速：利用式（2.31）计算得鱼道最大设计流速值为 1.0～1.2m/s，鱼道隔板过鱼孔设计流速为 0.8m/s。

3.3.5.3 鱼梁鱼道整体布置

（1）结构型式选择。选择竖缝式横隔板鱼道，该型式又可分为不带导板的一般竖缝式（过鱼孔是从上到下一条竖缝，水流通过竖缝下泄）及带导板竖缝式（简称导竖式）。考虑到该工程鱼道设计流速要求较高，需控制水池内水流流态，因此采用导竖式隔板。

根据过鱼孔设计流速要求及鱼道与其他枢纽建筑物的布置等地形因素，初步设计考虑槽身底坡 1：50.6，中间转弯处分别设置了五个平底的休息池，同时在靠近出口处设置了观察室。鱼道槽身初步考虑采用矩形断面，宽度为 3.0m，高度为 3.5m。

（2）鱼道水池尺度、数量及水位差。设计鱼道采用槽身断面底宽 3m 的矩形断面，净水深 1.2～2.7m，长取 3.6m（垂直竖缝隔板中心之间的距离）。设计水头 10.75m、底坡 1：50.6 及水池长 3.6m，可得所需鱼道水池数量为 151 个，每级水池承受的水位差约为 0.071m。

（3）隔板数量、型式及过鱼孔尺寸。隔板数量约为 158 块。该鱼道选择了竖缝式隔板中的单侧导竖式，初设中选择竖缝宽度为 0.45m。

（4）鱼道进出口高程。主进鱼口底高程 87.40m，出鱼口底高程 96.80m。鱼道的相关布置见图 3.54 和图 3.55。

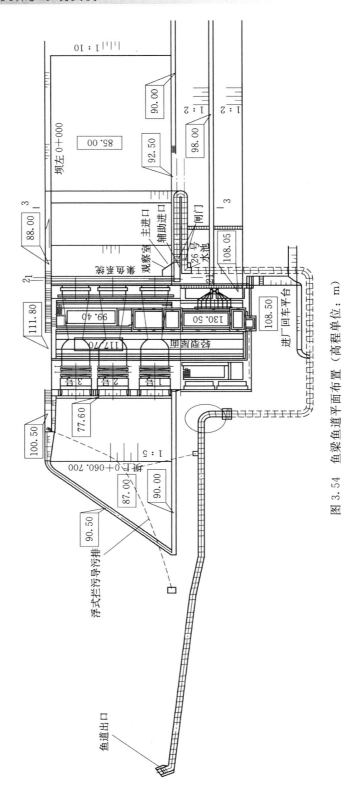

图 3.54　鱼梁鱼道平面布置（高程单位：m）

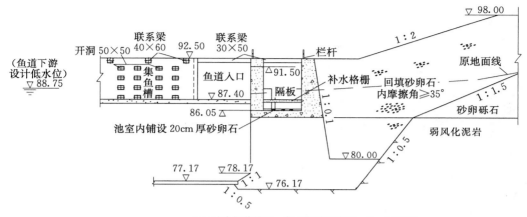

（a）下游鱼道进口、集鱼系统段断面（1—1 剖面）

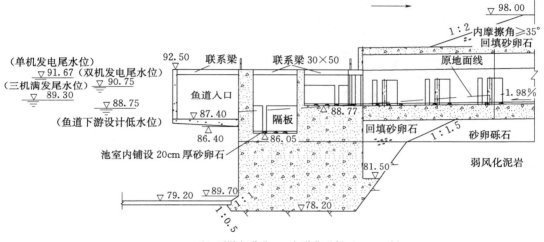

（b）下游鱼道进口、鱼道典型断面（2—2 剖面）

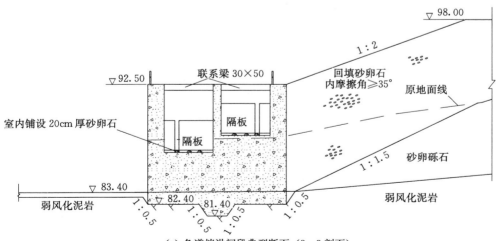

（c）鱼道挡洪闸段典型断面（3—3 剖面）

图 3.55　鱼梁鱼道典型断面剖面图（尺寸单位：cm；高程单位：m）

图 3.56　局部模型（参见文后彩图）

3.3.5.4　水力学局部模型试验

局部模型按重力相似准则设计。模型几何比尺 $L_r=8$。模型用塑料板制造，共设 15 块隔板（自下而上以 1～15 编号），隔板为同侧竖缝布置。局部模型见图 3.56。

1. 方案比较

局部模型采用了 3 个方案、4 种隔板型式进行试验研究，各种隔板型式及布置具体见图 3.57～图 3.60，局部水力学试验工况见表 3.29。

2. 试验成果分析

考虑局部模型进出水口的影响，试验对中间隔板孔口水流流速进行测量，各型隔板各过鱼孔测点的流速见表 3.30。

（1）方案一。

1）A 型隔板：①在该隔板型式下，表面水流流向明确，在隔板下游两侧水池壁表面水流形成局部回流，回流范围较小，强度较弱；②隔板孔口扩散、导流不理想，加上纵向导隔板

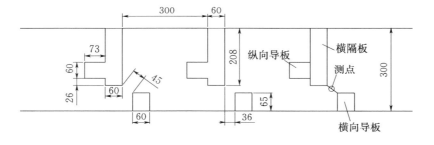
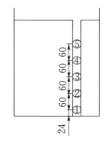

（a）隔板型式

（b）测点布置

图 3.57　A 型隔板型式及布置（单位：cm）

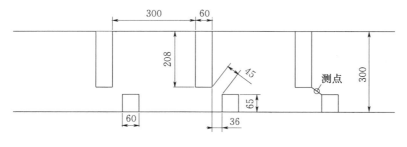
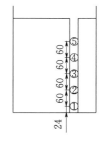

（a）隔板型式

（b）测点布置

图 3.58　B 型隔板型式及布置（单位：cm）

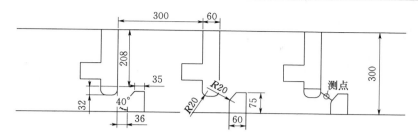

（a）C1 型隔板型式

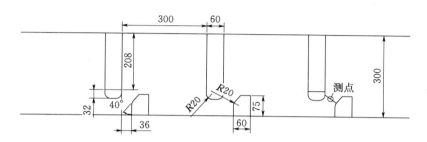

（b）C2 型隔板型式

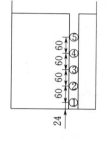

（c）测点布置

图 3.59 C 型隔板型式及布置（单位：cm）

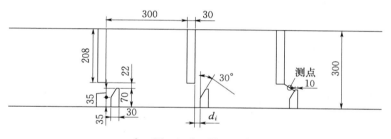

$d_1 = 25cm$ $d_2 = 32cm$ $d_3 = 40cm$

（a）隔板型式

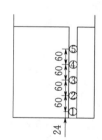

（b）测点布置

图 3.60 D 型隔板型式及布置（单位：cm）

表 3.29 局部水力学试验工况表

方案	水池尺寸（宽×长）	鱼道底坡	隔板型式		横隔板布置（长×宽）	横向导板布置（长×宽）	纵向导板布置（长×宽）
方案一	3.0m×3.6m	1:50	A 型		2.08m×0.6m	0.65m×0.6m，与横隔板水平间距 0.36m	0.73m×0.6m
			B		2.08m×0.6m	0.65m×0.6m，与横隔板水平间距 0.36m	无
			C	C1	2.40m×0.6m，头部修圆，修圆半径 0.2m	0.70m×0.6m，与横隔板水平间距 0.36m，头部设 40°导流角	0.73m×0.6m
				C2	2.40m×0.6m，头部修圆，修圆半径 0.2m	0.70m×0.6m，与横隔板水平间距 0.36m，头部设 40°导流角	无

续表

方案	水池尺寸 （宽×长）	鱼道 底坡	隔板型式		横隔板布置 （长×宽）	横向导板布置 （长×宽）	纵向导板布置 （长×宽）
方案二	3.0m×3.3m	1：50	D	D1	2.08m×0.3m	0.70m×0.3m，与横隔板水平间距0.25m，头部设30°导流角	无
				D2	2.08m×0.3m	0.70m×0.3m，与横隔板水平间距0.32m，头部设30°导流角	无
				D3	2.08m×0.3m	0.70m×0.3m，与横隔板水平间距0.40m，头部设30°导流角	无
方案三	3.0m×3.3m	1：60	D3		2.08m×0.3m	0.70m×0.3m，与横隔板水平间距0.40m，头部设30°导流角	无

表 3.30　　　　　**各型隔板各过鱼孔测点的流速**　　　　单位：m/s

方案	隔板型式和底坡	隔板编号	流速					
			测点①	测点②	测点③	测点④	测点⑤	平均
方案一	A型隔板，厚度60cm，底坡1：50.6	5号	1.16	1.11	1.19	1.13	1.10	1.14
		6号	1.23	1.16	1.20	1.19	1.26	1.21
		7号	1.15	1.15	1.22	1.18	1.18	1.18
		8号	1.13	1.22	1.26	1.24	1.26	1.22
		9号	1.18	1.18	1.19	1.19	1.22	1.19
		平均	1.17	1.16	1.21	1.18	1.20	1.19
	B型隔板，厚度60cm，底坡1：50.6	5号	1.08	1.10	1.10	1.09	1.16	1.11
		6号	1.12	1.13	1.12	1.16	1.18	1.14
		7号	1.10	1.11	1.10	1.16	1.18	1.13
		8号	1.11	1.17	1.17	1.18	1.18	1.16
		9号	1.12	1.14	1.09	1.18	1.15	1.14
		平均	1.10	1.13	1.12	1.15	1.17	1.13
	C1型隔板，厚度60cm，底坡1：50.6	5号	1.16	1.11	1.19	1.13	1.10	1.14
		6号	1.23	1.16	1.20	1.19	1.26	1.21
		7号	1.15	1.15	1.22	1.18	1.18	1.18
		8号	1.13	1.22	1.26	1.24	1.26	1.22
		9号	1.18	1.18	1.19	1.19	1.22	1.19
		平均	1.17	1.16	1.21	1.18	1.20	1.19
	C2型隔板，厚度60cm，底坡1：50.6	5号	1.01	1.14	1.22	1.17	1.11	1.13
		6号	1.04	1.10	1.24	1.17	1.18	1.15
		7号	1.09	1.14	1.16	1.13	1.10	1.13
		8号	1.04	1.10	1.17	1.16	1.13	1.12
		9号	1.06	1.15	1.23	1.17	1.13	1.15
		平均	1.05	1.13	1.20	1.16	1.13	1.13

方案	隔板型式和底坡	隔板编号	流速					
			测点①	测点②	测点③	测点④	测点⑤	平均
	D1 型隔板，厚度 30cm，底坡 1:50.6	5 号	0.97	1.04	1.09	1.10	1.11	1.06
		6 号	1.00	1.03	1.07	1.09	1.08	1.05
		7 号	0.99	1.06	1.09	1.10	1.09	1.06
		8 号	1.00	1.07	1.08	1.07	1.07	1.06
		9 号	0.98	1.05	1.09	1.09	1.09	1.06
		平均	0.99	1.05	1.08	1.09	1.09	1.06
方案二	D2 隔板，厚度 30cm，底坡 1:50.6	5 号	0.89	0.95	1.01	1.03	1.05	0.98
		6 号	0.88	0.93	0.97	1.04	1.03	0.97
		7 号	0.87	0.99	0.99	1.05	1.03	0.99
		8 号	0.89	0.99	1.02	1.10	1.05	1.01
		9 号	0.93	1.02	1.05	1.07	1.05	1.02
		平均	0.89	0.97	1.01	1.05	1.04	0.99
	D3 隔板，厚度 30cm，底坡 1:50.6	5 号	0.82	0.95	0.95	1.03	1.03	0.95
		6 号	0.81	0.89	0.94	1.02	1.01	0.93
		7 号	0.80	0.90	0.94	0.97	0.99	0.92
		8 号	0.81	0.91	0.95	1.02	1.04	0.95
		9 号	0.80	0.91	1.01	1.00	1.01	0.94
		平均	0.81	0.91	0.96	1.00	1.02	0.94
方案三	D3 隔板，厚度 30cm，底坡 1:60	5 号	0.76	0.84	0.90	0.90	0.89	0.86
		6 号	0.75	0.84	0.82	0.84	0.85	0.82
		7 号	0.71	0.82	0.85	0.84	0.80	0.81
		8 号	0.70	0.81	0.85	0.89	0.88	0.83
		9 号	0.75	0.87	0.89	0.91	0.82	0.85
		平均	0.73	0.84	0.86	0.88	0.85	0.83

存在，使得从竖缝下泄水流的部分主流直接流入下一隔板过鱼孔，导致孔口流速加大；③隔板的过鱼孔处，孔口两侧水流收缩明显，孔口水面有明显跌落，导致孔口断面流速偏大，实测最大达 1.26m/s，平均流速 1.19m/s，不能满足设计要求；④用实测的隔板孔口平均流速，计算该型式隔板流速系数为 0.99。A 型隔板水流流态见图 3.61。

2）B 型隔板：①竖孔表面水流流向明确，主流顺畅，隔板下游两侧水池壁表面回流范围较小，强度较弱；②去除纵向导隔板改善了鱼池流态，但通过竖缝下泄的水流在水池内扩散仍不理想，没有充分利用水池的宽度；③隔板的过鱼孔处，孔口水流收缩仍然明显，孔口水面有明显跌落，孔口断面流速偏大，实测最大达 1.18m/s，平均流速 1.13m/s，不能满足设计要求；④用实测的隔板孔口平均流速，计算该型式隔板流速系数为 0.96。B 型隔板水流流态见图 3.62。

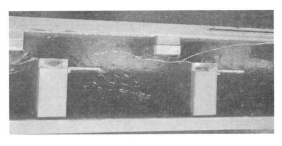

图 3.61　A 型隔板水流流态（参见文后彩图）　图 3.62　B 型隔板水流流态（参见文后彩图）

　　3）C 型隔板：①C 型有两种型式，竖孔表面水流流向较为明确，主流顺畅，隔板下游两侧水池壁表面回流范围较小，强度较弱；②隔板头部修圆、横向导板头部设置 40°导流角作用明显，孔口水流收缩现象得到较大的改善，水流在水池内扩散较好，但从竖缝下泄流量较前两种隔板大，C1 型、C2 型隔板孔口最大流速均有所增大，分别为 1.26m/s、1.24m/s，平均流速为 1.19m/s、1.13m/s，同样不能满足设计要求；③以最大流速比较，C2 型稍优于 C1 型；主要原因是 C1 型增加纵向导隔板试图增长水流的行进路线，但未能实现，反而在纵向导隔板头部形成局部水流所致，也给上溯鱼类形成局部障碍；④用实测的隔板孔口平均流速，计算 C1 型、C2 型式隔板流速系数分别为 0.99、0.96。C 型隔板水流流态见图 3.63。

(a) C1 型　　　　　　　　　　　　　　　　(b) C2 型

图 3.63　C 型隔板水流流态（参见文后彩图）

　　（2）方案二。

　　D 型隔板。由 C 型隔板试验可知：虽然孔口、水池内水流流态得到了改善，但孔口流速有所增大。因此，仍在 B 型隔板的基础上，将 60cm 厚的隔板改为 30cm，横向导板长度改为 70cm，并在其头部设置 30°导流角。水池长度由原来 3.6m 改为 3.3m，水池净长不变，这样每级水池水头由原先的 0.071m 降至 0.065m。另外，改变了三种不同的横隔板与横向导板的距离，两者间距分别为 25cm、32cm、40cm，分别为 D1 型、D2 型、D3 型。各方案水流流态见图 3.64，表现为：①D 型隔板各种型式下，竖缝孔流出的水流流向明确，主流顺畅，导流效果明显，水流在水池内成 S 形流向，水表面两侧回流范围较小，水流较平稳；②隔板孔口表面跌落较小，横隔板侧水流有局部收缩绕流，孔口主流贴近横向导板，流速分布趋势，横向导板侧大，横隔板侧小，随两隔板间距离增大，靠横隔板侧小流速区增大，但贴近横向导板流速不会因此而减小；③实测的隔板孔口平均流速，

D1 型、D2 型、D3 型分别为 1.06m/s、0.99m/s、0.94m/s，不能满足设计要求；④用实测的隔板孔口平均流速，计算 D1 型、D2 型、D3 型隔板流速系数为 0.98、0.92、0.83。

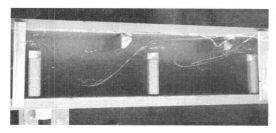
(a) D1 型

(b) D2 型

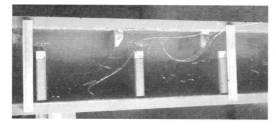
(c) D3 型（底坡 1：50.6）

图 3.64　D 型隔板水流流态（参见文后彩图）

（3）方案三。

尽管对隔板的型式进行了较为全面的修改和调整，但隔板过鱼孔的流速仍未达到设计要求。对比分析研究国内其他水流类似要求的鱼道发现，鱼梁鱼道底坡值相对较大，为此拟调整鱼道底坡，并在与设计单位进行协商后，将其底坡 1：50.6 调整为 1：60。隔板型式则采用全面优化后的 D3 型隔板。

由于底坡由 1：50.6 调整为 1：60，因此每级水池水头由 0.065m 降至 0.055m，这样水流流速得到明显的下降。其水流流态见图 3.65，表现为：①通过隔板竖缝的孔口流出的水流流向明确，主流顺畅，导流效果明显，水流在水池内成 S 形流向，水表面两侧回流范围较小，水流较平稳；②隔板孔口表面跌落较小，横隔板侧水流有局部收缩绕流，孔口主流贴近横向

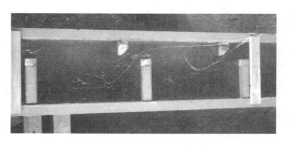

图 3.65　D3 型隔板（底坡 1：60）水流流态（参见文后彩图）

导板，流速分布趋势，横向导板侧大，横隔板侧小，随两隔板间距离增大，靠横隔板侧小流速区增大，但贴近横向导板流速不会因此而减小；③上一隔板竖缝的水流，经横向导板导流，水流在鱼池中扩散，绕回到下一隔板竖缝，故孔口流速较小，平均流速为 0.83m/s，满足设计要求；④用实测的隔板孔口平均流速，计算该型式隔板流速系数为 0.80。

3.3.5.5 整体模型试验

模型按重力相似准则设计，几何比尺 $L_r=15$；速度比尺 $L_v=L_r^{1/2}\approx3.87$；流量比尺 $L_Q=L_r^{5/2}\approx871$。模型用塑料板制作，长度约 26m，有一个 180°平底的弯道，共布置了 110 块隔板（自进鱼口到上游出口以 1～110 编号）。根据局部模型试验结果，采用 D3 型隔板，即隔板均为竖缝式隔板中的单侧导竖式。

1. 试验工况

水位组合条件分为三种类型，试验工况见表 3.31。

表 3.31   试 验 工 况

类 型	上游水位/m	下游水位/m	备 注
上游最高水位、下游最低水位	99.50	88.75	试验工况 1
上游最低水位、下游最低水位	98.00	88.75	试验工况 2
上游最低水位、下游最高水位	98.00	90.75	试验工况 3

2. 试验成果

（1）工况 1 鱼道槽身的水力条件。

工况 1 鱼道的运行水头为 10.75m，鱼道沿程水深均为 2.7m，在该条件下测量了 12 块隔板过鱼孔流速和水深，每块隔板实测 5 个测点，结果见表 3.32 和图 3.66。

表 3.32   工况 1 各隔板各测点实测流速   单位：m/s

隔板号	实 测 流 速				
	测点①	测点②	测点③	测点④	测点⑤
1 号	0.88	0.89	0.87	0.84	0.88
10 号	0.84	0.87	0.85	0.80	0.81
20 号	0.89	0.84	0.89	0.81	0.87
30 号	0.88	0.85	0.87	0.88	0.89
40 号	0.89	0.89	0.89	0.88	0.89
50 号	0.89	0.88	0.87	0.87	0.82
56 号	0.89	0.83	0.89	0.88	0.86
65 号	0.79	0.81	0.85	0.85	0.84
75 号	0.89	0.87	0.89	0.88	0.88
85 号	0.82	0.89	0.89	0.87	0.87
95 号	0.86	0.89	0.89	0.89	0.89
105 号	0.89	0.89	0.87	0.86	0.86
平均	0.87	0.87	0.88	0.86	0.86

由表 3.32 和图 3.66 可见：①竖孔各测点（①、②、③、④、⑤）流速和水深，自上而

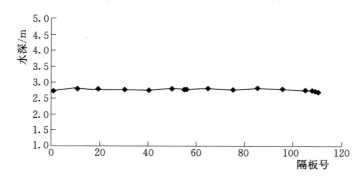

图 3.66　试验工况 1 鱼道槽身水深沿程变化

下增大的趋势均不明显。究其原因，由于鱼道每块隔板水头差不大，底坡较缓（1:60），水池较大（3.0m×3.3m），隔板型式较为合理，表示水流消能较为充分，能量自上而下积聚并不明显，故流速自上而下增大的趋势不明显。②对比局部模型实测流速资料，整体模型实测流速普遍偏大 8% 左右。除量测误差外，主要因为整体模型隔板的过鱼孔尺度较小，小流速仪测速头直径已达 1cm，各占孔宽度、高度的 10%～20%，故实测流速偏大。③鱼道下泄流量为 0.87m³/s。

因此，对于工况 1 而言，推荐的隔板型式和现在的鱼道槽身布置可以满足设计要求。

（2）工况 2 鱼道槽身的水力条件。

在工况 2 条件下也测量了 12 块隔板过鱼孔流速和水深，结果见表 3.33 和图 3.67。

表 3.33　　　　　　　　　　工况 2 各测点各测点实测流速　　　　　　　单位：m/s

隔板号	实　测　流　速				
	测点①	测点②	测点③	测点④	测点⑤
1 号	0.37	0.35	0.34	0.36	0.33
10 号	0.44	0.36	0.35	0.37	—
20 号	0.63	0.66	0.65	—	—
30 号	0.68	0.72	0.69	—	—
40 号	0.70	0.77	0.76	—	—
50 号	0.84	0.83	0.80	—	—
56 号	0.87	0.87	—	—	—
65 号	0.84	0.85	—	—	—
75 号	0.87	0.86	—	—	—
85 号	0.87	0.87	—	—	—
95 号	0.86	0.87	—	—	—
105 号	0.87	0.87	—	—	—
平均	0.74	0.74	0.60	0.36	0.33

注　"—"表示此测点已经在水面以上。

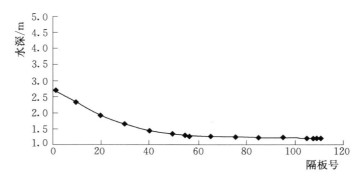

图 3.67　试验工况 2 鱼道槽身水深沿程变化

由表 3.33 和图 3.67 可见：工况 2 上游水位 98.00m，下游水位 88.75m 条件下，上游出口处隔板前的水深仅为 1.2m，但下游进口处隔板前水深仍为 2.7m，下游水位的顶托作用增加，同时下游隔板的过鱼孔面积比上游的大，因此上游端的隔板过鱼孔流速与工况 1 类似，而下游端隔板的过鱼孔流速减小。此时鱼道下泄的流量为 0.36m³/s。故推荐的隔板型式和现在的鱼道槽身布置是可以满足设计要求的。

（3）工况 3 鱼道槽身的水力条件。

在工况 3 条件下同样测量了 12 块隔板过鱼孔流速和水深，结果见表 3.34 和图 3.68。

表 3.34　　　　　　　　　工况 3 各隔板各测点实测流速　　　　　　　　单位：m/s

隔板号	实 测 流 速				
	测点①	测点②	测点③	测点④	测点⑤
1 号	流速太小	流速太小	流速太小	流速太小	流速太小
10 号	流速太小	流速太小	流速太小	流速太小	流速太小
20 号	流速太小	流速太小	流速太小	流速太小	流速太小
30 号	0.23	0.23	0.21	0.22	0.21
40 号	0.26	0.43	0.42	0.45	0.41
50 号	0.45	0.44	0.43	0.43	0.44
56 号	0.50	0.54	0.52	0.53	—
65 号	0.55	0.57	0.56	—	—
75 号	0.68	0.64	0.65	—	—
85 号	0.70	0.74	0.64	—	—
95 号	0.80	0.81	0.79	—	—
105 号	0.81	0.83	—	—	—
平均	0.56	0.58	0.53	0.41	0.35

注　"—"表示此测点已经在水面以上。

由于下游水位的上升，下游顶高程低于 90.75m 的隔板被淹没，因此进鱼口以及被淹没隔板的过鱼孔流速有明显的下降。见表 3.34，10 号隔板以下基本上测不到流速，30 号隔板以下过鱼孔流速小于 0.30m/s。此时鱼道下泄的流量为 0.35m³/s。

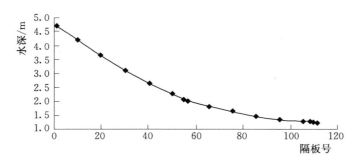

图 3.68 试验工况 3 鱼道槽身水深沿程变化

当鱼道内无明确主流时，鱼类就会迷失上溯方向，因而需要对鱼道下游端隔板进行调整。参考已建鱼道经验，将进口处被淹没的部分隔板增高，并在增高部分设置两个过鱼孔，以便活动于中上层鱼类上溯。下游端隔板增高布置见图 3.69。下游端隔板需要增加的高度（图中 h_i）应适当留有富余，防止水面波浪。增设的过鱼孔高度（图中 d_i）为：1～10 号隔板 $d_i = 1.20\text{m}$、11～20 号隔板 $d_i = 0.90\text{m}$、21～30 号隔板 $d_i = 0.60\text{m}$、31～40 号隔板 $d_i = 0.35\text{m}$，其余隔板增高后无需增设过鱼孔。

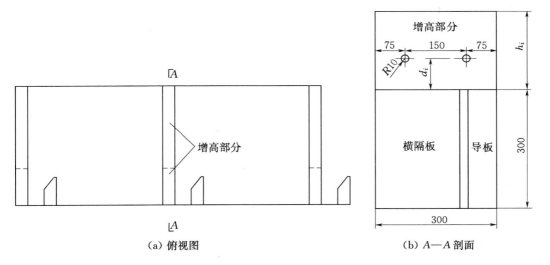

(a) 俯视图   (b) A—A 剖面

图 3.69 下游端隔板增高布置（单位：cm）

（4）调整下游端隔板后鱼道槽身的水力条件。

通过上述调整后，又对工况 3（98.0～90.75m 水位组合）及增加工况 4（99.5～90.75m 水位组合）分别进行了试验。工况 3 主要研究隔板孔口流速，工况 4 主要研究隔板前水深，确定需要增高的隔板数。

工况 3 的隔板孔口流速及水深见表 3.35 和图 3.70。由表 3.35 和图 3.70 可见，调整布置后原下游端被淹没的部分隔板孔口流速得到了明显的提高，1～30 号隔板孔口流速大于 0.2m/s（基本处于鱼喜欢的流速范围），而 40 号隔板以上孔口流速大于 0.4m/s。因此，经过调整后的鱼道隔板孔口流速可以满足设计要求。

表 3.35　　　　　　　　　　　　　调整布置后工况 3 各隔板各测点实测流速　　　　　　　　　　　　　单位：m/s

隔板号	实 测 流 速				
	测点①	测点②	测点③	测点④	测点⑤
1 号	0.26	0.28	0.28	0.29	0.27
10 号	0.27	0.29	0.30	0.26	0.27
20 号	0.29	0.30	0.30	0.30	0.29
30 号	0.25	0.26	0.27	0.29	0.25
40 号	0.27	0.40	0.40	0.40	0.40
50 号	0.31	0.46	0.45	0.43	0.42
56 号	0.41	0.40	0.49	0.42	—
65 号	0.53	0.60	0.49	—	—
75 号	0.69	0.64	0.63	—	—
85 号	0.77	0.75	0.79	—	—
95 号	0.81	0.77	—	—	—
105 号	0.74	0.79	—	—	—
平均	0.47	0.50	0.44	0.34	0.32

注　"—"表示此测点已经在水面以上。

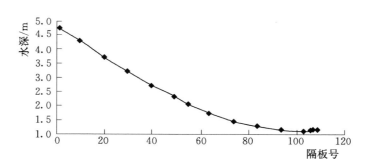

图 3.70　调整布置后试验工况 3 鱼道槽身水深沿程变化

工况 4 的隔板孔口流速和水深见表 3.36 和图 3.71。可见，鱼道各孔口流速满足设计要求。

表 3.36　　　　　　　　　　　　　调整布置后工况 4 各隔板各测点实测流速　　　　　　　　　　　　　单位：m/s

隔板号	实 测 流 速				
	测点①	测点②	测点③	测点④	测点⑤
1 号	0.68	0.66	0.61	0.59	0.61
10 号	0.60	0.74	0.75	0.69	0.60
20 号	0.59	0.69	0.69	0.65	0.63
30 号	0.55	0.61	0.65	0.67	0.67
40 号	0.64	0.71	0.78	0.78	0.77

隔板号	实测流速				
	测点①	测点②	测点③	测点④	测点⑤
50 号	0.64	0.74	0.66	0.75	0.70
56 号	0.67	0.73	0.68	0.72	0.67
65 号	0.78	0.71	0.74	0.76	0.83
75 号	0.81	0.75	0.75	0.74	0.62
85 号	0.83	0.81	0.81	0.77	0.75
95 号	0.84	0.79	0.71	0.66	0.81
105 号	0.76	0.75	0.73	0.66	0.78
平均	0.70	0.72	0.71	0.70	0.70

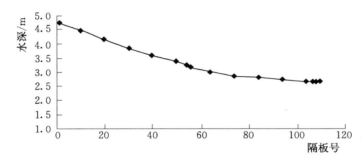

图 3.71 调整布置后试验工况 4 鱼道槽身水深沿程变化

两种工况下隔板前水深见图 3.70、图 3.71 和表 3.37。可知，工况 4 被淹没的隔板多于工况 3，淹没最深的 1 号隔板深达 1.70m，淹没最少为 65 号隔板为 0.02m，直至 69 号隔板方为齐平，故有 70 块隔板需要增高。

表 3.37　　　　　　　　　调整布置后工况 3、工况 4 隔板前水深　　　　　　　　单位：m

组次	水深												
	1 号隔板	10 号隔板	20 号隔板	30 号隔板	40 号隔板	50 号隔板	56 号隔板	65 号隔板	75 号隔板	85 号隔板	95 号隔板	105 号隔板	110 号隔板
1	4.70	4.23	3.68	3.18	2.72	2.33	2.06	1.76	1.47	1.31	1.20	1.19	1.20
2	4.70	4.44	4.11	3.84	3.57	3.38	3.18	3.02	2.85	2.79	2.76	2.72	2.70

注　组次 1 为工况 3；组次 2 为工况 4。

3. 进一步减小过鱼孔流速的措施

该鱼道过鱼孔尺度较大，在设计水深 2.7m 时，隔板过鱼孔面积约占鱼道槽身横断面积的 21%。

若再需减低过鱼孔流速，有两种途径：①在水池长度不变时，减缓底坡，减小每块隔板的水头差，增加隔板块数，直接降低过鱼孔流速；②增加鱼道全程糙率。

上述途径①，必然增加鱼道长度，增加工程量，而且增加了在现场布置中的困难，是既不经济也不合理的，地形条件也不允许。上述途径②是可以采用的既合理又经济的方案。

需指出，模型是用塑料板制成的，按照重力相似准则，糙率 n 的相似准则是：$n_r = L_r^{1/6}$，本鱼道局部模型比尺是 $1:8$，故

$$n_r = 8^{1/6} \approx 1.414$$

而塑料板的糙率是 0.0086。要求原型鱼道槽身糙率为

$$n = 0.0086 \times 1.414 \approx 0.0122$$

这与混凝土的糙率基本相同，即原型鱼道若用混凝土浇筑槽身，原型和模型流速是满足相似准则的。而浆砌块石的糙率为 $0.017 \sim 0.027$，大于混凝土的糙率 50%，故若采用浆砌块石砌筑鱼道槽身，综合流速系数 φ 值将进一步减小，过鱼孔流速也会进一步减小。因此建议鱼道槽身部分采用浆砌块石铺砌，水池底部可采用鹅卵石铺底。

3.4

西江流域鱼类保护专家系统

3.4.1 系统的定义与功能

在鱼道的设计和建设中,最关键的两个问题是鱼类的行为特征和鱼道类型的选择。通常这两个问题直接影响鱼道建设的成败。①鱼类的分布有其固有规律,在不同的流域中有相同的种类也有很多不同的种类。例如,在珠江和长江中都分布有中华鲟,而新疆高原鳅只分布在新疆地区。鱼类行为数据的整理分类并且与流域信息进行有机整合,建立基于地理信息系统的鱼类资源数据库系统,能够帮助设计部门和科研部门准确分析过鱼对象并且获取对象的过鱼时间、特征游泳速度等关键生物信息。②不同流域河流特征各不相同,其鱼道类型的选择要考虑当地的地理、环境等相关因素,尤其是同一河流上下游之间鱼道设计参数的相互衔接,对整个流域的鱼类资源保护具有重要意义。③河流中关键栖息地的分布及其环境特征数据的收集和有效存储,是进一步进行栖息地修复的数据基础。鱼类资源保护专家系统正是为了满足以上需求而建立的。

水利工程鱼类资源保护专家系统是对鱼类生理特征参数进行标准化处理的基础上,运用数据库技术、地理信息技术等现代先进计算机技术构建基于 Internet 的流域水生物过坝技术网络数据库和专家库,为水利工程中的鱼类保护措施研究提供信息检索及技术支撑服务,并能实现数据共享,提高观测数据的使用率,有利于把科研成果推向社会。

鱼类资源保护专家系统具有以下功能:

(1) 信息功能。通过理论分析、信息采集等方法对流域洄游性水生生物生理特性参数进行标准化处理,生理特征参数包括:个体大小、洄游季节、洄游规律、游泳能力、栖息水层、生殖方式等,提供流域内鱼类种类的分布信息。

(2) 查询功能。构建基于地理信息系统的典型水生物的空间数据库框架和基于地理信息系统的过坝技术的空间数据库框架,提供流域内水利工程及其过坝技术信息的查询。

(3) 决策功能。鱼类保护措施专家决策系统可根据水利枢纽、水生生物及其他设计参数智能推荐 2~3 种水生物过坝比较方案。

(4) 人机互动功能。建立的典型过鱼技术资料数据库和专家库建立提供 Internet 访问接口,实现互联网查询、检索相关数据信息。

3.4.2 流域概况

西江水系是珠江流域第一大水系,约占整个珠江流域面积的 80%。西江以南盘江为主源，发源于云南省曲靖市沾益县境内乌蒙山脉的马雄山东麓，自东向西蜿蜒流经云南、贵州、广西、广东，在广东省珠海市磨刀门洪湾企人石流入南海，全长 2214km，平均坡降为 0.58‰，集水面积为 353120km²。西江较大支流为郁江、柳江、北流河、桂江、贺江、罗定江、新兴江。

西江源头分布着许多高原湖泊，主要有抚仙湖、星云湖、阳宗海、杞麓湖、异龙湖、大屯海、长桥海。这些湖泊总面积为 388km²，控制集水面积 2742km²，多年平均来水量 6.17 亿 m³。湖水多清澈碧绿，透明度较大，其中抚仙湖达到了 7.0～8.5m，星云湖约 1.5m，由于湖泊多在二叠纪石灰岩断层陷落地带，故 pH 值较高，微碱性，硬度较高。水温较高，夏季约 20℃，冬季在 10℃上下，表层和底层水温相差则较大，温度渐渐变化，未发现温跃层，从水温情况来看，十分适宜于各种水生生物繁殖。

西江干流各河段名称不同。南盘江、北盘江在贵州省蔗香双江口会合后称红水河。红水河东南流至石龙，和柳江会合后称黔江。黔江在桂平和郁江会合后称为浔江。浔江向下流到蒙江镇会合蒙江，藤县会合北流河（又名容江），到梧州会合桂江（又名漓江或者抚河），其后进入广东省境内，称为西江。

3.4.3 基础数据

3.4.3.1 主要经济型鱼类和珍贵鱼类

西江是珠江鱼类的重要繁殖场所，有 200 多种鱼类，主要经济鱼类及珍贵鱼类约 40 种，分属于洄游、半洄游以及缓流性等，见表 3.38。

表 3.38　　　　　　　　　　　西江流域主要经济鱼类及珍贵苗类分布

目	科	鱼 名	分 布
鲼形目	魟科	赤魟	黔江、浔江、红水河、左江、右江、郁江、柳江、西江
鲟形目	鲟科	中华鲟	西江
鲱形目	鲱科	鲥	黔江、浔江、红水河、西江
	鳀科	七丝鲚	黔江、浔江、红水河、左江、右江、郁江、柳江、桂江、西江
鲑形目	银鱼科	白肌银鱼	黔江、浔江、红水河、左江、右江、郁江、桂江、西江
鳗鲡目	鳗鲡科	鳗鲡	黔江、浔江、红水河、左江、右江、郁江、桂江、西江
鲤形目	鲤科	青鱼	南盘江（云南）、西洋江、星云湖、杞麓湖、黔江、浔江、红水河、左江、右江、郁江、柳江、桂江、西江
		草鱼	南盘江（云南）、星云湖、杞麓湖、大屯海、异龙湖、阳宗海、都柳江、黔江、浔江、红水河、左江、右江、郁江、柳江、桂江、西江
		鲸	西洋江、黔江、浔江、红水河、左江、右江、郁江、西江
		赤眼鳟	黔江、浔江、红水河、左江、右江、郁江、柳江、桂江、西江
		鳡	都柳江、黔江、浔江、红水河、左江、右江、郁江、柳江、西江
		鳤	西洋江、黔江、浔江、红水河、左江、右江、郁江、柳江、桂江、西江
		蒙古红鲌	左江、右江、郁江、柳江、西江
		翘嘴红鲌	都柳江、黔江、浔江、红水河、左江、右江、郁江、柳江、西江
		鳊	黔江、浔江、红水河、左江、右江、郁江、柳江、桂江、西江

目	科	鱼 名	分 布
鲤形目	鲤科	细鳞斜颌鲴	左江、右江、郁江、柳江、西江
		花鲭	南盘江（云南）、都柳江、北盘江、黔江、浔江、红水河、左江、右江、郁江、柳江、桂江
		倒刺鲃	西洋江、都柳江、北盘江、黔江、浔江、红水河、左江、右江、郁江、柳江、桂江、西江
		似鳡	西洋江、异龙湖、阳宗海、黔江、浔江、红水河、左江、右江、郁江、柳江、桂江、西江
		南方白甲鱼	南盘江（云南）、西洋江、都柳江、北盘江、南盘江（贵州）、黔江、浔江、红水河、左江、右江、郁江、柳江、桂江、西江
		瓣结鱼	南盘江（云南）、西洋江、都柳江、北盘江、黔江、浔江、红水河、左江、右江、郁江、柳江、桂江、西江
		叶结鱼	西洋江、北盘江、左江、右江、郁江、柳江、桂江
		唇鱼	南盘江（云南）、西洋江、黔江、浔江、红水河、左江、右江、郁江、柳江、桂江
		鲮	南盘江（云南）、黔江、浔江、红水河、左江、右江、郁江、柳江、桂江、西江
		桂华鲮	南盘江（云南）、都柳江、南盘江（贵州）、左江、右江、郁江、柳江、桂江
		卷口鱼	南盘江（云南）、西洋江、北盘江、黔江、浔江、红水河、左江、右江、郁江、柳江、西江
		乌原鲤	西洋江、北盘江、黔江、浔江、红水河、左江、右江、郁江、柳江、桂江、西江
		华南鲤	南盘江（云南）、西洋江、星云湖、抚仙湖、杞麓湖、大屯海、异龙湖、阳宗海、西江
		刺鲃	南盘江（云南）、都柳江、北盘江、黔江、浔江、红水河、左江、右江、郁江、柳江、桂江、西江
		鲫	南盘江（云南）、西洋江、星云湖、抚仙湖、杞麓湖、大屯海、异龙湖、阳宗海、都柳江、黔江、浔江、红水河、左江、右江、郁江、柳江、西江
		鳙	南盘江（云南）、星云湖、杞麓湖、大屯海、异龙湖、黔江、浔江、红水河、左江、右江、郁江、柳江、桂江、西江
		鲢	西江
鲇形目	鲇科	鲇	南盘江（云南）、抚仙湖、杞麓湖、都柳江、北盘江、南盘江（贵州）、黔江、浔江、红水河、左江、右江、郁江、柳江、桂江、西江
	长臀鮠科	长臀鮠	西洋江、北盘江、黔江、浔江、红水河、左江、右江、郁江、柳江、桂江、西江
	鲿科	斑鳠	北盘江、黔江、浔江、红水河、左江、右江、郁江、柳江、桂江、西江
		大鳍鳠	都柳江、黔江、浔江、红水河、左江、右江、郁江、柳江、桂江
鲈形目	鮨科	鲈	黔江、浔江、红水河、西江
		大眼鳜	西洋江、都柳江、黔江、浔江、红水河、左江、右江、郁江、柳江、桂江、西江
	鳢科	斑鳢	黔江、浔江、红水河、西江
鲽形目	舌鳎	三线舌鳎	黔江、浔江、红水河、左江、右江、郁江、柳江、桂江、西江

3.4.3.2 鱼类特征参数的标准化

鱼类特征参数的标准化是指将鱼的形态特征、生活习性、行为特征、洄游性、繁殖特征进行标准化描述。在整个数据收集和整理的过程中，对描述性数据和测得数据采用统一的词语进行描述。建立名词对照表，对于阐述同一个概念的不同词语进行统一收录并在系统中建立索引，采用相同语义的词语在系统内检索均可获得一致的检索结果。表 3.39 中列举了特征参数标准化的部分内容。

表 3.39　　　　　　　　　　　　　特征参数标准化示意表

类别	标准化名词	定　义	同义词1	同义词2	同义词3
形态特征	纺锤形	这种体形的鱼类，头、尾稍尖，身体中段较粗大，其横断面呈椭圆形，侧视呈纺锤状，如草鱼、鲤鱼、鲫鱼等。这种体形的鱼类适于在静水或流水中快速游泳活动	梭形		
	侧扁形	鱼体较短，两侧很扁而背腹轴高，侧视略呈菱形。这种体形的鱼类，通常适于在较平静或缓流的水体中活动，如鳊鱼、团头鲂等属此类型			
	圆筒形	鱼体延长，其横断面呈圆形，侧视呈棍棒状，如鳗鲡、黄鳝等属此种类型。这种体形的鱼类多底栖，善穿洞或穴居生活	棍棒形		
	体长	从下颚的前端到尾鳍的根部的长度，记录有记载的成鱼最大最小体长，单位为 mm	标准体长		
	全长	从口的前端到尾鳍末端的长度，单位为 mm			
	体高	测定背鳍前端至腹部前基部的垂直高度，单位为 mm			
	吻长	从吻端到眼圈前缘的长度，单位为 mm			
	尾长	从尾柄末端到尾鳍末端，单位为 mm			
	眼径	眼圈的直径，包括瞳孔周围发亮的地方，单位为 mm			
	头长	从吻到鳃盖后缘，单位为 mm			
	尾柄高	尾鳍的鳍背根上部至下部的高度，单位为 mm			
	尾柄长	臀鳍末端到尾鳍根的长度，单位为 mm			
	体重	鱼体离开水后称量的体重，单位为 g			
生活习性	上层	喜好生活在上层水体的鱼类一般口在上位，并且对流水声音等较为敏感	表层		
	底层	喜好生活在底层水体的鱼类一般口在下位，并且对河床底质有一定的偏好性	趋底		
鱼类行为学	感应流速	感应流速指能够使鱼类产生趋流反应的流速值，感应流速通常以鱼类游动方向的改变为指示标准	感应泳速	感应游泳速度	
	临界游泳速度	耐久游泳速度的最大值被命名为临界游速，是鱼类在某一特定时期内所能维持的最大速度	喜好游泳速度	偏好游泳速度	巡航游泳速度
	突进游泳速度	突进游泳速度指鱼类在较短时间内（<20s）达到的最大游泳速度			
	猝发游泳速度	猝发游泳速度指鱼类在极短时间（<2s）内达到的最大游泳速度，通常在捕食和紧急避险时使用			
	持续游泳时间	耐久游泳速度的一个重要指标，指在特定流速下鱼类可以维持的游泳时间			

表 3.40 总结了西江主要鱼类的栖息水层、洄游性、卵的属性、繁殖期、体长、耐久游泳速度以及突进游泳速度等生理特征参数，作为西江流域鱼类空间查询系统及过鱼技术数据库和专家库的基础。

表 3.40　　　　　　　　　　　　　　　　西江鱼类参数标准化表

序号	鱼类名称	生活习性		繁殖特征		形态特征	行为特征	
		栖息水层	洄游性	卵的属性	繁殖期	体长范围 /mm	耐久游泳速度 /(m/s)	突进游泳速度 /(m/s)
1	赤魟	底栖	半洄游性	卵胎生	秋季	75~285		
2	中华鲟	底部	洄游	黏性卵、沉性	3月中旬至4月上旬	124~2700	1.0~1.2	1.5~2.5
3	鲥	中上层	洄游性	油质漂流性卵	6—7月	225~490		
4	七丝鲚		洄游性	油质浮性卵	5—7月	94~262		
5	白肌银鱼	中上层	洄游性	缠性卵		86~186		
6	鳗鲡	底栖	洄游性		春季和夏季	221~440		
7	青鱼	中下层	半洄游性	大卵周隙漂流性卵	5—7月	147~149	0.3~0.5	1.3
8	草鱼	中下层	半洄游性	大卵周隙漂流性卵	4—7月	175~183	0.3~0.5	1.2
9	鯮	中下层	半洄游性	大卵周隙漂流性卵	4—7月	299		
10	赤眼鳟	中层	半洄游性	大卵周隙漂流性卵	6—7月	119~200		
11	鳤	中上层	半洄游性	大卵周隙漂流性卵	4—6月	269		
12	鳡		半洄游性	大卵周隙漂流性卵	4—6月	183~324		
13	蒙古红鲌	中上层	半洄游性	微黏质漂流性卵	5—7月			
14	翘嘴红鲌	中上层	半洄游性	微黏质漂流性卵	6—7月			
15	鳊	中下层	半洄游性	大卵周隙漂流性卵	5—8月	72~263		
16	细鳞斜颌鲴		半洄游性	微黏质漂流性卵	4—6月			

序号	鱼类名称	生活习性		繁殖特征		形态特征	行为特征	
		栖息水层	洄游性	卵的属性	繁殖期	体长范围/mm	耐久游泳速度/(m/s)	突进游泳速度/(m/s)
17	花鲭	中下层		缠挂卵	4—5月	88～150		
18	倒刺鲃	中下层	半洄游性	大卵周隙漂流性卵	4—6月	90～420		
19	似鳡	中上层	半洄游性	黏沉性卵	春季至夏初	134～350		
20	南方白甲鱼	中下层	半洄游性	黏沉性卵	4月底至6月	105～300		
21	瓣结鱼	中下层	半洄游性	黏沉性卵	6—7月	125～170		
22	叶结鱼	中下层	半洄游性	黏沉性卵	3—4月	95～119		
23	唇鱼	中下层	半洄游性	黏沉性卵	2—5月			
24	鲮	底层	半洄游性	大卵周隙漂流性卵	4—9月	102～325		
25	桂华鲮	底层	半洄游性	黏沉性卵	3—4月	76～273		
26	卷口鱼	底层	半洄游性	黏沉性卵	4—9月	95～270		
27	乌原鲤	中下层	半洄游性	黏沉性卵	11月至次年1月	50～380		
28	华南鲤			黏草性卵	12月至次年1月			
29	刺鲃	中下层	半洄游性	黏沉性卵	4—5月	68～247		
30	鲫	各种环境		黏草性卵	3—7月	87～172		
31	鳙	中上层	半洄游性	大卵周隙漂流性卵	4—7月	102～328	0.3～0.5	1.2～1.9
32	鲢	中上层	半洄游性	大卵周隙漂流性卵	4月中旬至7月上旬	172～364	0.3～0.5	1.2～1.9
33	鲇	中下层		黏草性卵	4—6月	262～456		
34	长臀鮠	底层		黏沉性卵		194～366		
35	斑鳠	底栖	半洄游性	黏沉性卵	4—6月	56～557		
36	大鳍鳠	底层	半洄游性	黏沉性卵	6—7月	68～289		
37	鲈		洄游性			200～500		
38	大眼鳜		半洄游性	漂流性卵	5—7	106～318		
39	斑鳢	底栖		悬浮卵	4—7月	112～214		
40	三线舌鳎	底栖	洄游性			112～219		

注 表中体长数据来自《珠江鱼类志》（陈宜瑜等，1989）。

3.4.3.3 主要水利枢纽工程

西江水利梯级开发较为密布，一般每隔 50～100km，少数隔 200～300km 设坝一座。随着西江水系的开发，西江干流从上游到下游分别有天生桥一级水电站（坝盘高坝）、天生桥二级水电站（坝索低坝）、平班水电站、龙滩水电站、岩滩水电站、大化水电站、百龙滩水电站、恶滩水电站、桥巩水电站、大藤峡水电站、长洲水利枢纽等主要水利工程设施。西江水系水利工程见表3.41。

表 3.41　西江水系水利工程

工程名称	所在河流	总库容/亿 m³	装机容量/MW	年发电量/（亿 kW·h）
天生桥一级水电站	南盘江	102.6	1200	52.26
天生桥二级水电站	南盘江	0.26	1320	82
平班水电站	南盘江	2.78	405	16.03
龙滩水电站	红水河	273	6300	187
岩滩水电站	红水河	26	1210（一期）	75.47
大化水电站	红水河	9.64	600	33.19
百龙滩水电站	红水河	3.4	192	13.35
恶滩水电站	红水河	9.5	600	34.95
桥巩水电站	红水河	1.91	456	24.01
大藤峡水电站	黔江	34.3	1600	61.3
长洲水利枢纽	浔江	56	630	30.14
瓦村水电站	右江	5.36	230	6.996
百色水利枢纽	右江	56.6	540	16.9
鱼梁航运枢纽（在建）	右江	6.11	60	2.31
那吉航运枢纽	右江	1.83	66	
金鸡滩水电站	右江	2.309	72	3.343
老口航运枢纽	郁江	22.4	170	
左江水利枢纽	左江	7.16	72	3.136
山秀水电站	左江	6.063	78	3.52
西津水电站	郁江	14	234.4	109.91
贵港航运枢纽	郁江	3.72	120	6.92
桂平航运枢纽	郁江		46.5	
麻石水电站	融江	2.875	100	
浮石水电站	融江	4.5	54	2.878
古顶水电站	融江	0.04	80	1.34
大埔水电站	融江	5.25	90	4.6
红花水电站	柳江	5.7	228	9.02
巴江口水电站	桂江	2.163	90	4.276
昭平水电站	桂江		63	3.05
下福水利枢纽	桂江	0.99	49.5	2.0494
金牛坪水电站	桂江		60	2.416
京南水电站	桂江	2.4	69	2.88
旺村水利枢纽	桂江	1	60	2.37

3.4.3.4 主要过鱼设施

西江流域主要大型水利工程广西郁江老口航运枢纽工程、广西右江鱼梁航运枢纽工程和长洲水利枢纽工程的过鱼设施均采用鱼道的型式。鱼道相关参数可参见 3.3.3～3.3.5 内容。

3.4.4 西江鱼类种群空间分布查询系统

3.4.4.1 基础地理数据

基础地理数据主要是系统涉及范围内的行政区划、水系、道路等反映地形、地貌的数据。该系统所使用的部分基础数据来源于测绘科学数据共享服务网。

另外，将 1∶270 万《珠江流域水系图》和《珠江流域图》进行 MapInfo 数字化，选取河流、水文站等图层，构建珠江流域上游水系西江水系的电子地图，其中河流标注了 3 级以上（含 3 级）的河道名称。

在采集上述基础地理信息的数字矢量图层（矢量的点、线或多边形数据）和空间属性数据的基础上，建立流域基础数据库，构建数字西江流域的底层基础地理信息资源。在此平台的基础上，描述鱼类种群的空间分布并进行鱼类种群空间地理分布信息建库，构建鱼类种群空间分布查询系统。

3.4.4.2 图片数据

图片数据主要是鱼图片数据、水工建筑物图片数据和水工建筑物位置图片数据，鱼图片以鱼的名称命名。鱼类图片数据示例见图 3.72；水工建筑物图片和水工建筑物位置图片以水工建筑物的名称命名，示例分别见图 3.73 和图 3.74。

白肌银鱼	鳊	草鱼	唇鲮
倒刺鲃	鳙	花鳗鲡	鲢
鳗鲡	七丝鲚	青鱼	鲴

图 3.72 鱼类图片数据示例（参见文后彩图）

3.4.4.3 系统设计

鱼类空间分布查询系统可以实现地图加载（包括添加图层、设置图层可见与否等）、地图浏览和地图操作（放大、缩小、漫游和全图显示等）等 GIS 基本视图模块；另外还可以实现一系列的查询功能，如河流查询、鱼类查询和水工建筑物查询等。在 GIS 中，空间数据和属性数据是不可分割的，我们在选择特征的同时，其相应的属性记录也被选中。空间查询是在选择要查询的图层后，点击查询该图层某个位置的信息或者拉出矩形框查询某个范围区域内的信息。查询结果是在地图区域高亮显示和弹出对话框显示查询的信

长洲水利枢纽　　　鱼梁航运枢纽

图 3.73　水工建筑物图片数据示例（参见文后彩图）

广西郁江老口　　　鱼梁航运枢纽
枢纽工程

图 3.74　水工建筑物位置图片数据（参见文后彩图）

息结果。

　　系统提供地图显示功能，显示系统地图的详细信息，包括省级界线、市县地位置、水系、铁路、高速公路等，从空间上反映地物之间的空间关系，并实现按比例尺大小，逐级显示信息。同时，系统提供图形操作功能，可以对地图进行放大、缩小、全图显示等基本功能。

　　系统提供按照河流（水系）名称查询鱼类信息。按河道名称查询鱼类分布界面见图3.75，河流名称自动以列表显示，用户选择河流名称进行查询，并且在地图上自动定位到选择的河流，查询结果以图文并茂的形式显示给用户。

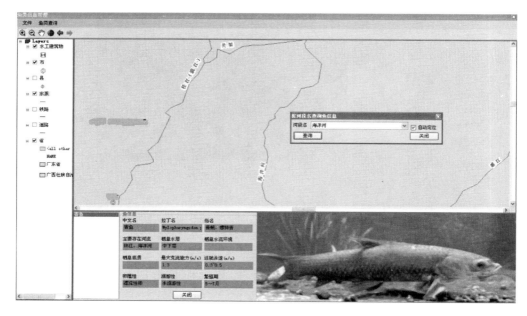

图 3.75　按河名查询鱼类分布界面（参见文后彩图）

　　系统提供按鱼名称查询鱼类分布信息，鱼名称自动以列表显示，用户选择鱼名称进行查询，可以查询到该鱼存在和栖息的河流名称，并且在地图上自动定位到选择的河流，并通过闪烁或高亮的形式加以突出，查询结果以图文并茂的形式显示给用户。按鱼类名称查询鱼类分布界面见图 3.76。

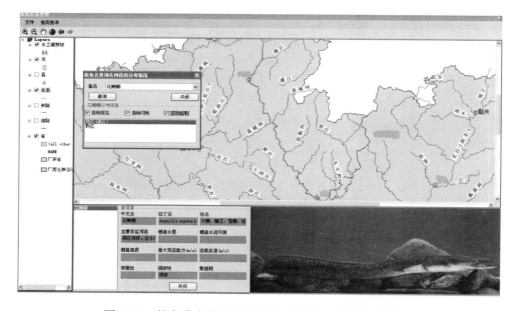

图 3.76　按鱼类名称查询鱼类分布界面（参见文后彩图）

　　系统提供按水工建筑物名称查询鱼类信息,水工建筑物名称自动以列表显示,用户选择水工建筑物名称进行查询,并且在地图上自动定位到选择的河流,查询结果以图文并茂的形式显示给用户。按水工建筑物名称查询鱼类分布示例见图 3.77。除此之外,还可以显示水工建筑物的相关的详细属性信息和空间分布等信息。

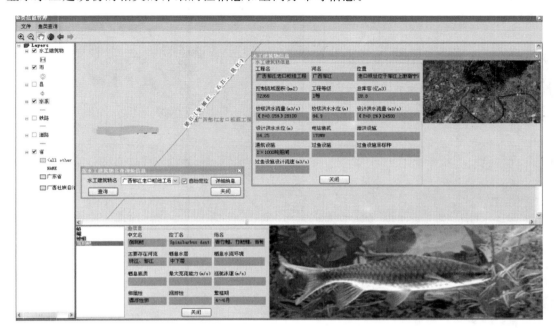

图 3.77　按水工建筑物名称查询鱼类分布示例(参见文后彩图)

3.4.5　西江鱼类过坝方案专家决策系统

3.4.5.1　GIS 系统

　　由于不同的过坝方案是应用在不同的水工建筑物上的,而不同的水工建筑物是有其不同的地理条件限制,因此鱼类过坝方案也应具有其地理信息特征。

　　鱼类种群查询系统中除了提供按照水工建筑物查询鱼类分布信息之外,还为鱼类过坝方案设置了水工建筑物的相关的详细属性信息和空间分布查询的功能,如图 3.78~图 3.81 所示。

3.4.5.2　决策系统

　　过坝技术专家决策系统可根据水利枢纽、水生生物及其他设计参数对水生生物过坝比较方案进行智能推荐。

　　在该系统中过鱼设施设计采用三维地理信息系统(3D GIS)的设计方式。根据水工建筑物的属性信息,过坝查询包括过鱼设施的名称、过鱼设施目标种以及过鱼设施设计流速等;另外提供过鱼设施 3D 图查询和鱼道水面图显示。其中,"过鱼设施 3D 图"在 3D GIS 界面和平台下实现,其数据依据为鱼道水面图。过鱼设施查询示例图见图 3.82。

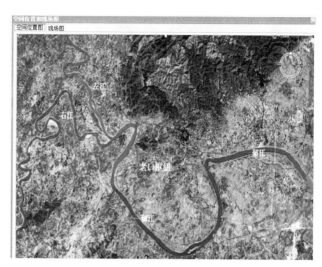

图 3.78　水工建筑物信息示例　　　图 3.79　空间位置图和现场图信息示例（参见文后彩图）

图 3.80　工程总体布置图信息（参见文后彩图）

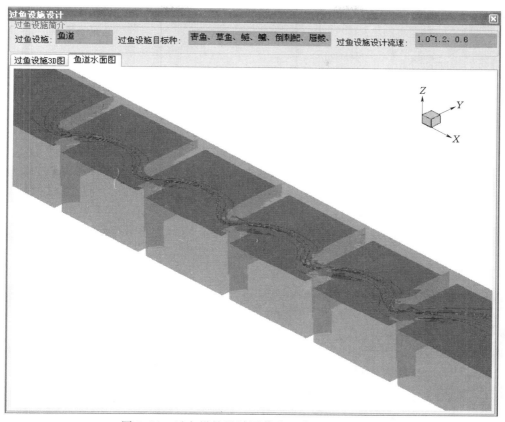

图 3.81 过鱼设施设计图信息（参见文后彩图）

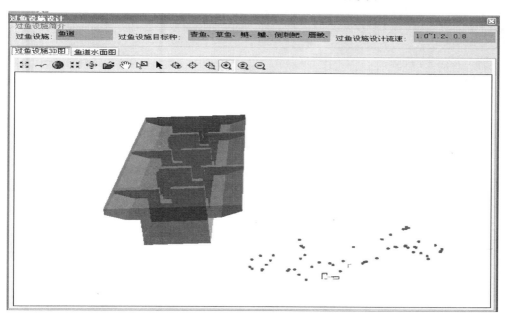

图 3.82 过鱼设施 3D 查询图示例（参见文后彩图）

4

泄水建筑物下游气体过饱和防治技术

过饱和水体的形成

河道内水体溶解气体过饱和问题最早于 20 世纪 60 年代在美国 Columbia 河以及 Snake 河上被发现并开始研究。在中国这个问题发现的比较晚，直至 1982 年，葛洲坝水利水电枢纽抬高水位泄流时，在枢纽下游附近捞起的鱼苗或幼鱼，出现了气泡病症状，甚至一些鱼类由于气泡病而死亡。

1994 年 6 月，浙江省新安江水库开闸泄流，导致距大坝 3km 的建德市虹鳟鱼场虹鳟普遍患气泡病；2003 年 6 月长江三峡水库正式蓄水，在水位接近 135m 时大坝深孔泄洪，2003 年 7 月长江中下游春禁解除，沿江渔民开始捕捞作业，发现在江中捕获的各种鱼类在活水舱中均不能存活，自此拉开了中国研究河道内水体溶解气体过饱和问题的序幕。

由于溶解气体过饱和问题一般发生在高坝泄洪的条件下，因此此问题一般也经常被设置在水气两相流的研究领域。但是传统的水气两相流研究与水工建设紧密相关，其研究内容可以归纳为以下 4 个方面：①明渠（明流隧洞）水流掺气后的水深计算；②水流掺气减蚀技术；③空气中的水射流扩散、掺气及雾化；④掺气水流的试验设备与测量技术。

这些研究的重点都是如何维护水利工程的安全运行，因此着重研究的内容是水气两相在重力作用下的运动问题。在水气两相流中，水是流动的主体，气则是被水流挟带的掺入物。水流掺气来源于水气界面附近区域水体很强的紊动掺混作用，水流足够的紊动度是维持水气两相协同运动的必要条件。掺气水一般表现为肉眼可见的水中混有气泡或气囊，流场内的速度和浓度一般只具有统计意义，因此水流掺气是一种动态现象，如果没有主体水流的驱动掺气现象将不复存在。水气两相物质存在掺混、扩散、逸出的过程。

溶解气体过饱和问题与水流掺气虽然具有很大的关联性，但却是完全不同的物理概念。气体溶解在水中，形成的是单一稳定的溶液，气体以分子的形式挤入水分子之间，在温度和压力保持不变时，这种状态也会一直稳定地保持下去。事实上，一个体系被称作溶液有两个基本条件：①体系中至少必须有两种物质；②体系必须是均匀的。气液固体都可以成为溶液，空气本身就是气体溶液。空气溶解在水中，或者水蒸发在空气中，都属于溶液。

溶解气体过饱和与气液两相流研究的根本不同之处在于，气液两相流的研究中一般不考虑水气界面的物质输移，而溶解气体过饱和着重要研究的就是如何控制物质在水气界面的输移问题。

4.1.1 水体中气体的溶解度及溶解气体过饱和

4.1.1.1 水中气体的溶解度

水中气体的溶解度，是指在一定的温度和平衡压力下，最多能溶解在单位质量水中的气体质量数。一般采用浓度单位（mg/L）表示。气体在液体中的溶解度可通过试验测定。由试验结果绘成的曲线称为溶解度曲线。根据上述溶解度的定义，不难得出影响水体中气体溶解度的主要因素为气体特性、水温及压强。表 4.1 为部分气体在 20℃、101.3kPa 时在水中的溶解度。

表 4.1　　　　　　　部分气体在 20℃、101.3kPa 时在水中的溶解度

气体	溶解度 /(ml/L)	溶解度 /(mg/L)	气体	溶解度 /(ml/L)	溶解度 /(mg/L)
N_2	15.5	18.9	H_2S	2.58×10^3	3.85×10^3
H_2	18.2	1.60	SO_2	39.4×10^3	1.13×10^3
O_2	31.0	43.0	NH_3	7.02×10^3	5.31×10^3
CO_2	87.8	1690	C_2H_2	1.03×10^3	1.17×10^3
空气	18.7	25.8	C_2H_4	1.22×10^3	1.49×10^3
Cl_2	230	7290	C_2H_6	47.2	62.0
O_3	368	1375	CH_4	33.1	2.2

由于水是极性分子，因此一般情况下极性分子的溶解度比非极性分子的溶解度大，如氨气属于极性分子并能与水发生水合作用，溶解度较大；而氧气、氢气、氮气属于非极性分子，在水中溶解度则较小。

气体的溶解度与温度成反比，即水温越高，气体分子运动速率越大，则水中气体越易由溶解态向游离态转变而从水中逸出。如在大气压为 101.3kPa 下的静止纯水中的氧溶解饱和浓度与水温的关系一般表示为

$$C_s = 14.652 - 41.002 \times 10^{-2} T + 79.9 \times 10^{-4} T^2 - 77.77 \times 10^{-6} T^3 \tag{4.1}$$

式中　C_s——上述特定条件下，纯水中 DO 的溶解度，mg/L；

　　　T——水体温度，℃。

在气体溶解度问题中，压力对气体溶解度的影响适用亨利（Henry）定律。自热力学第一定律可得

$$\frac{1}{x} \frac{\Delta x}{\Delta P} = -\frac{\Delta V}{RT} \tag{4.2}$$

式中　x——溶质的摩尔分数；

　　　ΔV——溶解 Δx 摩尔溶质后体积的改变；

　　　Δx——溶质的摩尔数；

　　　ΔP——溶解后压力的改变；

　　　R——理想气体常数；

　　　T——理想气体绝对温度。

式（4.2）显示，若一物质溶解后其体积减小，那么增加压力可以增加溶解度。对于气体而言，溶解后的体积远小于气相的气体，故 $-\Delta V$ 永远为正值，即气体的溶解度永远随压力的增加而增加。

亨利定律：压力若不太大，气体的溶解度与压力成正比。公式表示为

$$P = km \qquad\qquad (4.3)$$

式中　k——亨利常数；

m——气体摩尔分数溶解度；

P——气体的分压。

定律中所述的压力不太大，对不易溶于水的气体，可以参考表 4.2 不同压力下 N_2 在水中的溶解度。

表 4.2　　　　　　　　　不同压力下 N_2 在水中的溶解度（25℃）

压力/atm	溶解度试验值/(mol/kg)	溶解度计算值/(mol/kg)
25	0.0155	0.0155
50	0.0301	0.0310
100	0.0600	0.0620

对于混合气体，各成分气体的溶解度适用 Dalton 定律。

Dalton 定律：混合气体中各成分的溶解度与混合气体中各组分的分压成正比，分压越大，气体的溶解度越大，反之亦然。适用范围与亨利定律一样。

表 4.3 是不同温度下空气在淡水中的溶解度。可以清楚地看出气体的溶解度在同一压力下随温度的升高而减小。并且，同一温度下，溶解氮的含量约为溶解氧的 1.57～1.81 倍，溶解空气的含量约为溶解氧和溶解氮之和，为溶解氧的 2.54～2.84 倍。

表 4.3　　　　　　　　　不同温度下空气在淡水中的溶解度

温度/℃	溶解氧/(mg/L)	溶解氮/(mg/L)	溶解空气/(mg/L)
0	14.66	22.99	37.27
5	12.83	20.33	33.03
10	11.42	18.14	29.35
15	10.24	16.44	26.54
20	9.31	15.09	24.24
25	8.51	14.03	22.36
30	7.87	13.13	20.91
35	7.36	12.32	19.58
40	6.98	11.70	18.50
45	6.62	11.17	17.69
50	6.34	10.78	17.02
60	5.95	10.08	16.01

温度/℃	溶解氧/（mg/L）	溶解氮/（mg/L）	溶解空气/（mg/L）
70	5.63	9.69	15.40
80	5.44	9.60	15.11
90	5.34	9.60	14.96
100	5.31	9.60	15.11

研究显示，淡水中氧气的溶解度随着压力的增大而增大，空气的溶解度也随着压力的增大而增大，通过图 4.1 和图 4.2 可以看出，氧气溶解度与空气溶解度随压力的变化都是线性的，而空气的溶解度为氮气和氧气溶解度之和，所以氧气、氮气、空气的溶解度与压力的关系可以表示为

$$C_i = pC_{i0} \tag{4.4}$$

式中　C_i——一定压力、一定温度下 i 气体的溶解度，mg/L；

p——该气体的平衡分压，atm；

C_{i0}——标准大气压下 i 气体相应温度下的溶解度，mg/L。

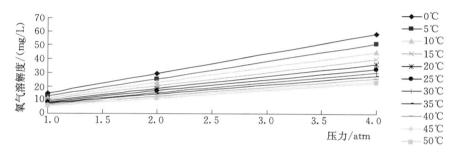

图 4.1　氧气溶解度随压力变化图（参见文后彩图）

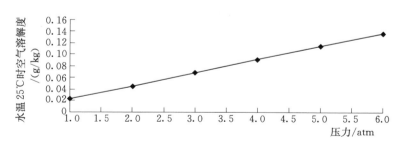

图 4.2　空气溶解度随压力变化图

当水温、压力一定时，水中含盐量增加，会使气体在水中的溶解度降低。这是因为随着含盐量的增加，离子对水的电缩作用（指离子吸引极性分子，使水分子在其周围形成紧密排布的水合层的现象）加强，使水中总溶解气体的空隙减少。海水的含盐量很高，在相同温度和分压力下，气体在海水中的溶解度比在淡水中小得多，因而氧气在大洋海水中的溶解度大约只有在淡水中的 80%～82%。对于淡水来说含盐的变化幅度很小，对气体在水中的溶解度影响不大，一般不考虑含盐量的影响，而近似地采用在纯水中的溶解度值。

4.1.1.2　影响气体溶解速率的因素

当气体气相分压力超过液相分压力时，就会发生该气体由气相向液相的转移，即发生了净溶解；反之，当某气体气相分压力小于液相分压力时，就会发生该气体由液相向气相的转移，即发生了净逸出。气体在水中的溶解或逸出速率与多种因素有关。

（1）水中气体的饱和程度。水中气体含量与饱和含量相差越远，即气体溶液的梯度越大，气相向液相传输的速度就越快。用单位时间内气体含量的增加来表示气体溶解速率，则有：

$$\frac{dC}{dt} \propto (C_s - C) \tag{4.5}$$

（2）水气交界面面积。由于物质传输是通过水气两相的交界面，因此交界面的面积直接影响了溶解或者逸出的速度。水气交界面积直接表现在水中的气泡大小及数量上。水中的气泡体积越小，数量越多，那么交界面积就越大，溶解或逸出速度也就越快。

（3）扰动作用。增加液相内部的扰动作用，就是将高浓度的液体与低浓度的溶液进行交换，这样增加了气液相交界面的气体浓度梯度，加快了溶解速度。

4.1.1.3　水中气体过饱和

标准空气溶解度（$C_{0,T}$），在一个大气压强，一定温度时，空气溶解在单位体积淡水中达到饱和状态时的质量数，相应数据可查表。

空气溶解度（$C_{P,T}$），在 P 压强、T 温度时，空气溶解在单位体积淡水中达到饱和状态时的质量数。对于温度不变的情况，可通过下式计算：

$$C_{P,T} = C_{0,T} \frac{P - P_{wv}}{1 - P_{wv}} \tag{4.6}$$

式中　P——研究位置的当地压强，atm；

P_{wv}——研究位置的当地水气压，atm；

1——标准大气压强。

水中气体饱和度（G），水中空气浓度与空气溶解度的比值，当其值大于 100％表示溶解平衡向析出方向移动，当其值小于 100％表示若有充足的溶质溶解平衡向溶解方向移动。

$$G = \frac{C}{C_{P,T}} \times 100\% \tag{4.7}$$

式中　C——溶解在水中的空气浓度，目标水体中，空气实际溶解在单位体积淡水中的质量数；

$C_{P,T}$——参考位置处的空气溶解度［在水体中由于静水压强的影响，气体的饱和度与参考位置的选取关系密切。通常在水气混合溶解阶段，参考位置选为气泡所在位置，此位置由于气体溶解度（$C_{P,T}$）较大，水体尚未饱和，G 值小于 1；当水体离开气体溶解环境，参考位置改变为研究区域所在的水面处，气体此时溶解度 $C_{P,T} = C_{0,T}$，而 C 可能会大于 $C_{0,T}$，产生 $G > 1$ 的过饱和状态］。

造成溶解气体过饱和现象的原因比较多，包括自然因素和人为因素。

自然因素有：①光合作用是导致池塘水体气体过饱和的主要原因，同时也发生在湖泊和江河中。白天阳光充足时，当水中水生植物数量过多，就发生强烈的光合作用，产生大量氧气，在静水压力下形成气体过饱和水体。②地下水往往压力较高，相应的气体溶解度较大，未经曝气的地下水含有大量的氮气，常处于过饱和状态。

人为因素有：①大坝建成后，在泄洪过程中，水与空气中的气体混合后一起释放到坝下的消力池中，在静水压力的作用下，空气溶解到水中，深水高压区的水体被带到下游浅水低压区，气体溶解度下降，溶解的气体来不及释放而形成气体过饱和；②大量热电厂和原子能发电厂的修建，从工厂排放出来的热水如进入小水面，使整个水层增温，进入大水面则形成一定范围的暖水区，使水体水温升高，气体溶解度下降，溶解的气体来不及释放而形成气体过饱和。

导致水中气体过饱和的原因还有很多，如瀑布、抽水系统、大气压力改变等。

4.1.2　水利工程造成气体过饱和的关键因素

泄水建筑物是水利工程的主要建筑物之一。泄水建筑物下泄水流掺气是引起下游河道溶解气体过饱和的一个重要来源。气体过饱和现象一般出现在泄水建筑物的下游或是地形、水流流态比较复杂的地区。电站过流基本为密闭管道，因此不改变水体中溶解气体的含量。高坝的泄洪孔或溢洪道泄流能够大幅度增加水中溶解气体。众多消能方式中以挑流消能对下游水体溶解气体的影响较为明显。

水流由挑流坎的坎面向下泄流，由于挑坎的作用挑向空中，大量掺气，形成典型的掺气水流甚至是雾化。掺气水流达到最高点后向下跌落，冲击下游水垫。水舌在空中当流速大到一定程度后，水气交界面由于紊动的作用失去稳定性，水舌表面破碎，呈水花状，携带大量气体进入下游水垫塘。除此之外，泄洪孔下泄的水流与下游水体发生强烈碰撞消能，产生大大小小不同的水滴、气泡进入水体。掺有大量气体的水体进入水垫塘深处，在静水压的作用下气体溶解度增大，在较深处达到或接近当地饱和溶解度。当上述水体向下游输运到较浅处时，溶解气体来不及溢出而形成过饱和水体。

大坝泄流过程中，过坝水流与下游水体剧烈掺混，产生大量气泡被卷吸进入水体内部，气泡承受来自水体的静压和大气压的双重作用，这时气泡内压力为所在位置处水压力与大气压的和，其溶解度也应以此计算。

$$P_{\text{bubble}} = P + \chi d_{\text{eff}} \tag{4.8}$$

式中　P_{bubble}——气泡内压，$ML^{-1}T^{-2}$；

　　　P——大气压，$ML^{-1}T^{-2}$；

　　　d_{eff}——气泡被卷吸可到达的水深，L；

　　　χ——目标气泡上方水气混合物单位体积重量，$ML^{-2}T^{-2}$，在气水混合物中气体所占体积较小时，可将 χ 取为水的单位体积重量，但当气水混合物中的气体体积较大时，若 χ 取为水的单位体积重量，则 d_{eff} 应取被气体稀释后的水体的等效水深。

气体溶解并产生过饱和现象主要取决于温度、压力、掺混和足量的气体 4 个关键因素。这 4 个关键因素从一种状态转变到另一种状态，引起了溶解气体的溶解度变化，进而产生了过饱和现象。

对水利工程而言，泄洪过程为这四个关键因素从一种状态进入另一种状态提供了物理基础。

（1）温度，坝上水库水温分层，水库水温最高应与下游水温相等，泄流时如果下泄的是低温水，那么气体溶解度较高，在泄流过程中会溶解较多的气体，在下游河道输移过程中随着水温的升高，这些溶解气体的水会有成为过饱和水的趋势。

（2）压力，水库下泄水体挟带气体进入下游消力池，消力池的设计是以冲刷安全为目标，具有足够的深度，只要水体能将气泡带入，下泄水体中挟带的气泡将承受相应的压力，进而增大水体的溶解度，因此泄流过程提供了足够的压力。

（3）掺混，泄洪消能过程就是利用水气的掺混过程耗散水体的能量，因此消力池或水垫塘内掺混非常剧烈，为饱和水体的扩散提供了足够的速度，掺混过程将气泡冲散为更小的气泡，也为气相与水相的交换提供了更大的表面积，使溶解过程获得更快的速度。

（4）足量的气体，水库下泄过程如果是挑流消能，那么挑流水舌将挟带大量的空气进入水垫塘，为溶解提供了足够的溶质；如果水库下泄采用的是其他消能形式，将有助于减少气体的掺入。

温度、压力、掺混程度、足量的气体取决于泄水建筑物的型式和运行方式，因此水利工程的泄水建筑构成直接影响了其下游水体中溶解气体的过饱和状态。

下游河道中的溶解气体过饱和事实上是两个过程。第一个过程是库中水体下泄在消力池中形成过饱和水，即产生过程；第二个过程是过饱和水体离开消力池向下游输移，过饱和状态向饱和状态转变，即输移逸出过程。

大坝泄洪时，过饱和总溶解气体的形成过程伴随着水动力学过程与传质过程。水动力学特性与溢洪道的结构特征、水垫塘深度、尾水渠及泄洪条件、涡轮机组的运转情况及尾水流动特性等因素相关，而卷吸气泡的存在对水力学特性的影响相对较小。空气卷吸会影响两相流的密度，并增加了一个与浮力有关的垂向动量分量。卷入的空气可导致尾水水位的增加，影响压力场分布。空气传质过程发生在水气交界面。当卷入的空气承受压力增加时，由于气体溶解度增加，气体交换速率会显著加速。泄洪时空气的卷入量、气泡尺寸及流动轨迹与泄洪时水力学条件有关。其中，卷入的气体量与射流和尾水相互作用有关；气泡尺寸是脉动速度及紊流涡旋长度的函数，同时，高气体浓度条件下气泡间的合并也会影响气泡尺寸；气泡的流动轨迹与射流在水垫塘内中的发展及二次流有关。紊流特性影响气泡的垂直分布，并决定着气体的卷吸率。

在总溶解气体的传输过程中，水中总溶解气体浓度与空气中饱和浓度差是气体传质过程产生的直接动力，同时，气泡流的溶解气体浓度比不含气泡的溶解气体浓度大，是因为不含气泡的流体的溶解仅发生在自由水面。基于这一认识，浓度随时间的变化率可由下式表示：

$$\frac{\mathrm{d}C}{\mathrm{d}t} = K_L \frac{A}{V}(C_s - C) \tag{4.9}$$

式中　A——控制体积的表面积；

V——水体体积；

K_L——传质系数；

C_s——饱和浓度；

C——水体内总溶解气体浓度。

根据式（4.9）可得，当大量空气卷入时，由于比表面积 A/V 迅速增大，总溶解气体浓度随时间的变化率会很大。高坝泄流时，总溶解气体的迅速生成过程通常发生在水垫塘内。这是由于水垫塘内气体浓度、水流深度、流速和紊流强度都很高。而当水流进入尾水后，质量传输过程则相反，气体开始从水体释放到大气中。研究表明，总溶解气体的迅速生成过程通常发生在300m范围内的强掺气水流条件下。

泄洪时高坝下游总溶解气体浓度由溢洪道下水垫塘内的水动力学特性和传质过程决定，而与坝前的总溶解气体浓度无关。这是因为泄洪时总溶解气体的传输过程不是一个累积过程，而是一个平衡过程，它与空气在水体内滞留时间有关。如果坝前总溶解气体过饱和，泄洪时总溶解气体的净增加会随之减少，从而使下游总溶解气体浓度仍维持在一个与泄洪特性有关的平衡值。1997年汛期Dalles坝的观测结果验证了这一结论。

厂房尾水的总溶解气体压力等于坝前的总溶解气体压力，即水流流经水轮机时不会增加水体的总溶解气体浓度，因此可以认为，梯级开发中，上游工程泄洪产生的过饱和总溶解气体可能通过下游工程的发电泄水传输到下游，但当泄洪流量远大于发电流量时，下游的总溶解气体浓度主要为由溢洪特性决定的平衡浓度，而与坝前总溶解气体浓度（即上游工程影响造成的总溶解气体浓度）无关。

有研究者认为，水力发电枢纽下泄水流影响溶解气体过饱和水体产生的主要因素包括：单跨流量、尾水水深、厂房泄水。

（1）单跨流量。总溶解气体变化量是单跨流量和尾水水深的函数。通常，表示溢洪道泄流的物理量有速度、动量和掺气水流滞留时间等，为研究方便，将单跨流量作为这些物理量的一个综合替代变量。单跨流量越大，泄洪水流越易于进入消力池深层，泄洪时总溶解气体增加越多。美国Ice Harbor坝中总溶解气体压力与单跨流量的关系见图4.3。

图中两条线分别表示Ice Harbor坝八个溢洪道均匀泄水时，有厂房泄水和无厂房泄水两种情况下的总溶解气体压力与单跨流量的关系。可以看出，两种情况下，最终的总溶解气体压力都是单跨流量的指数函数。但在各溢洪道非均匀泄洪时，如何确定具有代表性的单跨流量成为问题的关键，因此引入了加权单跨流量（The flow-weighted specific discharge）。

$$q_s = \frac{\sum_{i=1}^{nb} Q_i^2}{\sum_{i=1}^{nb} Q_i} \tag{4.10}$$

式中 q_s——加权单跨流量；

Q_i——第 i 条溢洪道（$i=1, 2, \cdots, nb$）流量。

根据历史观测资料三峡大坝泄洪显示出单孔流量与溶解气体之间有较好的相关关系，在三峡底孔泄水时，当单孔流量大于1400m³/s才会发生溶解气体过饱和现象。

（2）水深。泄洪时，洪水的巨大能量将卷吸的空气带入水体后，水深成为决定溢洪道下游总溶解气体变化的主要因素。图4.3可以看出，有厂房泄水时的尾水高程比无厂房泄水时高出约5ft，相应的总溶解气体压力也更高。一般认为水垫塘下游的水深与总溶解气体压力的相关性比水垫塘的水深与总溶解气体压力的相关性更好。研究中，选择水垫塘下游300ft（91.44m）的河段是因为大部分总溶解气体交换（主要是释放）发生在这一区域。综合分析，研究者得到总溶解气体压力变化量与加权单跨流量及尾水渠水深的函数关系为

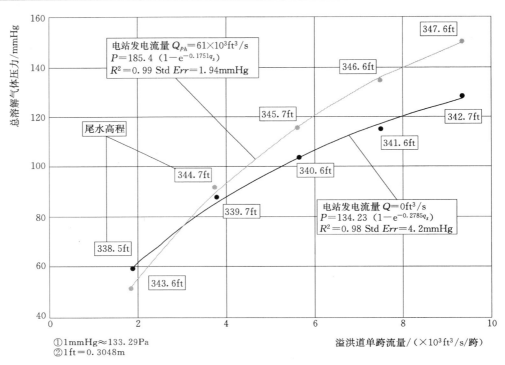

电站发电流量 $Q_{ph}=61\times10^3\mathrm{ft}^3/\mathrm{s}$
$P=185.4\ (1-\mathrm{e}^{-0.1751q_s})$
$R^2=0.99$ Std $Err=1.94\mathrm{mmHg}$

尾水高程

电站发电流量 $Q=0\mathrm{ft}^3/\mathrm{s}$
$P=134.23\ (1-\mathrm{e}^{-0.2785q_s})$
$R^2=0.98$ Std $Err=4.2\mathrm{mmHg}$

①1mmHg≈133.29Pa
②1ft＝0.3048m

溢洪道单跨流量/（×10³ft³/s/跨）

图 4.3　Ice Harbor 坝中总溶解气体压力与单跨流量的关系

$$\Delta P=C_1 H_{tw}(1-\mathrm{e}^{-C_2 q_s})+C_3 \tag{4.11}$$

式中　　ΔP——总溶解气体压力，mmHg；

　　　　H_{tw}——水垫塘下游尾水深度，ft；

　　　　q_s——加权单跨流量，$\times10^3\mathrm{ft}^3/\mathrm{s}$。

C_1、C_2、C_3——由非线性回归分析得到。C_1 和尾水水深 H_{tw} 的乘积代表有效的饱和压，而 C_2 和单宽流量 q_s 的乘积反映了传质系数、比表面积及承压时间对总溶解气体压力的作用。

也有研究得到总溶解气体压力变化量与单宽流量及尾水渠水深的函数关系为

$$\Delta P=C_1 H_{tw}^{C_2} q_s^{C_3}+C_4 \tag{4.12}$$

当式（4.12）中 $C_2=1$、$C_3=0$ 时，ΔP 与尾水水深呈线性关系，当 $C_2=2$、$C_3=1$ 时，ΔP 与单宽流量呈线性关系。

式（4.11）和式（4.12）是研究者通过对某些大坝多年的观测资料分析得出的经验公式，其是否具有普遍意义，仍值得商榷。因为总溶解气体压力的变化量除受单跨流量及水垫塘下游水深影响外，还与大坝水头、掺气量等诸多因素有关，而这些因素仅用经验系数反映是很难具有普适性的。

（3）厂房泄水。发电水流流经水轮机时，不会改变水体总溶解气体的浓度，但由于泄洪流量与发电流量之间的差别，通常发电泄水下游会被溢洪道水流（图 4.4）强烈吸引并剧烈掺混，从而引起总溶解气体的变化。

厂房泄水对总溶解气体影响研究最典型的例子是 1998 年 2 月关于美国 Little Goose

图 4.4　Little Goose 大坝（参见文后彩图）

大坝近区总溶解气体交换的研究。研究者在 Little Goose 大坝溢洪道泄洪期间在溢洪道下游横断面上布设了 7 个总溶解气体压力采样点，以 T5avg 代表 7 个测点平均的总溶解气体饱和度，LGS 和 LGSV 分别代表坝前和尾水的总溶解气体饱和度。图 4.5 显示了各点总溶解气体饱和度随时间的变化过程，工程运行流量同时绘于图 4.5 中，其中，河道流量 Q_{river} 及溢洪流量 Q_{spill} 之差为发电泄流流量。图中 FWA 为不考虑厂房泄水卷入，仅考虑其

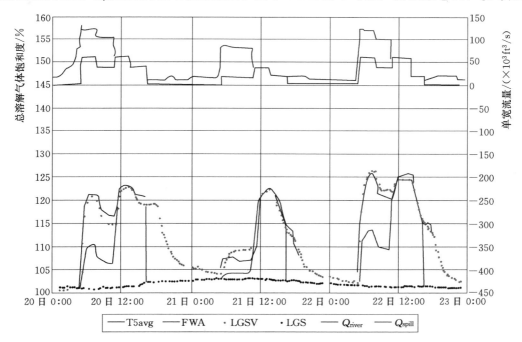

图 4.5　1998 年 2 月 Little Goose 大坝总溶解气体饱和度与单宽流量关系图
（参见文后彩图）

稀释作用计算得到的流量加权平均总溶解气体饱和度。结果显示，FWA 远小于 T5avg，表明几乎所有的厂房泄水都被卷吸并产生与溢洪道泄洪几乎相等的总溶解气体饱和度。

由图 4.5 中可见，在消力池中掺混的过程中，溢洪道流量起主导地位，可以认为卷入的厂房泄水流量与溢洪道泄流流量在水垫塘及下游进行了充分的掺混，因此具有相同的总溶解气体压力。当厂房泄水量远大于溢洪道流量时，下游将出现溶解气体被稀释的情况，符合加权流量分配。

4.2

气体过饱和的实验室模拟与现场观测

4.2.1 实验室模拟方法

概化模型试验装置见图 4.6，试验装置由高压水箱 A、高压回水管 B、回水渗气槽 C、管道泵 D、电磁流量计 E、充氧槽 F、进出水管等组成。高压水箱分别装有进出水管、溢水管以及气阀。其进水管与回水渗气槽的出水管通过水泵相连，以控制进入高压水箱的水量；其出水管与高压回水管通过电磁流量计相连，以方便读取高压水箱的进出流量；充氧槽放在高压水箱内，在高压水箱封闭后通过气阀通入空气。溶解氧仪通过仪器安放管进入高压水箱，对高压水箱内的溶解氧含量进行测量；气阀用来在高压水箱充水时排出空气。

图 4.6　概化模型试验装置（参见文后彩图）

高压水箱试验的基本思路是，高压回水管模拟泄水建筑物向下游泄流、掺气回水槽模拟消力池、高压水箱模拟消力池深层。整个装置的工作流程是高压回水管将泄水射入掺气回水槽内，由于掺气回水槽水深较浅，不能像真实消力池一样为水体复氧，因此通过水泵将掺气回水槽内的水抽入高压水箱，在高压水箱内最多能获得额外 1atm 的压力，也就是最多能获得 200% 的溶解氧饱和度，但是由于气体在高压水箱内不能获得进一步掺混，有些气泡自高压水箱顶部逸出，因此高压水箱最高浓度接近 150%。试验装置获得的高压水箱内溶解气体的饱和度主要受下泄流量 Q 及落水高度的影响，这样的影响因素与大坝泄洪相似，可以作为大坝泄洪溶解氧产生的概念模型来研究。

4.2.1.1　试验装置

实验室模拟利用上述装置，使水从不同的高度落入回水渗气槽，再由水泵泵入高压水箱，再通过回水管落下，形成自循环系统。通过位于不同高度的落水横管来模拟大坝从不同的高度泄水；通过调节不同的流量来模拟不同的大坝泄流流量，通过改变回水渗气槽的水深来模拟大坝下游消力池水深的变化。通过不同的泄水高度、不同的泄水流量、不同的下游水深来设计不同的试验工况，以得到各因素对于高压水箱内溶解氧的影响程度。

采用上述试验装置，试验前在回水槽内加入一定量自来水，通过管道泵的作用将水压入高压水箱，通过高压回水管控制高压水箱中的压力并将尾水落入回水渗气槽，使回水掺气达到近饱和状态。高压水箱内的压力随着高压回水管高度的升高而增大，同时，随着高压回水管的升高，尾水与回水渗气槽表面的高差增加，落入回水渗气槽时的掺混更加充分，保证了有压状态下的气体饱和状态。充分掺气并含有过量气泡的水体，从回水渗气槽通过管道泵进入到高压水箱中，这时掺混水体所承受的压力骤然增加，大量的小气泡开始向水中溶解使高压水箱中的水体进入过饱和状态。

4.2.1.2　试验结果与数据分析

试验测得高压水箱内水体的溶解氧饱和度与下游水深 h、下泄流量 Q 及泄水高度 H 之间的关系见图 4.7～图 4.9。

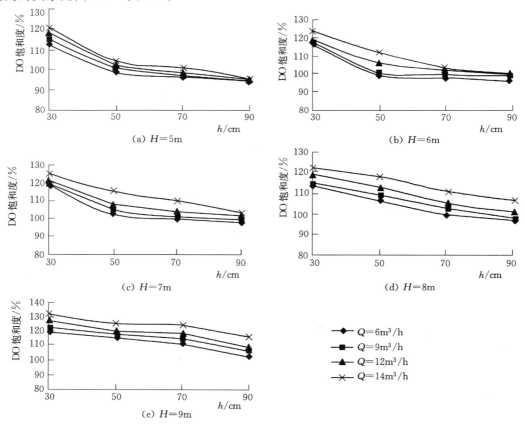

图 4.7　溶解氧饱和度随下游水深 h 变化图

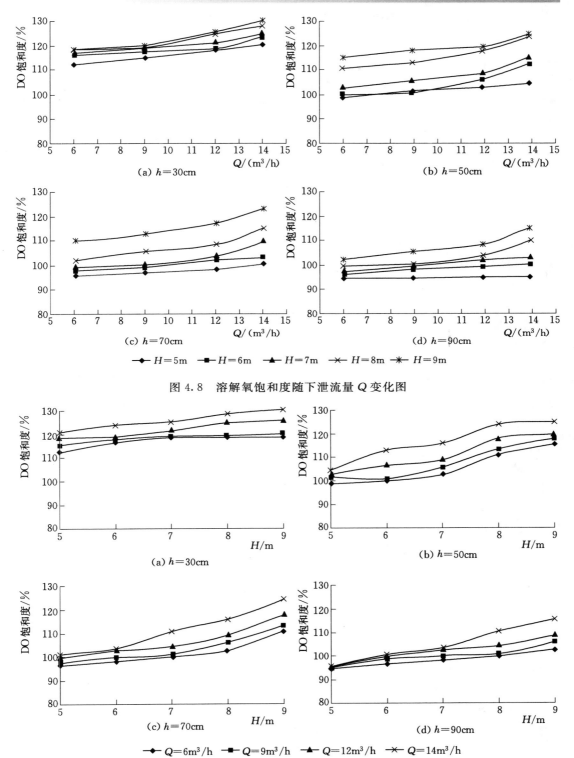

图 4.8 溶解氧饱和度随下泄流量 *Q* 变化图

图 4.9 溶解氧饱和度随落水高度 *H* 变化图

从图 4.7 和图 4.8 可以看出，在本试验研究中，高压箱内的溶解氧饱和度随下游水深 h 的增大而减少，随下泄流量 Q 的增大而增大。这是因为水从高处落下之后，在回水渗气槽的水面发生碰撞，进行掺混，下泄流量越大，碰撞越剧烈，水柱带空气进入下游水体的量越多，因而溶解氧饱和度随下泄流量的增大而增大。回水渗气槽的取水口位于底部，当下游水深 h 越小，尾水与回水渗气槽发生碰撞位置越接近取水口，也就有更多的气体未及逃逸便被吸入高压箱内，因此高压箱内的溶解氧饱和度也就越高。

从图 4.9 可以看出，高压箱内的溶解氧含量随落水高度的增大而增大。落水高度越高，水的重力势能越大，越能将更多的空气带入水中而被泵入高压水箱。

通过上面的分析可以得知，河道下游的溶解氧含量与大坝的泄水高度、泄水单宽流量及下游水深有着密切的关系。河道下游的溶解氧随着大坝泄水高度的增加而增加，随着泄水单宽流量的增大而增大。本试验装置中将下游水回抽至高压水箱内，因此下游水掺混越剧烈水箱中溶解氧越高。水深较深时下泄水在表面产生掺混，不能被底部的回吸管回吸，因此测得箱内溶解氧随水深增加而降低。另一方面水深较深时总水量增加，总水量稀释了溶解在水中的气体，因此测得溶解氧随下游水深的增加而减小。

4.2.2 长江三峡及葛洲坝江段总溶解气体观测

4.2.2.1 观测范围

总溶解气体调查范围自三斗坪至夷陵长江大桥。考虑到葛洲坝泄水对三峡工程泄水产生的过饱和现象的叠加影响，分别在三峡坝前、三峡坝下 6km、葛洲坝坝前、葛洲坝坝下 5km、沙市水文站码头、岳阳城陵矶、武汉晴川码头等地布置监测点。观测因子包括 DO、总溶解气体、水温、大气压等。

4.2.2.2 观测时间及水情

观测实验共分三次进行：①在汛前，时间为 2010 年 6 月 13—17 日；②在汛中，时间为 2010 年 7 月 11 日至 8 月 3 日；③汛期的中后期，时间为 2010 年 9 月 2—4 日。三峡大坝 2010 年泄洪开始于 7 月 20 日，175m 试验性蓄水于 9 月 10 日 0：00 正式开始。2010 年 6—9 月三峡出入库水情见图 4.10。葛洲坝为日调节水库，三峡大坝泄洪期间采取无截留泄洪调控，即三峡大坝的出库流量即为葛洲坝的泄水流量。

4.2.2.3 观测设备和方法

观测设备有北斗星 RTKGPS、哈希 SENSION6 便携式溶解氧仪（汛前）；哈希 Hq30d 便携式溶解氧仪（汛中）；YSI 水质分析仪器（汛后）。

（1）汛前水体总溶解气体含量观测的主要目的是探寻大坝泄流下游总溶解气体在纵向、横向、垂向上的分布规律。分别在葛洲坝上下游研究河段布置 5～6 个断面（分别位于葛洲坝下 0.6km、1.3km、3.8km、7km、10km 处，和葛洲坝上 1.3km、2.6km、9.6km、15km、19km、30km 处）。用来研究总溶解气体的纵向分布规律；每个断面布置 1～4 个测位，可以探寻总溶解气体在横向上的分布规律，同时可以判断河道的主流区域。每个测位设 3～4 个测点，分别测量不同水深处的总溶解气体含量，即可研究总溶解气体在垂向上的分布规律，了解压力对总溶解气体含量的影响。

（2）由于受汛期观测区域的限制，汛中溶解气体的观测主要集中在长江宜昌水文站附

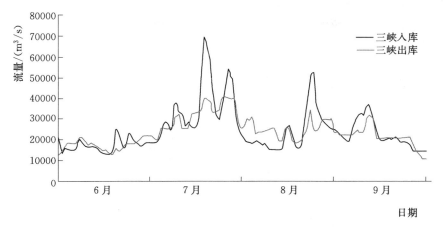

图 4.10 2010 年 6—9 月三峡出入库水情

近，主要研究下泄流量与总溶解气体含量的关系。宜昌水文站（东经 111.17°，北纬 30.42°）位于长江干流上中游交汇点，葛洲坝下游 4km 处，控制流域面积 100 万 km²，占全流域面积的 55%，是控制长江上游来水来沙的总控制站。宜昌水文站直属于长江三峡水文水资源勘测局，属国家一类基本水文站。

（3）汛后的观测主要集中在葛洲坝下 400m 至夷陵长江大桥，约 10km 的河段内。首先将 YSI 垂直固定在雇用的渔船前部，YSI 探头部分必须淹没在江水中（水深 0.5m），用缆线连接好 YSI 和笔记本电脑，从葛洲坝坝下 400m 处开动渔船，匀速行驶到夷陵长江大桥，同时用 GPS 记录渔船行走路线（图 4.11）。在实验室对照时间获得当时温度下各点水体的溶氧量，再对照温度—盐度—气压与总溶解气体关系表（来自哈希 SENSION6 说明书），25℃水体溶氧量为 8.26mg/L，26℃水体溶氧量为 8.11mg/L 计算得出总溶解气体的过饱和百分比。

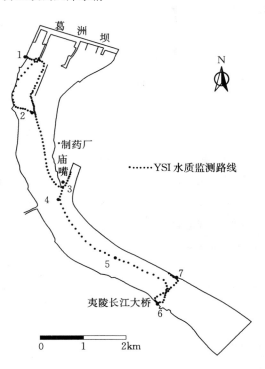

图 4.11 汛后总溶解气体观测路线

4.2.2.4 总溶解气体变动规律

（1）汛前总溶解气体分布规律。在葛洲坝下游布置 5 个测量断面，10 个垂线，共 20 个测点；在三峡大坝和葛洲坝之间布设 6 个断面，17 个垂线，共 62 个测点。根据各测点的数据及相应断面距三峡大坝的距离可以得到图 4.12。

此泄流量下，三峡大坝与葛洲坝间及葛洲坝下 10km 河段内并未出现总溶解气体过饱和情况（图 4.12 和图 4.13），且总溶解气体含量沿程变化不大。

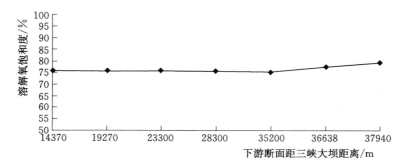

图 4.12 三峡大坝与葛洲坝间断面总溶解气体饱和度

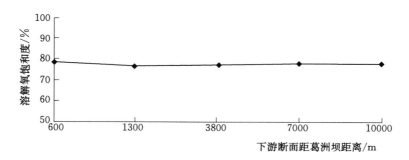

图 4.13 葛洲坝下游断面总溶解气体饱和度

（2）汛中总溶解气体分布规律。根据 2010 年 7 月 11 日至 8 月 3 日的宜昌水文站监测结果（表 4.4 和图 4.14），可见总溶解气体的饱和度随流量的增大而增大，并且流量越大增长越缓慢；在整个长江宜昌河段，在下泄流量达到 30000m³/s 即单宽流量接近 200m²/s 时开始出现总溶解气体过饱和现象，单宽流量小于 200m²/s 时不足以引起河道总溶解气体过饱和现象。

表 4.4　　　　　　　　　　　　宜昌水文站汛期溶解气体监测结果

日　期	流量 /(m³/s)	水温 /℃	溶解氧含量 /(mg/L)	饱和度 /%	泄洪最大单宽流量 (m²/s)
2010 年 7 月 11 日	21200	23.4	7.13	83.92	159.4
2010 年 7 月 12 日	21200	23.4	7.07	83.14	159.4
2010 年 7 月 13 日	21200	23.4	7.00	82.35	159.4
2010 年 7 月 16 日	32100	23.9	9.69	115.08	159.4
2010 年 7 月 18 日	36900	24.7	9.77	117.71	229.2
2010 年 7 月 19 日	41800	24.6	9.79	117.95	259.6
2010 年 7 月 20 日	30300	25.3	8.70	105.97	206.1
2010 年 7 月 21 日	30300	25.3	8.63	105.16	206.1
2010 年 8 月 3 日	30300	25.3	8.70	105.97	206.1

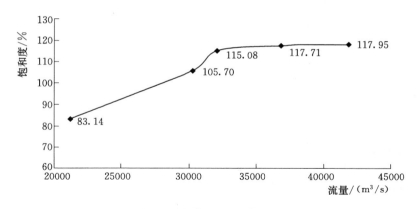

图 4.14 总溶解气体饱和度随流量变化曲线

（3）汛后总溶解气体分布规律。汛后选 7 个点进行对照测量。测得值范围在 98.3%～111.1% 之间变化。由表 4.5 和图 4.11 可见，江中心的总溶解气体饱和度略高于岸边，左岸总溶解气体饱和度略高于右岸，葛洲坝至夷陵长江大桥总溶解气体饱和度差别不大（葛洲坝至夷陵长江大桥约 7.5km）。其中测点 2、测点 4、测点 5、测点 7 在主流区，因此其过饱和程度较高。测点 1 在大江船闸右侧回水区，泄洪水体无法到达；测点 3 在三江中，泄洪水体也无法到达，因此这两点气体过饱和程度较低。

表 4.5   葛洲坝至宜昌夷陵长江大桥江段总溶解气体饱和度

测点编号	1	2	3	4	5	6	7
总溶解气体饱和度/%	98.3	108.7	101.8	106.1	111.1	101.0	109.2

4.2.3 紫坪铺下游总溶解气体观测

4.2.3.1 工程特性

紫坪铺正常蓄水位 877.0m，坝体采用钢筋混凝土面板堆石坝，最大坝高 156m，坝顶高程 884m。水库校核洪水位 883.1m，正常洪水位 877.0m，设计洪水位 871.2m，汛限水位 850m，死水位 817.0m。根据洪水计算结果，水库在设计洪水位 871.2m、下泄流量为 3077m^3/s 时，对应下游水位为 749.20m。紫坪铺水库的泄洪建筑物包括一孔冲沙放空洞、两孔泄洪排沙洞、一座开敞式溢洪道及电站引水隧洞。各泄水建筑物设计综合特征见表 4.6。

表 4.6   泄水建筑物设计综合特性表

建筑物名称		冲沙放空洞	溢洪道	1 号泄洪排沙洞	2 号泄洪排沙洞
型式		深孔有压洞	河岸式正堰	深孔有压洞	深孔有压洞
设计洪水	设计泄量/(m^3/s)	322	825	1673	1530
	单宽流量/(m^2/s)		68.75		
校核洪水	泄量/(m^3/s)	345	2445	1788	1667
	单宽流量/(m^2/s)		203.75		
	最大流速/(m/s)	22.24		45.42	42.2

建筑物名称	冲沙放空洞	溢洪道	1号泄洪排沙洞	2号泄洪排沙洞
建筑物全长/m	749.94	392.00	845.43	720.55
进口底板高程/m	770.00	堰顶 860.00	780.00	800.00
出口挑坎高程/m	755.63	761.835	744.5	745.156
弧形闸门孔口(宽×高)	3.0m×3.5m	12m×18m	5.4m×7.8m	6.2m×8.0m
断面(宽×高)	隧洞 Φ=4.4m	宽 12m	城门洞型 7.83m×10.7m/马蹄型 10.7m×10.7m	城门洞型 7.83m×10.7m/马蹄型 10.7m×10.7m

4.2.3.2 观测方案

紫坪铺坝址下游水系见图 4.15。紫坪铺大坝下游 6km 即为成都平原,平原内水系复杂。岷江在鱼嘴处分为内江和外江,内江在南桥处分为江安河、走马河、柏条河和蒲阳河等 4 条支流。其中较大支流走马河在聚源分出徐堰河(徐堰河在三道堰下游汇入柏条河),继续下流至安德又分为清水河和沱江河,沱江河经郫县县城最终流入府河。为控制过饱和总溶解气体的释放过程,在各干支流分叉口布置观测断面。观测河段总长 36km,共布置了 12 个观测断面(图 4.15)。

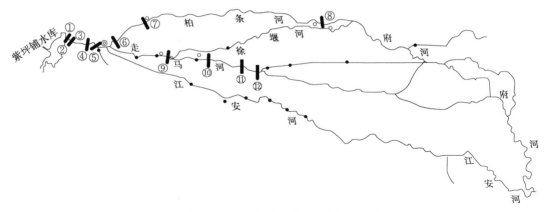

图 4.15 紫坪铺坝址下游观测断面布置图

4.2.3.3 观测结果

观测期间厂房停止发电,只有泄洪洞和溢洪道泄水(流量在 50~350m³/s 间变化),因此观测结果未受发电尾水影响。观测期间,坝下彩虹桥断面大气压在 680~695mmHg 间变化,观测得到河流最低水温 8.5℃,最高温度 12.5℃。坝前总溶解气体接近饱和,且在约垂向 30m 范围内,总溶解气体分布均匀。在 2006 年 12 月 28 日溢洪道关闭、泄洪洞放水时,观测得到坝下彩虹桥(坝下 500m)总溶解气体饱和度最大值为 130.6%,对应下泄流量为 210m³/s。图 4.16 为紫坪铺水库坝下 200m 断面及彩虹桥断面上总溶解气体饱和度沿横向的分布。可以看出,受水工建筑物布置影响,坝下主流区域偏向右岸,与此相对应,坝下主流区域总溶解气体略大于非主流区域,总溶解气体饱和度最大差值约 1.4%。

4.2.3.4 观测结论

根据泄洪洞泄水期间的观测结果,点绘彩虹桥(坝下 500m)TDG 饱和度与泄洪洞流

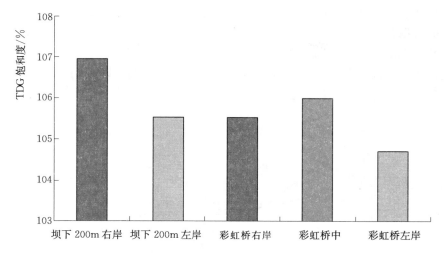

图 4.16 坝下两断面总溶解气体（TDG）饱和度横向分布图

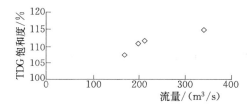

图 4.17 彩虹桥断面（坝下 500m）TDG
饱和度与泄洪洞流量关系

量的关系见图 4.17。

可以看出，下游河道总溶解气体与泄水流量有着直接关系。总溶解气体饱和度随着下泄流量的变化而发生变化，且随着沿程水流的输移扩散作用，越往下游，总溶解气体变化幅度越小（图 4.18）。总溶解气体的变化滞后于流量变化，滞后时间与传输距离相关。

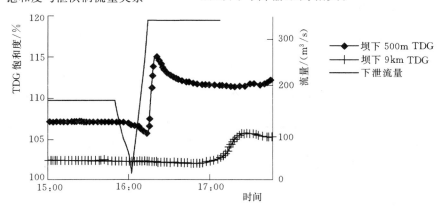

图 4.18 泄洪洞流量及下游河道 TDG 饱和度随时间的变化过程

根据图 4.17，线性回归分析得到 TDG 浓度（G）与泄洪洞流量（Q）的关系为

$$G = 102.659Q + 0.0373 \tag{4.13}$$

式中 Q——流量，m^3/s；

      G——总溶解气体浓度，%。

观测表明，过饱和总溶解气体在下游河道的释放速率较快。图 4.19 绘出了总溶解气体在下游河道的释放过程。可以看出，在坝下约 50km 的河道内过饱和总溶解气体已基本释放至平衡状态。根据彩虹桥（坝下 500m）、南桥（坝下 7km）及聚源（坝下 17km）三个观测点的数据分析得到，坝下 7km 内（彩虹桥至南桥）总溶解气体平均每千米减小约 1.7%，坝下 17km 内（彩虹桥至聚源）平均每千米减小约 1.34%。在约 40km 处，走马河的分支徐堰河汇入柏条河，柏条河水量增加，走马河水量减少。因此 40km 后柏条河总溶解气体释放速率慢于走马河。

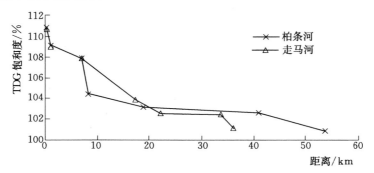

图 4.19 12 月 26 日柏条河及走马河总溶解气体沿程释放曲线

12 月 25 日上午流量稳定在 170m³/s，下午稳定在 210m³/s。两个不同流量下，柏条河总溶解气体沿程释放曲线见图 4.20，从图中可以看出两个流量下释放速率基本相同。

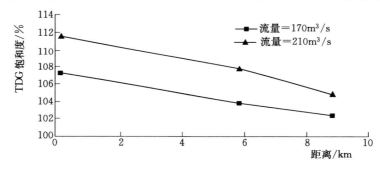

图 4.20 12 月 25 日柏条河总溶解气体沿程释放曲线

12 月 27 日，紫坪铺下泄流量稳定在 210m³/s。在此流量下走马河总溶解气体沿程释放曲线见图 4.21，由图中可以看出，随着距离的增加，总溶解气体饱和度逐渐减小，其释放速率也逐渐变缓，约 17km 内总溶解气体饱和度由 111% 降低至 103%，平均每千米

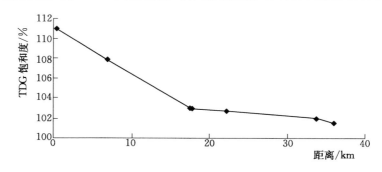

图 4.21 12 月 27 日走马河总溶解气体沿程释放曲线

减小 0.4％；而聚源以下约 20km 内，总溶解气体饱和度由 103％减小至 101.4％，平均每千米减小约 0.13％，释放速率明显变缓。

12 月 28 日，溢洪道开闸泄流约 40min，溢洪道关闭后，继续用 1 号泄洪洞泄流，泄量与 26 日及 27 日相同，为 210m³/s，但总溶解气体饱和度却由 111％增大至 130.5％（图 4.22）。分析认为可能是因为溢洪道泄洪时掀起了坝下水垫塘中沉积的泥沙（溢洪道位于大坝中部，1 号及 2 号泄洪洞位于右岸），水体密度及平均压强增大，导致总溶解气体饱和度增大。观测中可以看到溢洪道泄流后，水体明显变浑浊。根据国外已有的研究成果，坝下总溶解气体饱和度除与下泄流量密切相关外，还与坝下水垫塘的水深，水体平均压强等因素密切相关，但由于坝下水垫塘地形复杂，难以测量，所以很难对总溶解气体饱和度增大的原因做定量分析。由图 4.23 可以看出，下游河道在相同流量及水深情况下，初始浓度越大，释放越快。如彩虹桥至聚源（17km）在初始浓度为 130.5％时，平均每千米释放 1.48％，初始浓度为 112％时，平均每千米释放 0.57％。

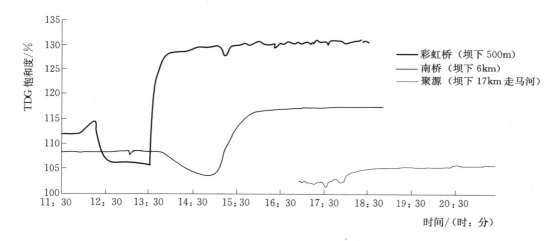

图 4.22　12 月 28 日总溶解气体变化曲线

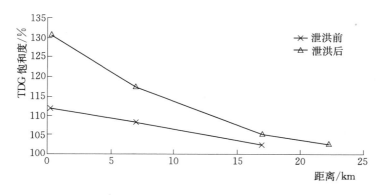

图 4.23　12 月 28 日溢洪道泄洪前后走马河总溶解气体沿程变化曲线

分析总溶解气体释放较快的原因，主要如下：

（1）在坝下约 7km 处为都江堰分水闸，分水闸以下各河流均属于都江堰灌区，灌区内沟渠纵横交错,水系复杂,总溶解气体饱和度较低的水流汇入到饱和度较高的水流中后,起到了稀释作用,同样加速了过饱和总溶解气体的释放。灌区内沿河两岸分布有居民取、排水口及电站发电用水,这些河流沟渠之间的互相掺混及各种外界干扰均加速了水体内过饱和总溶解气体的释放。

(2)根据国内外研究成果,河道水深是影响过饱和气体释放的主要因素。由于紫坪铺下游河流分叉后流量减小,水深变浅,加快了河道内过饱和总溶解气体的释放。

4.2.4 二滩下游江段总溶解气体观测

4.2.4.1 工程特性

二滩电站坝体采用钢筋混凝土双曲拱坝,最大坝高240m。水库正常蓄水位1200.0m,发电最低运行水位1155m。二滩泄洪建筑物按千年一遇洪水流量20600m^3/s设计,5000年一遇的洪水流量23900m^3/s校核,设计洪水对应下游水位1034.8m。二滩水库的泄洪建筑物包括7个表孔、6个中孔、4个底孔及2个泄洪隧洞。其他引水建筑物包括一个过木机道及6个电站引水压力管道。拱坝下游的消能防冲建筑物包括水垫塘和二道坝及二道坝下游护坦。水垫塘全长300m,采用复式梯形断面,底宽40m,底板顶高程980m,边墙顶高1032m。二道坝坝型为重力坝,溢流段坝顶高程1012m,最大坝高35m,坝顶平台宽度6.5m。各泄水建筑物设计综合特征见表4.7。

表 4.7　　　　　　　　　　　泄水建筑物设计综合特性表

	建筑物名称	表孔溢洪道	中孔	1 号泄洪洞	2 号泄洪洞
设计洪水	设计泄量/(m³/s)	6260	6930	7400	
	单宽流量/(m²/s)				
校核洪水	泄量/(m³/s)	9500	6950	7600	
	单宽流量/(m²/s)				
	最大流速/(m/s)			45	
孔　数		7	6		
建筑物全长/m		溢流前缘 142.34		922	1269.01
进口底板高程/m		堰顶 1188.5		1163	1163
出口挑坎高程/m		单数 1178.33 双数 1172.78	1120～1122	1040	1040
孔口(宽×高)		13m×13m	6m×5m		
断面(宽×高)				圆拱直墙 13m×13.5m	

4.2.4.2 观测方案

二滩电站泄洪期间,为了对电站下游的雅砻江江段和汇口附近的金沙江江段总溶解气体原型观测得到了二滩电站下游总溶解气体饱和度随泄洪流量的变化关系及其在下游河道的释放过程。饱和水流汇入金沙江后,干支流混合对总溶解气体的影响。据此,在雅砻江二滩电站和金沙江江口段观测断面布置见图4.24。

4.2.4.3 观测结果分析

观测期间测得二滩水库坝下大气压为 $656 \sim 660$ mmHg，水温为 $19.6 \sim 20.7$ ℃。图 4.25 为二滩坝下总溶解气体饱和度与出库流量关系图。由图中可以看出，流量与总溶解气体饱和度关系出现异常，即在流量小时，坝下观测的总溶解气体饱和度比流量在大时还高。这一现象出现在 7 月 27 日及 28 日。27 日和 28 日二滩水库表孔溢洪道全部关闭，仅用 2 号泄洪洞泄洪，而表孔关闭前，电站泄洪方式为表孔与 2 号泄洪洞联合泄洪。分析认为，27 日和 28 日流量较小时，总溶解气体饱和度出现高值的原因主要有两点：①2 号泄洪洞下游水垫塘水深较大，且由于 2 号泄洪洞洞身长，掺气距离长，致使下游水垫塘内单位

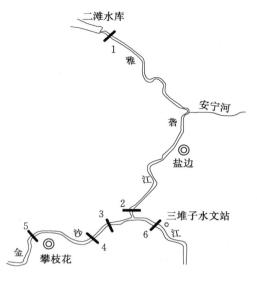

图 4.24 观测断面布置示意图

面积掺气量较大；②2 号泄洪洞单独泄洪较与表孔联合泄洪有更大的单宽流量，总溶解气体饱和度与泄洪单宽流量呈正比关系，因而造成总溶解气体饱和度较大。

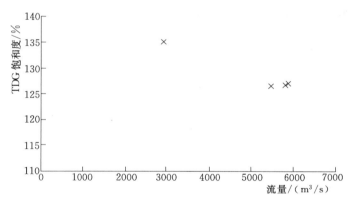

图 4.25 二滩坝下 TDG 饱和度与出库流量关系图

图 4.26 为 1 断面、2 断面和 6 断面的总溶解气体饱和度的对比图。可以看出，泄洪产生的过饱和总溶解气体沿程逐渐释放，到汇口附近已有不同程度的释放，但并未完全释放至饱和状态，饱和度仍大于 120%。在汇口处，含过饱和总溶解气体的雅砻江水流汇入金沙江。由于金沙江水流的稀释作用，过饱和总溶解气体浓度迅速减小。

根据雅砻江汇入前后总溶解气体饱和度变化，发现干支流汇合的总溶解气体浓度变化为流量的加权平均，符合混合公式：

$$C = (C_1 Q_1 + C_2 Q_2)/(Q_1 + Q_2) \tag{4.14}$$

式中　C——混合后总溶解气体饱和度；

C_1、C_2——混合前干流、支流总溶解气体饱和度；

Q_1、Q_2——干流、支流流量。

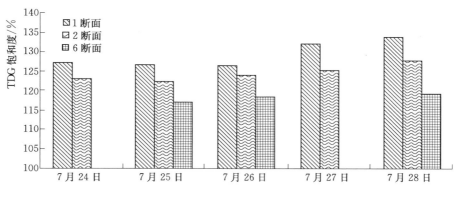

图 4.26　二滩坝下及汇口上游断面 TDG 饱和度对比图

4.2.5　黄果树瀑布总溶解气体观测

已建高坝工程多数为年调节以上的大型水库，由于库容调节能力强，发电装机容量大，同时受天然来水流量限制，高坝泄洪时间极短，仅局限在汛期部分时段，部分高坝水库甚至连续几年都不曾泄洪。这一特点限制了原型观测工作的开展。考虑到西南山区河流落差大，容易形成大落差的跌水或瀑布，因此对大落差瀑布下游总溶解气体过饱和问题开展了观测研究。

4.2.5.1　黄果树瀑布简介

黄果树瀑布位于黄果树国家重点风景名胜区内。距贵州省省会贵阳市 128km，距安顺市区 45km。黄果树国家重点风景名胜区内以黄果树瀑布为中心，分布着雄、奇、险、秀风格各异的大小 18 个瀑布，被大世界吉尼斯总部评为世界上最大的瀑布群。黄果树瀑布高 77.8m，宽 101.0m，是黄果树瀑布群中最为壮观的瀑布和我国最大的瀑布，同时也是世界著名大瀑布之一。

黄果树瀑布位于北盘江支流打帮河（黄果树至郎弓段称白水河）上。黄果树瀑布有小水、中水、大水之分。中水时常年流量为 20m³/s，时间为 9—10 月；大水时，流量达 1000m³/s。

4.2.5.2　观测方案

分别在跌水前、跌水下游、下游干流河道及主要支流沿程布设监测点。测定因子包括 DO、TDG、水温、大气压等。流量、水位等水文要素直接采用黄果树水文站及下游高车水文站的水文测验结果。

4.2.5.3　观测结果分析

黄果树瀑布流量受天气影响较大，一般随着降雨的增多而增大。此次对黄果树瀑布于 2007 年 5 月和 6 月进行了观测。2007 年 5 月 15 日，瀑布流量 4m³/s，单宽流量约为 0.04m²/s，未观测到过饱和现象。2007 年 6 月 24—30 日，瀑布流量 20～200m³/s，单宽流量 0.19～1.98m²/s，此范围内均观测到了过饱和现象。但由于 100m³/s 以上的流量存在时间较短，到现场时流量已降至 100m³/s 以下，故仅得到 20～100m³/s 流量下的观测结果。

首先，此次观测进一步验证了单宽流量与瀑布下游总溶解气体饱和度有较好的相关关系（图4.27），两者相关系数为0.99，说明单宽流量与总溶解气体饱和度有着良好的线性关系。

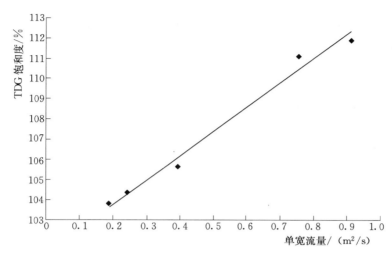

图 4.27 黄果树瀑布下游总溶解气体饱和度与瀑布单宽流量关系示意图

需要说明的是，由于王二河的汇入，致使汇口下游 TDG 大于上游。因此，在分析总溶解气体耗散距离时，应将河段分为两个部分。其中河段一为黄果树瀑布至王二河汇口约 4km，河段二为王二河汇口至关脚约 20km。由表 4.8 可以看出，6 月 26 日河段一总溶解气体由 111.4% 降至 102.7%，平均每公里衰减 2.18%，河段二总溶解气体由 107.7% 降至 102.4% 平均每公里衰减 0.27%。河段一降幅虽大于河段二，但距离却远短于河段二。这一结果是诸多因素造成的：①河段一的平均水深小于河段二，经计算，河段一的平均水深小于 0.3m，河段二的平均水深则在 1m 左右；②河段一内有数个落差不等的跌水过程，这在一定程度上也加速了总溶解气体的耗散；③河段二汇入了几条流量较大的支流，且几条支流总溶解气体均过饱和，但需指出的是王二河汇口至慕龙桥河段（长约 6km），没有其他河流汇入，总溶解气体降幅仅为 1%；④泥沙含量的增加减缓了总溶解气体的耗散。因为瀑布下游至王二河汇口段水体远较王二河水体清澈，汇口处可以明显地看到两股水体的分界线。因此，初步认为泥沙含量也是致使王二河汇口至慕龙桥河段（长约 6km）降幅较小的原因之一。为找到王二河总溶解气体过饱和的原因，研究人员对王二河也进行了观测和调查。王二河上分别建有王二河电站及三叉湾电站，其中王二河电站距王二河与白水河汇口约 9km，并建有王二河水库。三叉湾电站在两河汇口上约 500m，为引水式电站，引用水取自王二河水库。王二河电站因为种种原因，虽已建成，但未能发电，现仅通过溢洪道调节水量。观测发现，王二河水库表面水体总溶解气体过饱和度达 200%，总溶解气体饱和度仅为 130%。且在垂向上 DO 及总溶解气体随着水深的增加急剧下降，水深 10m 处水体已处于氧亏状态，总溶解气体也不饱和。分析认为王二河水库总溶解气体过饱和的原因主要是由于水体中植物的光合作用产生了大量的总溶解气体，使水体表面总溶解气体过饱和,进而导致总溶解气体过饱和。

表 4.8   黄果树瀑布下游干流 TDG 沿程变化表   %

日　期	黄果树水库坝前	水文站监测断面	瀑布下游200m（左）	王二河汇口上游100m（中）	下游约100m（右）	慕龙桥（左）	关脚（中）
6 月 26 日			110.1	111.4	107.4		
6 月 27 日	105.7	105.6	106.0	105.6	105.6	102.1	101.9
6 月 28 日		104.4	105.3	104.4	104.5		
6 月 29 日		104.5	103.6	103.8	104.4		

4.3

鱼类对溶解气体过饱和水体的耐受性

4.3.1 溶解气体过饱和对鱼类的影响

河道中的溶解气体尤其是溶解氧的增加对水质的改善具有极大的好处，可以增加水中有机物的降解，为水生生物提供足够的氧气完成正常的生理过程。

但是含有过饱和空气的水体会造成鱼类的气泡病，导致鱼类损伤或死亡。

在气泡病的外观症状中，可发现在多个器官中出现气泡。头部肌肉和口内层出现大量的气泡和水泡，气泡形成的大小和位置与气泡病的严重程度和鱼类种类有关，并且与鱼类在气体过饱和水中生活的时间长短有关，严重者肉眼可见口两侧的两条沟裂内有呈线形排列的许多气泡，口不能闭合。在极少数患有气泡病的鱼中，可以看见眼球突出现象。关于侧线处形成的气泡，由于气泡太小而不容易发现，并且鱼死后气泡会迅速消失，故没有具体的描述，但还是有些研究者成功拍摄了侧线上形成的气泡。鱼鳍上的气泡初始发生在其基部，随后发展到末端、前额、吻端，以后逐步发展到全身。对于极少数鱼类，鳍基特别是偶鳍的基部和尾部会出现出血症状。对于在鱼类鳃瓣部位形成的气泡，Elston（1997）对虹鳟和其他鲑鳟鱼类进行了相关研究，发现在鳃丝部位形成了气泡，离体鳃丝上的气泡在 2min 内基本消失，鱼体鳃丝上的气泡在 15min 内基本消失，但大部分气泡消失的时间在 3～5min 内。

溶解气体在鱼的正常组织里浓缩并累积，眼角膜、体表、鱼鳍、鱼鳃经常可以发现气泡的存在，气泡蓄积在眼球内或眼球后方，会引起眼球肿胀，严重时可将眼球向外推挤而突出，严重时在鱼口前两侧的沟裂内，肉眼就可以看到里面呈线形排列的许多气泡。镜检鳃发白，鳃丝间黏液增加，有许多小气泡，鳃丝完整，肝颜色发白，部分胃内有食物，肠内有黄色黏液和气泡，外观除体色较黑外无其他症状，如同失血而死之鱼，有的鱼也表现为整个头部都充血，口的四周红肿而使口不能闭合。患气泡病的虹鳟的体表特征见图 4.28～图 4.30。

图 4.28　患气泡病的虹鳟突出的眼球
（参见文后彩图）

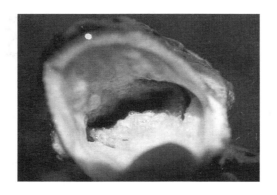
图 4.29 患气泡病的虹鳟口腔中的气泡
（参见文后彩图）

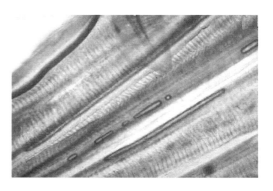
图 4.30 患气泡病的虹鳟鳃丝中的气泡
（参见文后彩图）

早期研究中，Marsh 和 Gorham 在观察由于气泡病引起的死鱼时，发现血管中存在大量的游离气体，这些游离气体会随着数量的增加形成气泡扩展到心脏从而引起整个血管血流的阻塞，同时心室壁和心耳壁还出现气肿现象；在鱼肠道内也可以看见大量的气泡。Renfro、Harvey 和 Bouck 等均发现气泡充塞在细动脉的分支，引起鳃小瓣恶化，并随着时间推移，细动脉逐渐变成半透明形成动脉瘤。在身体的其他组织，Pauley 和 Nakatani 观察到肾脏、肝脏和肠道均出现了不同程度的坏死症状。李川等人在研究气泡病对杂交鲟鱼的影响时观察发现患病鱼肠内有大气泡，包括大肠与中肠，气泡有大有小。严重者从前肠到后肠，气栓布满整个肠管，部分食物粘贴在肠壁。肠气栓使消化道上下通气不畅，形成肠梗阻。鳃丝完整，肝较白，被充气的肠道膨胀，严重充血。胃柔软，弹性度极大，气泡积累胃中，使胃膨胀，幼鱼在严重时可清晰见到胃囊食物。

4.3.2 发生的原因

在研究高坝导致气体过饱和的阶段，特别是 20 世纪六七十年代，大部分学者认为氧气在生物机体内能够通过生物过程得到降解，氮气是不活泼气体，在生物体内没有参加新陈代谢，故认为氮气过饱和是导致气泡病发生的主要因素；只有极少数的学者认为高浓度的溶解氧能够引发气泡病。Harvey 和 Cooper（1962）将氧气分为生物源氧气和非生物源氧气，认为非生物源氧气的过饱和常伴随氮气过饱和，两者混合在一起迅速导致气泡病，而由于光合作用产生的生物源氧气导致气泡病需要溶解氧高达 300%，故部分学者认为气泡病的产生主要是由于水中总气压而不仅仅是由于水中的溶解氧或溶解氮分压。Rucker 和 Kangas（1974）将鲑鱼苗放养在总气压不断变化而氮分压（120%）恒定的水体中，得出总气压对气泡病的影响比溶解氮分压要大得多。Rucker（1976）报道，在总气压减少氧分压增大而氮分压相对减少的过程中，气泡病发生率下降。关于二氧化碳过饱和导致鱼类气泡病的研究较少，因为二氧化碳本身对鱼类就具有毒性，只有 Mrsic（1933）报道过二氧化碳过饱和能产生气泡病，而其他一些学者在研究二氧化碳对鱼类的毒性过程中，都没有得出类似结果。溶解在水中极少数的氩气和氮气一样属于惰性气体，故大部分学者常将其和氮气归在一起。

造成水中溶解气体过饱和导致鱼类发生气泡病的因素主要有：①地下水未经曝气常含有饱和的氮气；②浮游植物过多，在强光和高温条件下藻类光合作用旺盛可引起水中溶解氧过饱和；③水温增加，如工厂废热水、大棚温室效应以及鱼类从低温水游至高温水等情况；④溢洪道放水，河水被过度充气和鱼类从深水游入浅水等情况。引起气泡病的主要原因是水体中含有过饱和的氮气或氧气。其余气体如二氧化碳等也可溶于水，但是含量较少；并且二氧化碳进入血中之后大多会与钙盐等结合而不易出现气泡阻塞血管现象。气体进入鱼体内可能会栓塞在不同的组织结构中，引起各种症状与病变，如呼吸困难，突眼、贫血，甚至死亡。鱼类气泡病一般发生在夏秋高水温期。鱼类气泡病的发生和严重程度还与鱼类种类、生活史（年龄与体长）、水温、水深等有关，其死亡率一般低于5%，但急性病例可使鱼苗死亡率达到100%。相关研究表明鳊鱼对氧饱和度最敏感，草鱼次之，鲢、鳙、鲤、鲫鱼敏感性较差。鱼类个体越小对气泡病越敏感，因此气泡病对鱼苗、鱼种的危害最大，常常引起鱼苗大量死亡。

（1）气体分子不论是呈气体状态，还是溶解于水中，均处于由压力高处向压力低处不断扩散的状态。鱼类体内的组织细胞，必须经过在鳃丝与血液、血液与组织的两次气体交换，以及血液的运输，才能获得新鲜氧气、排出二氧化碳。虽然能够通过主动调节呼吸运动，来适应水体中溶解氧的变化，但超过一定限度时，过饱和的氧气或氮气促进血液中氧分压增大，使血液中溶解氧过饱和，在血液中形成微小气泡，形成栓塞。同时水体中的微小气泡有可能被鱼类吞食，造成胃或肠道充气。

（2）鱼体患上气泡病后，整个肠道充满气泡，使肠壁受压而膨胀，其膨胀的程度远大于肠道正常粗细，使得黏膜层逐渐萎缩消失，出现充血。同时严重挤压其他内脏器官。肠道充气后，由于巨大的压力，使得鱼体无法进食，有些个体口呈张开状。肠道充气使得体积增大，密度相对减小，鱼体漂浮于水面，无法潜水。由于肠道接近肝脏，肠道充气膨胀后剧烈的挤压肝脏，在物理挤压作用下，肝脏严重变形，其中的一些毛细血管破裂，血细胞外溢充斥在组织细胞间隙造成充血。使得肝脏失去正常的功能，加速病鱼的死亡。最终病鱼因无法进食，无法正常潜水，肠道及其他内脏器官充血、病变、坏死而死亡。

（3）气泡病可致眼球突出症。研究发现，气泡出现在眼球可引发轻度的白内障、晶状体变形、眼球玻璃质恶化、角膜扩大、眼内乳浊化，从病理切片可看出，眼球中气泡的形成使视网膜色素上皮细胞与脉络膜上皮细胞分离，视网膜退化、视网膜色素层增生，导致脉络膜的血液供应不足，以致失明。

（4）当水体溶解气体过饱和时，过饱和的气体通过鳃丝经血液循环进入鱼体。鱼的血管中即存在着大量的游离气体，这些游离气体数量逐渐增加形成气泡，扩展到心脏，从而引起整个血管血流的阻塞，同时心室壁和心耳壁还出现气肿现象。血液流经鱼鳍毛细血管时，由于此时组织内气体分压较低，气体从血液中解离出来进入组织中，过剩的气体滞留在组织中形成气泡，起初气泡很小，以后逐渐增大。鱼苗误吞气泡，在肠道内也形成气泡，吞入较多时，可形成较大的气泡，病鱼浮于水面，失去平衡，不能下沉而死亡。

4.3.3 鱼类对气体过饱和环境的耐受性及适应行为

鱼的不同生活阶段对过饱和气体的耐受性试验结果表明，大部分鱼卵对于气体过饱和均具有很强的耐受性，但关于鱼类在不同的生活阶段对于气体过饱和的耐受性的结论却各不相同。Meekin 和 Turner 关于大鳞大马哈鱼的研究认为，随着年龄的增加，大鳞大马哈鱼对于溶解性气体的耐受性逐渐降低。Rucker 关于银大马哈鱼的试验研究显示，体长小（40mm）的鱼比体长大（53mm、67mm）的鱼对于气体过饱和水体的耐受性更强。Timothy 进行了白姆的研究，结果表明发育时间越长，对气体饱和度的耐受性越弱。Bouck 的鲑鳟鱼生物学效应试验得出，死亡率均为 20％ 的情况下，幼鱼死亡时间为 125h，两龄鱼为 154h，成鱼为 309h。

鱼类对气体过饱和的耐受程度与水深密切相关。因为水中静压力从表层到底层逐渐增大，因此，对于均匀混合水体，虽然总溶解气体的绝对含量不沿水深变化，但由于静压力的增加，气体溶解度逐渐增加，相应当地压力的气体饱和度（鱼类所感知的饱和度）将逐渐减小，即水深每增加 1m，气体饱和度降低 10％。如水体表层气体饱和度为 120％，则在 1m 水深处气体饱和度为 110％，到 2m 水深时就只有 100％ 的饱和度。研究表明，鱼类具有对气体过饱和的探知和躲避的能力。自然条件下，鱼类能够通过探知气体过饱和来选择适宜的深度生存，从而减少气泡病的发生。这一深度即为补偿深度。例如，对于总溶解气体饱和度为 110％ 的水体，补偿深度为 1.0m，如果水体水深大于 1.0m，则鱼将可以躲避至 1.0m 以下的水中继续生活，而免受过饱和气体的影响。如果水体水深不足 1.0m，则鱼将无法躲避过饱和气体的影响。研究表明，不同鱼类探知和躲避过饱和水体的能力不同。Donald 对鲑和鳟的研究得出，这些鱼类都具有探知和躲避过饱和水体的能力，其中银大马哈鱼躲避能力最强，2h 内选择饱和度较低的水域生存，虹鳟的躲避能力最弱，死亡率最高；Robert 研究了意大利鲤和杜父鱼对气体过饱和的行为反应，表明鲤对探知和躲避过饱和气体的能力比杜父鱼要弱。Montgomery 等（1980）研究哥伦比亚斯内克河小口黑鲈和折居鱼的气泡病情况认为当水中溶解气体饱和度超过 115％，鱼类会产生气泡病。国内相关研究较少，如在葛洲坝建成初期有相关报道，记录了泄洪导致鱼苗死亡的情况。西南大学和长江水产研究所（2006 年）具体分析了鱼类不同生活阶段、液静压、温度、间歇性的暴露、探知和躲避能力导致其对气体过饱和忍耐大小的状况，并对气泡病的内部损伤如血液中形成的气栓、外部症状如身体各个部位形成的气泡做了较具体的描述等。鱼类气泡病对水体中总溶解气体或溶解氧的响应研究多以试验为主，Gunnarsli 等对幼年鳕鱼进行了气泡病的适应性研究，指出鳕鱼患气泡病的最低溶解气体饱和度为103％；Johnson 等通过研究成年虹鳟在迁移中展示的复杂的深度选择行为来得到其适应的总溶解气体饱和度，指出在饱和度较低时虹鳟可以通过静水补偿来避免气泡病的发生，但当饱和度大于 130％ 时静水补偿也不能阻止气泡病症状的出现。国内，西南大学和长江水产研究所通过情况调查和试验研究具体分析了鱼类不同生活阶段、液静压、温度、间歇性的暴露、探知和躲避能力导致其对气体过饱和忍耐大小的状况，并对气泡病的内部损伤如血液中形成的气栓、外部症状如身体各个部位形成的气泡做了较具体的描述。

目前的研究显示，过饱和气体水体对鱼卵未见明显影响。鱼卵根据其随水流运动情况，包括漂浮性卵和沉性卵，漂浮性卵一般在水面随水漂浮，并进行孵化，整个孵化过程都在近表面水体进行，其漂浮过程中周围水体溶解气体浓度高，尤其是氧的溶解浓度高对其发育有积极的意义，这也是自然选择中使其漂流孵化的原因。对于沉性卵由于其附着在河床的岩石上孵化，因此在孵化过程中若河水出现过饱和状态很可能影响其胚胎发育，但目前对此尚未有研究成果。

鱼类的幼鱼在孵出后，一般游泳能力比较弱，都是在河水中漂流，部分幼鱼能做短距离的垂直游动，由于其身体的抗压能力比较弱，所以当其做短距离的垂直游动时若呼吸到含过饱和气体的水体，过饱和气体在其运动的扰动下在水中释放出来，则其受伤会比较严重。

各种鱼类的成鱼对水体的气体过饱和程度耐受性和规避能力不同，通过实验获得的鱼类对溶解气体过饱和水体的耐受能力由强到弱排序为黄颡鱼、鲶鱼、草鱼、鲫鱼、鲢鱼、鳙鱼、鳊鱼。同时，在水中自由活动的鱼类在有过饱和气体水体出现时会减少上浮，以使身体的压力平衡，避免身体中的过饱和气体逸出。因此最主要的是在有过饱和水体出现时应避免捕捞。

4.3.4　实验室人造过饱和水体的耐受试验

（1）试验设计。该试验采用前述实验设备，将高压水箱内的水调节到各级别溶解氧含量，如 100%、110%、120% 等，分别将相近体长、重量、相似状态的不同种鱼放入各级别的溶解氧环境中，在充分暴露在高氧环境中一定时间以后将鱼取出，一部分进行静水常压暂养，观察鱼的行为变化及死亡时间；另一部分解剖镜检，观察鱼的头部、眼部、体表、鳍、肠壁以及鳃丝内气泡存在与否，详细记录鳃丝中气泡的长度及数量，并以此作为判别鱼类气泡病的主要依据之一。静水常压下的鱼经过一定时间的暂养后，死亡或非死亡都对其进行解剖，并详细记录上述特征，与同样实验条件下无暂养的鱼进行比较，以研究鱼类对气泡病的自我修复能力。

（2）试验鱼类。为研究鱼类因溶解氧的过饱和发生气泡病的情况，实验鱼类选择各水深处的代表性经济鱼类，如草鱼、鲢鱼、鳙鱼、鲫鱼、鳊鱼、昂刺鱼、鲶鱼等。

草鱼见图 4.31，属鲤形目鲤科草鱼属，俗称草根（东北）、混子、黑青鱼等。草鱼一般栖息于平原地区的江河湖泊，喜居于水的中下层和近岸多水草区域。其体较长，略呈圆筒形，腹部无棱。头部平扁，尾部侧扁。背鳍和臀鳍均无硬刺。体呈茶黄色，背部青灰略带草绿，偶鳍微黄色。生性活泼，游泳迅速，常成群觅食，为典型的草食性鱼类。因其生长迅速，饲料来源广，是中国淡水养殖的"四大家鱼"之一。

鲢鱼见图 4.32，属于鲤形目鲤科，又称为白鲢、水鲢、鲢子。鲢鱼在全国各大水系均有分布，体形侧扁、稍高，呈纺锤形，背部青灰色，两侧及腹部白色，头较大，眼睛位

图 4.31　草鱼

图 4.32　鲢鱼

置很低，鳞片细小。形态和鳙鱼相似，鲢鱼性急躁，善跳跃。鲢鱼是人工饲养的大型淡水鱼，生长快、疾病少、产量高，多与草鱼、鲤鱼混养，是我国主要的淡水养殖的"四大家鱼"之一。

鳙鱼见图 4.33，属鲤形目鲤科鳙属，俗称花鲢、胖头鱼、黑鲢、黄鲢、大头鱼。鳙鱼喜欢生活于静水的中上层，动作较迟缓，不喜跳跃。以浮游动物为主食，亦食一些藻类。主要分布于亚洲东部，我国各大水系均有此鱼，但以长江流域中、下游地区为主要产地。鳙鱼体侧扁，头极肥大。鳃耙细密呈页状，但不联合。体侧上半部灰黑色，腹部灰白，两侧杂有许多浅黄色及黑色的不规则小斑点。鳙鱼疾病少，易饲养，我国淡水养殖业中的"四大家鱼"之一，为我国重要经济鱼类。

鲫鱼见图 4.34，属鲤形目鲤科鲫属，又叫喜头鱼、鲫瓜子、鲋鱼、鲫拐子、朝鱼、刀子鱼、鲫壳子。全国各地水域常年均有分布，是一种主要以植物为食的杂食性鱼，喜群集而行，择食而居，为我国重要食用鱼类之一。鲫鱼呈流线型（也叫梭型），体侧扁而高，体较厚，腹部圆。头短小，吻钝。无须。鳃耙长，鳃丝细长。下咽齿一行，扁片形。鳞片大。侧线微弯。背鳍长，外缘较平直。背鳍、臀鳍第 3 根硬刺较强，后缘有锯齿。胸鳍末端可达腹鳍起点。尾鳍深叉形。一般体背面灰黑色，腹面银灰色，各鳍条灰白色。因生长水域不同，体色深浅有差异。

图 4.33　鳙鱼　　　　　　　　　　　　图 4.34　鲫鱼

鳊鱼见图 4.35，属鲤形目鲤科，学名鳊。主要分布于中国长江中、下游江河、湖泊中。鳊鱼体背部青灰色，两侧银灰色，腹部银白；体侧鳞片基部灰白色，边缘灰黑色，形成灰白相间的条纹。体侧扁而高，呈菱形。头较小，头后背部急剧隆起。眶上骨小而薄，呈三角形。口小，前位，口裂广弧形。上下颌角质不发达。背鳍具硬刺，刺短于头长；胸鳍较短，达到或仅达腹鳍基部，雄鱼第一根胸鳍条肥厚，略呈波浪形弯曲；臀鳍基部长，具 27～32 枚分枝鳍条。腹棱完全，尾柄短而高。鳔 3 室，中室最大，后室小。该鱼全长40cm 左右，比较适于静水生活，是中国主要淡水养殖鱼类之一。

黄颡鱼见图 4.36，属鲶形目鲿科黄颡鱼属。又名昂刺鱼、黄腊丁、嘎牙子、黄鳍鱼、黄刺骨。黄颡鱼多在静水或江河缓流中活动，营底栖生活，昼伏夜出。黄颡鱼体长，腹面平，体后半部稍侧扁，头大且扁平。吻圆钝，口裂大，下位，上颌稍长于下颌，上下颌均具绒毛状细齿。眼小，侧位，眼间隔稍隆起。须 4 对，鼻须达眼后缘，上颌须最长，伸达胸鳍基部之后。颌须 2 对，外侧一对较内侧一对为长。体背部黑褐色，体侧黄色，并有 3 块断续的黑色条纹，腹部淡黄色，各鳍灰黑色。体长约 123～143mm，杂食，主食底栖无脊椎动物，食物多为小鱼、水生昆虫等小型水生动物。

图 4.35 鳊鱼

图 4.36 黄颡鱼

鲶鱼见图 4.37，属鲶形目鲶科鲶属，俗称塘虱，又称鲶巴郎、泥鱼、怀头鱼等。鲶鱼主要生活在江河、湖泊、水库、坑塘的中下层，多在沿岸地带活动，广泛分布于我国东部各水系，多生活在池塘或河川等淡水中。鲶鱼体长形，头部平扁，尾部侧扁。口裂小，末端仅达眼前缘下方。下颚突出，齿间细，绒毛状，颌齿及梨齿均排列呈弯带状，梨骨齿带连续，后缘中部略凹入。眼小，被皮膜。成鱼须 2 对，上颌须可深达胸鳍末端，下颌须较短。鲶鱼多黏液，体无鳞。背

图 4.37 鲶鱼

鳍很小，无硬刺，有 4～6 根鳍条。无脂鳍。臀鳍很长，后端连于尾鳍。鲶鱼体色通常呈黑褐色或灰黑色，略有暗云状斑块。普遍的体上没有鳞，有扁平的头和大口，口的周围有数条长须。

分别对各实验鱼类进行每种不少于 30 条的统计分析实验，以期得到一定的统计规律，分析各鱼类对于溶解气体过饱和的敏感程度及各鱼类患气泡病的最低溶解氧含量。实验用鱼情况见表 4.9。

表 4.9 实 验 用 鱼 情 况 表

品种	样本数	长度/cm	体重/g	品种	样本数	长度/cm	体重/g
草鱼	34	44.2±1.5	1100±98	鳊鱼	35	32.5±2.2	530±70
鲢鱼	30	44.6±1.3	1230±87	黄颡鱼	30	16.4±1.1	50±8
鳙鱼	32	45.1±1.3	1450±110	鲶鱼	30	35.3±2.7	900±130
鲫鱼	30	23.2±1.7	280±80				

4.3.4.1 试验工况

实验采用的不同的工况由本书 4.2 节中溶解气体过饱和概化实验得出。通过调节不同的下游水深 h，不同下泄流量 Q 及不同的落水高度 H 得到实验溶解氧梯级对应的工况。实验所用溶解氧含量对应工况见表 4.10。

4.3.4.2 试验步骤

每次进行实验前一天在回水槽内加入适量自来水并放置 24h，使自来水中的氯气充分释放，以防实验鱼类因氯气过多而死亡。进行实验时，将鱼放入高压水箱的充气槽中，关

表 4.10 实验所用溶解氧含量对应工况表

溶解氧饱和度/%	下游水深 h/cm	下泄流量/(m³/s)	落水高度 H/m
100	50	9	6
110	50	6	8
120	30	9	8
130	30	14	8

闭高压水箱门，开泵放水，并调节相应的下游水深、流量以及高压回水管的高度使高压水箱内达到一定的溶解氧含量，以研究相应溶解氧含量下鱼的响应情况。

经过一定时间的循环，高压水箱与回水槽内的水与空气掺混充分，唯一的区别为高压水箱内水体承受高压，而回水槽内的水体为常压。将同种类别、相近尺寸、重量的鱼分别放入高压水箱和回水槽内，在相应溶解氧情况下暴露一定时间，研究压力对于溶解氧含量及鱼类气泡病的影响情况。

实验结束后，将高压水箱内的鱼取出并分为两部分，一部分和回水槽内的鱼一起进行解剖、镜检，观察鱼的头部、眼部、体表、鳃、鳍、肠壁是否有气泡存在，并详细记录气泡存在的部位与气泡的尺寸。另一部分放入静水中暂养，并记录暂养过程中鱼行为、体表的变化，无论暂养鱼死亡与否，分别于鱼的死亡时间、24h 及 48h 对鱼进行解剖、镜检，并详细记录上述部位的特征。

4.3.4.3 实验结果与分析

根据实验，在高压水箱中的鱼，放养一段时间以后大部分表现出异常，呈现出不同的症状，如鱼类在水中活动缓慢，呼吸困难，偶尔流动剧烈，喜在水的上层，鱼体腹部朝上，而且膨大，鱼体各部分出现不适应性症状，如嘴红肿、眼球突出并出现气泡、鱼鳍充血及附着大量气泡等，见图 4.38～图 4.40。

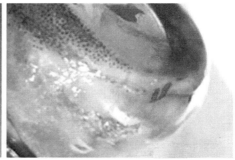

(a)DO 饱和度＝120%，t＝48h　　　　　　(b)DO 饱和度＝110%，t＝48h

图 4.38 鳊鱼气泡病症状（参见文后彩图）

鳊鱼在溶解氧饱和度为 110% 的环境中，暴露 24h 后眼球内有气泡，在溶解氧饱和度为 110% 的环境中暴露 48h 后，嘴部出现红肿（图 4.38）；图 4.39 中的草鱼对过饱和气体较不敏感，在溶解氧饱和度为 120% 的环境中暴露 48h，头部略有充血，未出现嘴红肿等症状；图 4.40 中的鲫鱼对于过饱和气体的敏感性也较差，在溶解氧饱和度为 120% 的环

（a）正常　　　　　　　　　　　　（b）DO 饱和度＝120％，t＝48h

图 4.39　草鱼头部充血症状（参见文后彩图）

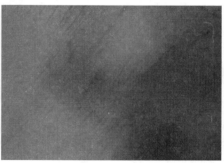

（a）正常　　　　　　　　　　　　（b）DO 饱和度＝120％，t＝48h

图 4.40　鲫鱼鳃丝气泡病的比较（参见文后彩图）

境中暴露 48h，鲫鱼未表现出任何外在症状，解剖出鳃丝镜检，气泡个数较少，体积也较小；图 4.41 所示的鲢鱼敏感性较强，除出现前述外在症状外，鳃丝内气泡的大小及密度随溶解氧饱和度的提高而逐渐增大；在溶解氧饱和度为 120％，放养时间为 48h 时，还出现了如图 4.42 所示的较为严重的气泡病症状，鳊鱼出现了头部充血的现象，鲢鱼鳃丝内出现了较长的气泡，最长鳃丝气泡长度约为 5mm。

（a）正常　　　　（b）DO 饱和度＝110％，t＝48h　　　　（c）DO 饱和度＝120％，t＝48h

图 4.41　鲢鱼鳃丝的气泡病比较（参见文后彩图）

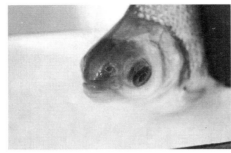 

(a)DO饱和度=120%，t=48h　　　　　　　(b)DO饱和度=120%，t=48h

图4.42　较严重的气泡病（参见文后彩图）

不同鱼类对溶解气体过饱和水体的耐受性分析如下。

通过实验获得的鱼类对溶解气体过饱和水体的耐受能力由强到弱排序为黄颡鱼、鲶鱼、草鱼、鲫鱼、鲢鱼、鳙鱼、鳊鱼，出现比较明显受伤特征的溶解气体浓度为110%。

根据实验结果，不同鱼类暴露在含不同浓度的溶解气体水体中的时间不同，鱼类产生的生理反应不同，患气泡病的程度也不同。当鱼类暴露在较高的溶解氧环境中时容易出现突眼、鳍充血、肛门充血、嘴红肿等症状，镜检肠道及鳃丝可发现有柱状气泡。鱼类过饱和气体暴露实验结果见表4.11。

表4.11　　　　　　　　　　　鱼类过饱和气体暴露实验结果

鱼种	暴露时间/h	溶解氧饱和度/%	病 变 比 例/%						24h内死亡率/%
			突眼	鳃充血	鳍充血	肛门充血	肠部气泡	嘴红肿	
草鱼	24	85（常态）	0	0	0	0	0	0	0
		100	75	100	25	25	75	0	0
		110	100	100	75	25	100	25	0
		120	100	100	100	50	100	0	50
		130	100	100	100	50	100	0	50
	48	85（常态）	0	0	0	0	0	0	0
		100	100	100	50	25	100	0	0
		110	100	100	100	25	100	0	0
		120	100	100	100	25	100	25	50
		130	100	100	100	50	100	50	100
鲢鱼	24	85（常态）	25	0	100	25	25	0	0
		100	100	100	100	100	100	0	0
		110	100	100	100	100	100	0	50
		120	100	100	100	100	100	0	100
	48	85（常态）	25	0	100	25	25	0	0
		100	100	100	100	100	100	0	100
		110	100	100	100	100	100	0	100
		120	100	100	100	100	100	25	100

鱼种	暴露时间 /h	溶解氧饱和度 /%	病变比例/%						24h内死亡率 /%
			突眼	鳃充血	鳍充血	肛门充血	肠部气泡	嘴红肿	
鳙鱼	24	85（常态）	0	0	50	0	0	0	0
		100	100	100	100	25	100	0	0
		110	100	100	100	50	100	0	50
		120	100	100	100	100	100	0	100
	48	85（常态）	25	0	50	25	25	0	0
		100	100	100	100	25	100	0	0
		110	100	100	100	70	100	0	100
		120	100	100	100	100	100	0	100
鲫鱼	24	85（常态）	0	0	0	0	0	0	0
		100	50	100	25	0	50	0	0
		110	100	100	50	25	100	0	0
		120	100	100	50	25	100	25	0
		130	100	100	50	25	100	25	50
	48	85（常态）	0	0	0	0	0	0	0
		100	50	100	25	25	50	0	0
		110	100	100	50	25	100	25	0
		120	100	100	75	50	100	25	50
		130	100	100	75	50	100	25	50
鳊鱼	24	85（常态）	0	0	25	0	0	0	0
		100	50	100	50	50	50	0	0
		110	100	100	100	25	100	0	50
		120	100	100	100	50	100	25	100
	48	85（常态）	0	0	25	0	0	0	0
		100	75	100	75	25	75	0	0
		110	100	100	100	50	100	0	50
		120	100	100	100	50	100	25	100
黄颡鱼	24	85（常态）	0	0	0	0	0	0	0
		100	0	0	0	0	0	0	0
		110	0	0	0	0	0	0	0
		120	0	0	0	0	0	0	0
		130	0	0	0	0	0	0	0
	48	85（常态）	0	0	0	0	0	0	0
		100	0	0	0	0	0	0	0
		110	0	0	0	0	0	0	0
		120	0	0	0	0	0	0	0
		130	0	0	0	0	0	0	0

鱼种	暴露时间 /h	溶解氧饱和度 /%	病 变 比 例/%						24h 内死亡率 /%
			突眼	鳃充血	鳍充血	肛门充血	肠部气泡	嘴红肿	
鲶鱼	24	85（常态）	0	0	0	0	0	0	0
		100	0	0	0	0	0	0	0
		110	0	0	0	0	0	0	0
		120	0	0	0	0	0	0	0
		130	0	0	0	0	0	0	0
	48	85（常态）	0	0	0	0	0	0	0
		100	0	0	0	0	0	0	0
		110	0	0	0	0	0	0	0
		120	0	0	0	0	0	0	0
		130	0	0	0	0	0	0	0

通过对实验鱼的外在表现如：突眼、鳍充血、肛门充血、嘴红肿等症状的观察及鱼鳃充血、肠部气泡和鳃丝内气泡大小及数量的镜检，以及高压箱内放养结束后暂养 24h 内的死亡率等指标可以判断出：鲢鱼、鳙鱼、鳊鱼在高浓度溶解气体水体中活动后容易患气泡病，草鱼、鲫鱼稍次，黄颡鱼和鲶鱼最不易患气泡病。从生活环境中看，鲢鱼、鳙鱼及鳊鱼喜居于水的中上层，对于高压下的高溶解气体环境产生强烈不适应，因而表现出对气泡病较为敏感；草鱼和鲫鱼喜居于水的中下层，对压力及高溶解气体的耐受性较好，不易患气泡病；黄颡鱼和鲶鱼都属于鲶形目，体滑无鳞，好静，喜居于水的中下层，经解剖，鱼鳃较细小，大量溶解气体不易通过鳃进入身体，因此，黄颡鱼和鲶鱼对高溶解气体环境不敏感，不易患气泡病。

实验中，对于每种鱼类，某工况下，一半以上实验用鱼出现死亡则认为该工况对应的溶解气体饱和度为该鱼类的极限溶解气体饱和度。通过实验结果来看，鲢鱼、鳙鱼和鳊鱼所能承受的极限溶解气体饱和度约为 120%，鳊鱼的耐受性要略好于鲢鱼和鳙鱼；草鱼和鲫鱼所能承受的极限溶解气体饱和度约为 130%，由于实验条件未能达到更高的溶解气体环境，草鱼和鲫鱼的极限溶解气体饱和度还有可能会更高。该实验未能得到黄颡鱼和鲶鱼的极限溶解气体饱和度值。根据实际水利工程泄水所造成的下游溶解气体过饱和所能达到的较高值，基本可以忽略高溶解气体饱和度对于黄颡鱼和鲶鱼的影响。

4.4

长江鱼类气泡病调查和试验

4.4.1 三峡下游生物学调查和试验

4.4.1.1 生物学调查

谭德彩等在 2003 年下半年和 2004 年上半年，对长江中下游进行了鱼类异常死亡调查，调查地点和结果见表 4.12 和表 4.13。其中显示了在三峡大坝泄洪时，沿程鱼类异常死亡明显增多。并且其存活特征符合溶解气体过饱和环境下的鱼类行为特征。在对暂养死亡鱼类进行解剖后发现，其体内存在大量气泡。暂养死亡大口鲶解剖图见图 4.43，显示鱼类受到气泡病的威胁。但调查并不能反映泄洪量与气泡病之间存在明确关系。

表 4.12　　　　　　　　　　　2003 年长江沿线捕捞渔民调查结果

调查位点	距三峡大坝距离	死亡发生时段	暂养存活时间		备　　注
			表层	底层	
三斗坪	约 6km	7—11 月	<2h	<4h	无论是在表层暂养还是底层暂养都不能存活
宜昌	约 40km	7—11 月	<2h		整个时段表层水不能存活
宜都茶店桥	约 79km	7—11 月	<2h	>12h	整个时段表层水暂养不能存活，但在水面 5m 以下可存活 12h 以上
荆州龙洲	约 190km	7—9 月	<2h	>24h	涨水时死亡更为明显
监利	约 352km	7—9 月	<3h	>24h	8 月最突出，涨水时更为明显
洪湖	约 482km	8—9 月	<3h	正常	8 月下旬至 9 月上旬约 7d 时间内不能存活
秭归茅坪镇		正常	正常	正常	
宜都清江河		正常	正常	正常	

表 4.13　　　　　　　　　　　2004 年长江沿线捕捞渔民调查结果

调查位点	距三峡大坝距离	死亡发生时段	暂养存活时间	
			表层	底层
三斗坪	约 6km	1—8 月	<2h	<4h
宜昌	约 40km	1—8 月	<2h	
宜都茶店桥	约 79km	1—8 月	<2h	>12h

调查位点	距三峡大坝距离	死亡发生时段	暂养存活时间	
			表层	底层
荆州龙洲	约190km	7月反映发生死亡		
监利	约352km	5月27和6月初出现过一次	<3h	>24h
洪湖	约482km			
秭归茅坪镇		正常	正常	正常
宜都清江河		正常	正常	正常

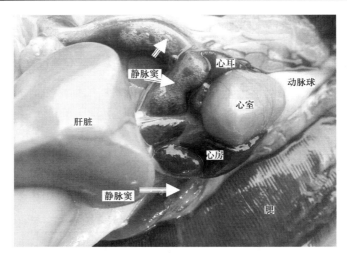

图 4.43　暂养死亡大口鲶解剖图（参见文后彩图）

4.4.1.2　生物学试验

为了进一步分析鱼类异常死亡与三峡工程之间的关系。分别在三斗坪、宜昌庙嘴、荆州宝塔河、宜都、沙市进行了中华鲟、团头鲂、鲤鱼的暂养试验，发现越接近三峡大坝，鱼类暂养存活时间越短，见图4.44～图4.46。

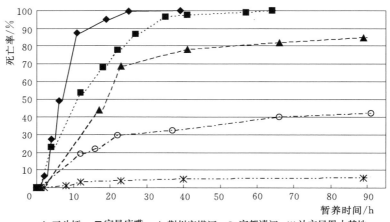

　◆ 三斗坪　■ 宜昌庙嘴　▲ 荆州宝塔河　○ 宜都清江　✳ 沙市凤凰山基地

图 4.44　中华鲟暂养试验

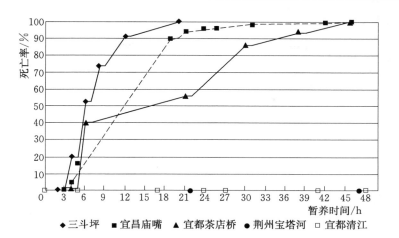

图 4.45　团头鲂暂养试验

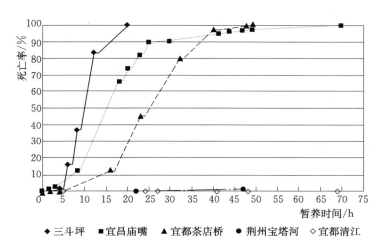

图 4.46　鲤鱼暂养试验

4.4.1.3　调查和试验结果

（1）在三峡大坝下的三斗坪（距三峡大坝 6km）、宜昌庙嘴（距三峡大坝 40km 公里）和宜都茶店桥（距三峡大坝 79km）水域，被试鱼类在江表层水体中，48h 的试验期内，死亡率为 100%。荆州水域的试验鱼存活基本正常，三峡大坝上的茅坪水域和清江水域被试鱼类存活状况良好。

（2）距离三峡大坝越近，鱼类死亡越快。距离三峡大坝约 6km 的三斗坪水域，被试鱼类在 2～24h 内，其中鲢鱼、团头鲂、鳙鱼等 10h 内全部死亡。距离三峡大坝约 40km 的宜昌庙嘴水域，大部分被试鱼类在 5～35h 内全部死亡。距离三峡大坝约 79km 的宜都茶店桥，被试鱼类在 4～50h 内全部死亡。

（3）考虑到全人工养殖环境下培育的苗种对长江流速较快的水流的不适应性等因素，可能会导致部分鱼的不适性死亡因素，特别在秭归茅坪捕捞了三峡库区天然生存的餐条和青虾一并进行试验，试验结果表明，在三斗坪、宜昌庙嘴和宜都茶店桥水域，48h 内，餐条的死亡率均达到80%。在三斗坪，40h内，青虾全部死亡。同样试验条件下，秭归茅坪的餐条和青虾全部存活正常。

（4）在宜都茶店桥，取江水于盆内，放40尾餐条鱼于盆中，在72h内，存活正常。说明静置且没有与长江进行水交换的江水，对鱼类没有致死效应。

三峡蓄水以来，从三峡大坝至洪湖长达482km的长江干流水域程度不同的出现鱼类死亡的生物学效应，经调查试验表明：

三峡库区不存在明显的水质问题，三峡大坝以下长江干流部分水域除溶解氧显著改变外，其他水质指标无显著性变化。

长江中游部分水域出现的鱼类死亡的生物学效应，与三峡水库泄流导致的以溶解氧显著增高为标志的江水气体过饱和相联系。

江水气体过饱和导致的鱼类生物学效应在长江中游地区具有不同程度的表现，影响区域至少达到482km，距三峡大坝越近，其生物学效应越明显。

4.4.2　葛洲坝下游鱼类暂养实验和气泡病调查

4.4.2.1　调查背景

2010年9月2—9日三峡泄洪期间，研究人员在葛洲坝下游400m处采集了当地渔民的渔获物，进行鱼类气泡病调查。

在水产苗种基地购买全人工繁殖培育的小龄苗种草鱼和鳊鱼各200尾，在葛洲坝下游4km处，宜昌渔政码头，进行了鱼类暂养试验。暂养中使用LGY-Ⅱ型智能流速仪测得当地的（水深小于0.6m）水体表面流速是0.8m/s，网口单宽流量为0.8m²/s，基本为自然流速。

根据图4.47三峡大坝2010年9月2—9日泄洪量曲线图可以看出，9月2—6日出库流量大于入库流量，为泄水期，9月6—9日入库流量大于出库流量，为蓄水期。出库流量基本维持在23000m³/s，比较有利于实验。

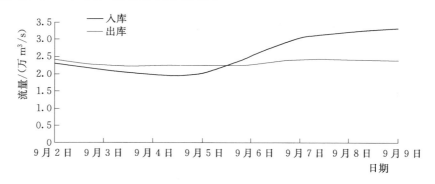

图4.47　三峡大坝2010年9月2—9日泄洪量曲线图

4.4.2.2　检测材料及方法

对鱼类气泡的检测分为外部观察、解剖观察和鳃丝镜检三部分，对所有实验鱼都进行外部观察和解剖观察，鳃丝镜检的对象主要是小龄、品种稀少以及出现任何有气泡病趋势的鱼。

外部观察主要是观察鱼体是否游动失去平衡或失去平衡仰浮在水面上,腹部是否膨胀,呼吸是否困难,是否引起死亡;是否突眼,眼角膜有无气泡;体表是否有气泡,尤其是头部皮肤、鳃盖、眼球四周及角膜,对光检查上述部位;鳍条、鳃盖皮肤有无气泡。

解剖观察主要是观察肠道是否有气泡,肠壁是否充血;是否有膨胀的气泡引起血管栓塞。

鳃丝镜检主要是检查是否有气泡栓塞鳃丝血管引起病鱼呼吸困难,取病鱼的鳃丝进行鳃压片镜检,观察鳃丝内气泡的形状、数量。

监测中主要用到设备和材料包括:莱卡 EZ4D 解剖镜、解剖工具、解剖盘、普通光学显微镜、三层流刺网、网箱等。

使用充氧塑料袋将实验鱼运送至宜昌渔政码头,放于事先浸泡过并且底部沉有石块的网箱中(图 4.48)。自受试鱼下水后开始计时、观察、记录数据。每隔 1h 观察一次,观察时将网兜轻轻拉起,但不脱离江水,观察并记录相关数据资料,对已死亡的受试鱼及时清出进行检测。

图 4.48 实验用网箱(参见文后彩图)

4.4.2.3 暂养实验和气泡病调查结果

实验暂养鱼共计 202 尾,草鱼 100 尾,鲂 102 尾,暂养同时草鱼、鲂各解剖 10 尾,全部正常;草鱼鳃检 14 尾,有气泡 7 尾,拍照 9 尾;其中 1 尾鳃丝发现气泡,6 尾肠道发现气泡,42 尾草鱼身体受到各种创伤,有气泡病趋势,发病率为 7%,发病趋势为42%;鲂没有发现显著气泡病现象,死亡更多是由于鱼较小,受流速过快的水冲击较大致死,见表 4.14。暂养的鲂半数死亡时间是 2.5h,全部死亡时间是 6.3h;暂养的草鱼半数死亡是 5.5h,全部死亡是 49h,草鱼的抗流能力明显强于鲂。暂养鱼存活曲线见图 4.49。

表 4.14 暂养检测和监测统计

项目	鱼种	数量	鳃检	气泡	拍照
种类	草鱼	100	14	7	9
	鲂	102			
总计		202	14	7	9

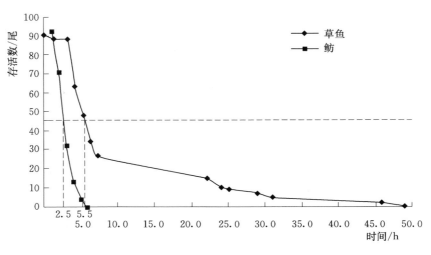

图 4.49 暂养鱼存活曲线

在葛洲坝坝下 400m 当地渔民的渔获物检测鱼种共计 12 种，261 尾，其中以铜鱼最多，占总检测鱼数量的 78.5%，说明铜鱼为此江段的主要渔获物（表 4.15）；其他检测鱼种按照数量依次为餐条、鳊、鲂、黄颡鱼、吻鮈、草鱼、大鳍鳠、粗唇、银鲴、达氏鲌、粗鮈吻、赤眼鳟。鳃检 52 尾，有气泡的鱼 41 尾，有 26 尾进行了拍照；其中 15 尾鳃丝发现气泡，35 尾肠道发现气泡（其中 3 尾在肠壁膜发现气泡），1 尾背鳍条发现气泡（图 4.50），1 尾肠道发现大量气泡（图 4.51），1 尾腹腔壁内膜发现气泡（图 4.52），108 尾受到各种损伤，有气泡病趋势；发病率为 13.41%，发病趋势为 43.03%。

表 4.15 渔获物检测统计

项目	鱼种	数量	鳃检	气泡	拍照
种类	铜鱼	205	41	37	24
	赤眼鳟	1			
	大鳍鳠	3		2	
	粗鮈吻	1			
	草鱼	3	2	2	1
	达氏鲌	2	1		
	黄颡鱼	6	1		
	鳊	17	1		
	粗唇	3			
	银鲴	3	2		
	吻鮈	4	1		1
	鲂	13	3		
总计		261	52	41	26

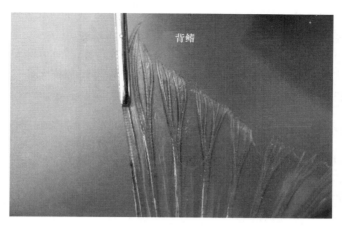

图 4.50 背鳍上的气泡（参见文后彩图）

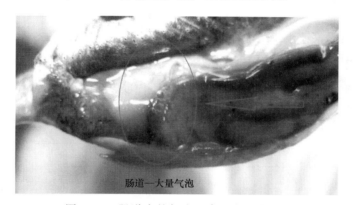

图 4.51 肠道内的气泡（参见文后彩图）

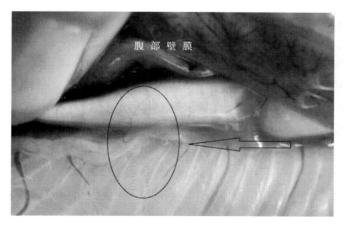

图 4.52 腹膜上的气泡（参见文后彩图）

4.4.2.4 葛洲坝下游鱼类暂养和气泡病调查结论

通过野生鱼（铜鱼、赤眼鳟、大鳍鳠、粗鳍吻、草鱼、达氏鲌、黄颡鱼、鳊、粗唇、银鮰、吻鮈、鲂）暂养和养殖鱼（草鱼、鲂）暂养实验得出各鱼类对过饱和溶解气体水体的耐受能力由强到弱排序为铜鱼、大鳍鳠、草鱼。其他几种鱼中由于样本过少，不能作为判定耐受性的指标。

由暂养实验可知：大坝泄洪期间，鱼的各种器官、组织充血可能是最先出现的气泡病症状，明显的气泡病症状发生时，气泡首先出现在肠道的概率较大，然后依次是鳃丝、体表，其他器官、组织的气泡病发生机理还需要更多的数据来证明。

4.4.3 过饱和水体对葛洲坝江段鱼类种群变动可能的影响分析

4.4.3.1 群落结构组成

研究期内（2002—2009 年）大公桥至烟收坝江段抽样渔获物，共计出现渔业生物 58 种，分别隶属于 6 目 13 科 41 属（表 4.16），均为鱼类生态类群。该群落中铜鱼、圆口铜鱼和圆筒吻鉤等中型个体规格的经济鱼类占据优势。大公桥至烟收坝江段鱼类群落物种数量主要集中于鲤形目和鲇形目，其中鲤形目鱼类 39 种，鲇形目鱼类 9 种，分别占鱼类种类数的 67.24% 和 15.52%。所有鲤形目鱼类中，又以鲤科鱼类占绝对优势类群，共有 31 种，占鲤形目种类数的 79.49%，其重量和数量均显著高于其余各科鱼类。除铜鱼、圆口铜鱼、吻鉤、蛇鉤、瓦氏黄颡鱼和圆筒吻鉤等少数几种鱼类外，其余鱼类个体数量和重量在渔获物种的比例均很少。

表 4.16　　　　　　　　大公桥至烟收坝江段鱼类种类组成

目	科	属	种	种类组成/%
鲤形目	3	29	39	67.24
鲇形目	3	4	9	15.52
鲑形目	1	1	1	1.72
鲱形目	1	1	2	3.45
鲈形目	4	5	6	10.34
鳉形目	1	1	1	1.73

研究期内（1997—2009 年）葛洲坝至大公桥江段抽样渔获物中鱼类共计 70 种，分别隶属于 6 目 15 科 47 属（表 4.17）。鲤形目和鲇形目在渔获尾数和重量上明显占据优势，其他鱼类在渔获尾数和重量上均极少，其中鲤形目物种数量占总数的 71.43%。其中又以鉤亚科鱼类种类数为最多，共有 12 种，占种类数的 17.14%；鲌亚科次之，共有 9 种，占鱼类种类数的 12.86%。研究期内总渔获尾数低于 10 尾的种类共计 26 种，占物种总数的 37.14%，其中黄黝鱼、厚颌鲂、青鳉、拟尖头红鲌、达氏鲌和乌鳢在研究期内均仅捕获 1 尾。

表 4.17　　　　　　　　葛洲坝至大公桥江段鱼类种类组成

目	科	属	种	种类组成/%
鲤形目	4	34	50	71.43
鲇形目	3	4	8	11.43

目	科	属	种	种类组成/%
鳗鲡目	1	1	1	1.42
鲑形目	1	2	2	2.86
鲱形目	1	1	2	2.86
鲈形目	3	3	5	7.14
鲉形目	2	2	2	2.86

4.4.3.2 群落优势种

研究期内大公桥至烟收坝江段鱼类群落 IRI 指数大于 100 的常见种共出现 7 种，其中 IRI 指数大于 1000 的优势种出现 3 种，分别为铜鱼、圆口铜鱼和瓦氏黄颡鱼。7 个常见种包含经济鱼类 5 种，小型野杂鱼类 2 种（表 4.18）。研究期内大公桥至烟收坝江段各年份共计出现优势种 4 种，其中在各年间成为优势种频率最高的为铜鱼和圆口铜鱼，均为 100%，瓦氏黄颡鱼次之，为 75%，而圆筒吻鮈最低，仅在 2009 年为优势种。研究期间铜鱼和圆筒吻鮈的优势度有所增加，而圆筒吻鮈和瓦氏黄颡鱼的优势度则有所降低。

表 4.18　大公桥至烟收坝江段鱼类群落优势种类及其年际变化（IRI 指数）

种类	铜鱼	圆口铜鱼	瓦氏黄颡鱼	圆筒吻鮈	宜昌鳅鮀	长鳍吻鮈	吻鮈
2002 年	2165.36	1827.22	1273.27	747.11	180.45	429.83	
2003 年	1955.72	2282.70	575.23	556.43		108.08	
2004 年	1877.33	1386.98	302.16	551.23	119.27		
2005 年	4973.71	1859.62	1774.45	325.54			
2006 年	7681.62	1144.99	274.48	363.89			592.63
2007 年	8047.74	1345.27	485.93	347.89	159.85		
2008 年	5593.22	1389.83		789.34			127.12
2009 年	4580.15	1143.13		1787.23			
出现频率/%	100.00	100.00	75.00	100.00	37.50	25.00	25.00

研究期内葛洲坝至大公桥江段抽样渔获物中各年间鱼类群落 IRI 指数大于 100 的常见种共计 10 个，分别为草鱼、铜鱼、圆口铜鱼、瓦氏黄颡鱼、圆筒吻鮈、长鳍吻鮈、长吻鮠、鲢、鳊和吻鮈，其中 IRI 指数大于 1000 的优势种共有 3 种，分别为铜鱼、圆口铜鱼和瓦氏黄颡鱼。10 个常见种均为该江段常见经济鱼类，其中出现频率前三位的分别为铜鱼（100.00%）、圆口铜鱼（92.31%）和瓦氏黄颡鱼（84.62%），出现频率最少的分别为鲢、鳊、吻鮈和草鱼，其分别仅在 1999 年、2008 年、2006 年和 1997 年为常见种（表 4.19）。调查期间，铜鱼一直为该江段的优势种群，其优势度呈上升趋势；圆口铜鱼在三峡工程 156m 蓄水前（2006 年）的 1997—2005 年间均为该江段优势种群，其优势度无明显变化，而在 156m 蓄水后其优势度明显下降，从 2006 年开始其种群数量显著减少，甚至在 2009 年的 38 船次的调查中仅发现圆口铜鱼 2 尾；瓦氏黄颡鱼的逐年变化趋势与圆口铜鱼的变化趋势类似，但其在三峡工程 156m 蓄水后仍为该江段的主要常见物种。

表 4.19　　　　　　　葛洲坝至大公桥江段鱼类群落优势种类及其年际变化（IRI 指数）

种类	铜鱼	圆口铜鱼	瓦氏黄颡鱼	圆筒吻鮈	长鳍吻鮈	鲢	鳊	吻鮈	草鱼
1997 年	1168.13	2127.64	1964.25	447.80	276.54				117.26
1998 年	2457.54	2402.12	1195.31	347.95	265.82				
1999 年	2006.13	1201.75	505.60	183.98	163.53	291.42			
2000 年	2454.50	1611.12	946.60	145.71	131.99				
2001 年	2409.28	1906.39	1027.94	234.45	248.67				
2002 年	3151.25	1121.43	1360.08	624.70	209.88				
2003 年	3441.66	2471.42	1198.65	475.65					
2004 年	3517.67	1915.09	2242.10	115.15					
2005 年	4471.00	1644.32	1686.21						
2006 年	3397.14	859.28	562.99					533.90	
2007 年	3222.22	889.16							
2008 年	3232.39	924.65					297.34		
2009 年	2962.49		584.67						
出现频率/%	100.00	92.31	84.62	61.54	46.15	7.69	7.69	7.69	7.69

4.4.3.3　群落多样性特征

　　研究期内大公桥至烟收坝江段基于渔获尾数的鱼类群落多样性特征值平均指标为：Margalef 指数 3.4852，Shannon 指数 1.5381，Simpson 指数 0.3494，Pielou 指数 0.4922。多样性特征值年间对比结果显示：研究期内大公桥至烟收坝江段 Margalef 指数和 Shannon 指数呈下降趋势，而 Simpson 指数略微呈上升趋势，Pielou 指数则无明显变化趋势（图 4.53）。

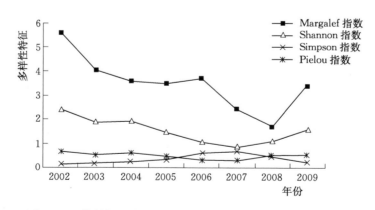

图 4.53　葛洲坝至大公桥江段鱼类群落生物多样性指数变动

4.4.3.4　群落相似性特征

　　大公桥至烟收坝江段各年间 Jaccard 群落相似性指数见表 4.20，逐年变动情况见图 4.54。与 2002 相比，2003—2009 年各年间的 Jaccard 群落相似性指数呈无明显变动趋势。8 年间，鱼类群落相似性平均值为 0.5210，其中 2004 年最高，为 0.5750，而

2006 最小，为 0.4654，两者仅相差 0.0996。8 年间，各相邻年份之间的群落相似性指数在 2006 年以前（包括 2006 年）有所下降，但下降幅度极低，平均值为 0.5345，而 2006 年后平均值为 0.4862，仅下降了 9.04%。总体上，大公桥至烟收坝江段各年间 Jaccard 群落相似性指数变动趋势极小，除少数鱼类如圆口铜鱼等外，鱼类群落组成无明显差异。

表 4.20　　　　　　　大公桥至烟收坝江段各年间 Jaccard 群落相似性指数

年份	2003	2004	2005	2006	2007	2008	2009
2002	0.5000	0.5750	0.5750	0.4654	0.4133	0.4455	0.4979
2003		0.5245	0.5902	0.4778	0.4158	0.4714	0.4444
2004			0.5545	0.5143	0.5185	0.4308	0.4438
2005				0.5588	0.5138	0.4800	0.4944
2006					0.4839	0.5333	0.5714
2007						0.4889	0.5333
2008							0.4857

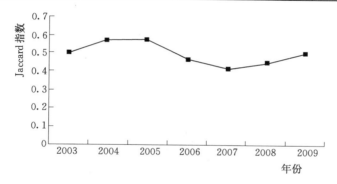

图 4.54　大公桥至烟收坝江段鱼类群落相似性指数
逐年变动情况（以 2002 年为参考点）

葛洲坝至大公桥江段各年间 Jaccard 群落相似性指数的结果显示：与 1997 年相比，1998—2009 年各年间的 Jaccard 群落相似性指数呈明显的下降趋势，距离 1997 年的时间越远，群落的物种组成和群落中各物种的数量分布的差异趋势更为明显，其中 1998—2005 年与 1997 年的群落相似性指数平均值为 0.6114，且变化幅度不大，群落相似性指数数值通常在 0.5 以上，而 156m 蓄水后各年间的数值均在 0.5 以下，平均值仅为 0.3923，平均值下降幅度高达 35.84%；13 年间，各相邻年份之间的群落相似性指数在 2006 年以前（包括 2006 年）有所下降，但下降幅度偏低，其值均大于 0.5，平均值为 0.6152，而 2006 年后其值均小于 0.5，平均值仅为 0.4392，下降了 28.61%（表 4.21 和图 4.55）。总体上，葛洲坝至大公桥江段在三峡水库 156m 蓄水前，各年间的鱼类群落组成略有差异，但差异不明显，而在 156m 蓄水后，该江段的鱼类群落发生明显变化，不仅某些鱼类种类逐渐在该江段消失，而且部分鱼类在群落中的数量分布也发生明显改变。

4.4.3.5　鱼密度估计

共取得了 2837 个有关 NASC 和鱼密度的数据点。NASC 和鱼密度估计见表 4.22。平均

NASC 在 2008 年最低的 5599.60m²/nm² 到 2007 年最高的 11600.61m²/nm² 之间变化；鱼的平均密度在 2009 年最低的 39.57ind./hm² 到 2006 年最高的 112.13ind./hm² 之间变化。

表 4.21　　　　　　　　葛洲坝至大公桥江段各年间 Jaccard 群落相似性指数

年份	1998	1999	2000	2001	2002	2003	2004	2005	2006	2007	2008	2009
1997	0.6591	0.8108	0.6122	0.4833	0.6591	0.5227	0.6316	0.5122	0.4043	0.5455	0.4194	0.2000
1998		0.7561	0.6471	0.5667	0.5600	0.5319	0.5227	0.4255	0.3922	0.3023	0.2250	0.2619
1999			0.6250	0.5439	0.5652	0.5714	0.5250	0.4524	0.4130	0.3514	0.4333	0.3056
2000				0.7241	0.5849	0.5294	0.5208	0.4600	0.4808	0.3478	0.2222	0.2553
2001					0.5410	0.5439	0.4310	0.4310	0.5000	0.3091	0.1818	0.2545
2002						0.6154	0.5227	0.3958	0.4490	0.3333	0.2564	0.2927
2003							0.5641	0.4186	0.5116	0.3514	0.2647	0.2703
2004								0.5135	0.5789	0.4516	0.3103	0.4483
2005									0.5385	0.5000	0.3103	0.3125
2006										0.4848	0.2727	0.3939
2007											0.4211	0.3478
2008												0.4118

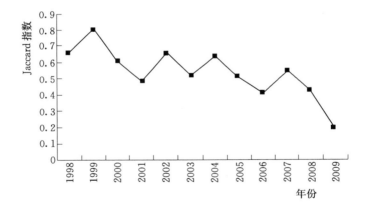

图 4.55　葛洲坝至大公桥江段鱼类群落相似性指数逐年变动
（以 1997 年为参考点）

表 4.22　　　　　　　NASC（m²/nm²）和鱼密度估计（ind./hm²）

参数		2006 年	2007 年	2008 年	2009 年
NASC	平均值	6642.21	11600.61	5599.60	8875.59
	95%区间	35218.53～9765.88	7098.70～16102.51	1572.31～9626.87	3351.54～14397.63
	最小值	0	0	0	0
	最大值	554717.30	1026593	8899.15	658080.19
	中位数	0	0	0	0

续表

参数		2006 年	2007 年	2008 年	2009 年
鱼密度	平均值	112.13	104.94	45.79	39.57
	95%区间	83.80~140.45	89.73~120.15	39.20~52.37	28.98~50.15
	最小值	0	0	0	0
	最大值	4239.10	4238.72	943.79	1034.28
	中位数	23.56	33.56	9.46	6.13

同时 NASC 和鱼密度的频率分布和常态有明显背离，这是由许多零值的原因。对于 NASC，零值占到了很大比例，2006—2009 年依次为 40.16%、37.90%、46.29% 和 54.25%；对于鱼密度来说，零值也占据了很大比例，2006—2009 年期间依次为 63.30%、57.00%、66.11% 和 74.95%。这些导致了方差异质性。使用非参数检验进行年度 NASC 和鱼密度比较，检验发现 2006—2009 年 NASC（NASC 为 63.05，$P = 0.00$）和鱼密度（密度为 156.00，$P = 0.00$）之间都存在显著性差异。然而，实际情况并非如此。如图 4.56 所示，NASC 95% 的置信区间的边界是不确定的且互相重叠，这一变化在这四年之中不是很明显；鱼密度方面，2006 年和 2007 年 95% 的置信区间之间是重叠的，2008—2009 年也是类似的情形，这是因为 2007 年和 2008 年存在一个明显密度下降。总的来说，鱼密度 2006—2009 年有一个在逐年下降的趋势。2006—2009 年 NASC 和鱼密度见图 4.57。

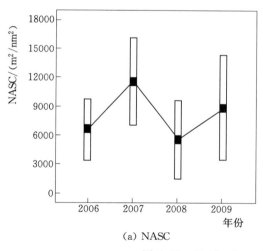
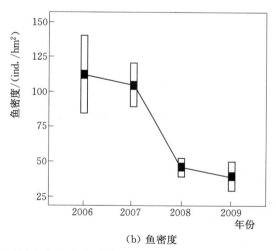

(a) NASC (b) 鱼密度

图 4.56 2006—2009 年 NASC 和鱼密度变化图
（黑色区域代表平均值，白色空心区域代表 95% 的置信区间）

4.4.3.6 过饱和水体对鱼类种群变动可能产生的影响

研究期内葛洲坝至大公桥江段渔业群落物种数量在三峡蓄水前的 2003 年种群数量较多，群落结构相对复杂，鲤科鱼类在渔获物中占绝对优势，常规的中型个体鱼类，特别是具有重要经济价值的铜鱼、圆口铜鱼和瓦氏黄颡鱼在渔获物中的个体数量比例和重量比例均占绝对优势，小型野杂鱼类比例通常较小。抽样渔获物中以中型规格个体（大于 100g

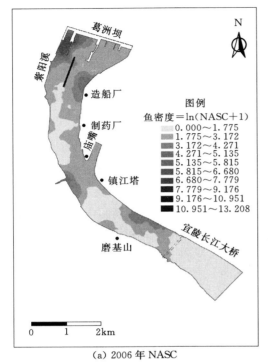

(a) 2006 年 NASC

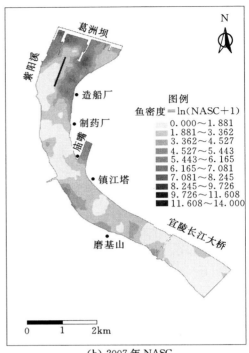

(b) 2007 年 NASC

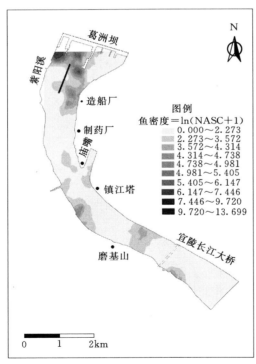

(c) 2008 年 NASC

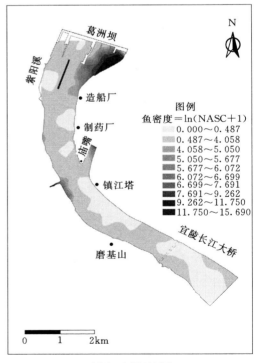

(d) 2009 年 NASC

图 4.57（一） 2006—2009 年 NASC 和鱼密度（参见文后彩图）

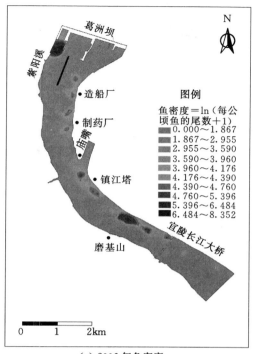

(e) 2006 年鱼密度

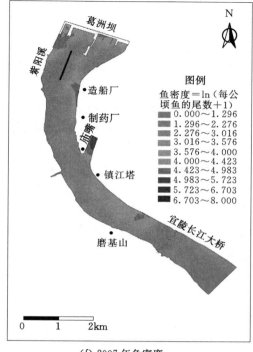

(f) 2007 年鱼密度

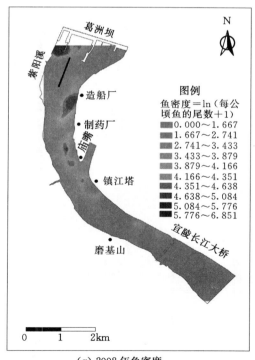

(g) 2008 年鱼密度

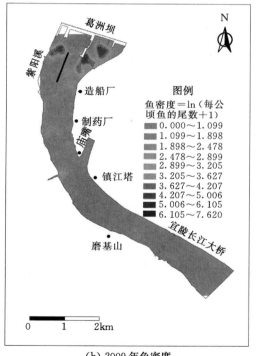

(h) 2009 年鱼密度

图 4.57（二）　2006—2009 年 NASC 和鱼密度（参见文后彩图）

以上）的所占比例为最高，群落整体多样性水平较高，而在 2003 年后，群落个体种群数量、种类数量以及鱼类群落生物多样性均开始有所降低，但鱼类个体仍多为经济鱼类，铜鱼、圆口铜鱼和瓦氏黄颡鱼等个体，其在渔获物中的比例相对增加。特别是到 2006 年后，该江段鱼类群体生物多样性显著下降，鱼类群落组成结构发生明显改变，以往较为常见的圆口铜鱼、圆筒吻鮈等鱼类在渔获物中基本消失不见，以往该江段群落结构中总渔获量低于 10 尾的偶见种数量占物种总数的明显降低，多为以往数量较多的物种。

研究期内大公桥至烟收坝江段渔业群落物种数量较多，群落结构相对复杂，经济鱼类在渔获物中占据优势，小型野杂鱼类比例相对大公桥以上江段也较高。但该江段群落组成与其以上临近的坝下江段相比逐渐差异明显，特别是主要鱼类种类在渔获物中的数量比例和重量比例差异更为明显。抽样渔获物中中小规格个体所占比例较高，群落整体多样性水平呈下降趋势，但相较之临近的大公桥以上江段下降幅度偏低。各项指标年间变动情况显示大公桥至烟收坝江段经济鱼类的优势度较高。总体而言，三峡蓄水对该江段鱼类的影响显著小于对靠近葛洲坝电站的大公桥以上江段鱼类群落的影响。

虽然大坝泄洪的确会造成溶解气体过饱和，也的确会造成下游微小气泡量增加，已经造成明确的鱼类气泡病问题，但是对于其下游种群而言，并不是所有的鱼类都会产生致命的影响，同时即使是同一种鱼类不同的个体对过饱和气体的耐受也有不同。

根据鱼类室内耐受性试验得出的耐受能力顺序为：黄颡鱼、鲶鱼、草鱼、鲫鱼、鲢鱼、鳙鱼、鳊鱼。通过野外暂养实验得出的耐受能力顺序为：铜鱼、大鳍鳠、草鱼。忽略遗传和来源不同等因素，考虑室内试验的准确性更好溶解气体浓度更高，则可以将两组实验结果合并为黄颡鱼、鲶鱼、铜鱼、大鳍鳠、草鱼、鲫鱼、鲢鱼、鳙鱼、鳊鱼。

根据葛洲坝江段的鱼类组成和优势种群分析可知：出现频率前三位的分别为铜鱼（100.00%）、圆口铜鱼（92.31%）和瓦氏黄颡鱼（84.62%），出现频率最少的分别为鲢、鳊、吻鮈和草鱼，其分别仅在 1999 年、2008 年、2006 年和 1997 年为常见种。

出现频率高的恰巧是对溶解气体过饱和水体耐受性强的鱼种。但是否是葛洲坝下游种群受到溶解气体过饱和威胁后的适应性行为，仍需进一步调查资料支持。包括对产卵、孵化、饵料等生命史过程所需环境的改变调查。

4.5

泄水建筑物气量控制

河道中的溶解气体过饱和事实上对水利工程没有任何不利影响，甚至对水化学环境具有积极的作用，只是对鱼类的影响比较显著。因此，溶解气体的消减目标是避免在鱼卵孵化的时间段内产生溶解气体过饱和水体，并将溶解气体过饱和的水体控制在水利工程下游一个可以接受的河段内。

4.5.1 对已建工程的气量控制技术

对于已建工程，可通过以下三步制定运行管理程序对下游气量进行控制。

4.5.1.1 根据建筑物下游指示鱼种的耐受性，确定下游气体饱和度的阈值

采用实验室人造过饱和水体的耐受试验的方法，测量下游各保护鱼种的溶解气体过饱和耐受性，获得指示鱼种的溶解度耐受量。确定下游气体饱和度的阈值。

4.5.1.2 根据阈值确定建筑物适宜下泄流量

根据阈值确定建筑物适宜下泄流量，包括以下三种方法：

（1）根据现场原型观测研究成果，直接确定下泄流量，如长江三峡枢纽不超过饱和度阈值的单宽流量 $200\text{m}^2/\text{s}$。

（2）根据式（4.16）预测下游过饱和程度，由饱和度阈值推算允许下泄流量。

由美国陆军工程兵团在总结了大量的观测资料后建立的预测模型：

$$G_{bx} = G_{eq}\overline{P} - (G_{eq}\overline{P} - G_{bq})\exp\left(\frac{-k_e}{Q_h}WL\Delta\right) \tag{4.15}$$

式中 G_{bx}——坝下水垫塘中总溶解气体饱和度，%；

       G_{eq}——总溶解气体平衡饱和度，%；

       $\overline{P}$——当地大气压下，水垫塘中平均静压强，atm；

       G_{bq}——坝前总溶解气体饱和度，%；

       k_e——气泡卷吸系数，m/s；

       Q_h——泄洪总量，m^3/s；

       W——泄水建筑物总宽，m；

       L——水垫塘长度，m。

$$\overline{P} = P_0 + \frac{\alpha_0}{2}(D - Y_0) + \frac{\alpha}{4}(D + Y_0) \tag{4.16}$$

其中
$$Y_0 = \frac{Q_s}{W\sqrt{2gH}}$$

式中　P_0——当地大气压，假设为1；

$\quad\quad\alpha$——水的比重，atm/m；

$\quad\quad\alpha_0$——水气两相流的比重，atm/m；

$\quad\quad D$——水垫塘末端水深，m；

$\quad\quad Y_0$——水垫塘入口水深，m；

$\quad\quad H$——大坝总水头，m。

Δ 为定义的压力算子，计算公式为

$$\Delta = \left[\overline{P} + \frac{\alpha}{4}(D+Y_0)\right]^{\frac{1}{3}} - \left[\overline{P} - \frac{\alpha}{4}(D+Y_0)\right]^{\frac{1}{3}} \quad\quad (4.17)$$

（3）最大日负荷（TMDL）方法。

为了满足鱼类对总溶解气体的要求，在7Q10法的基础上发展了总最大日负荷（TMDL）方法。将总溶解气体作为一种污染物来对待，在梯级开发的河流上通过多水库联合调度控制总溶解气体的过饱和程度。

最大日负荷总量中方法不存在流量高低限制。任何季节都有可能发生含气量高的泄流。当洪水量低于7Q10法中的洪水量时，可采用污染负荷分配的方式。最不利情况通常是春季涨水的最大流量。但所有流量条件下均可采用污染负荷分配的方式。

方法中估算了风速和水温的相互作用，分析了各水库中潜在温度的增加情况。使用RBM-10模型估算过饱和水体在各大坝间的传播时间。

给定泄洪量、负荷分配及总溶解气体饱和度之间的数学关系，可在指定的操作和目标下实现荷载分配，防止负荷分配超标。

4.5.1.3　根据允许的下泄流量启动可行的运行方式

在建立运行方式时应将以下调度优化纳入考虑：尽可能增大厂房流量，减少溢洪道泄洪流量；有多条泄洪道条件下，采用尽可能多的泄洪设施泄洪，降低单宽流量；调整不同闸门开启度，尽可能减小加权单宽流量。

以上步骤总结为已建工程控制调度流程图，见图4.58。

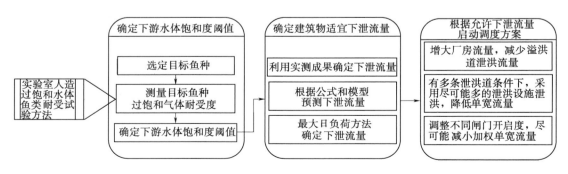

图 4.58　已建工程气量控制调度流程图

4.5.2 工程建设气量控制技术

对于拟建工程，可以在工程设计阶段考虑消减措施，对下游远区河段中的水体进行调控。如通过绕岸式溢洪道，降低水力坡度，在挑流式溢洪道的消力池下游与出池水流汇合以稀释过饱和的水体等。具体的工程措施包括以下几方面：

（1）安装溢洪道导流装置。导流装置的形状、安置位置需根据电站实际情况研究确定。已有观察发现，导流装置的安装高度非常重要，安装太高，可能引起掺气水流进入水垫塘底部，产生高的总溶解气体，安装太低，则产生水跃，从而卷吸更多进入空气。

（2）在大坝底部埋置多根泄水通道，将水库深层水排泄至尾水底部。这一措施也可以和导流装置结合使用，但由于造价高和可能对鱼造成伤害而不被推荐。

（3）消力结构溢洪道。在溢洪道中建立泄洪渠道，渠道内交错布置与消力池中类似的消力墩，使泄流能量耗散，避免将水带入水垫塘底部。

（4）建立专门的边渠泄洪道。泄洪边渠尾部为反弧形溢洪道，引导水流进入水深较浅的水垫塘。边渠泄洪道也可设计成阶梯式。

（5）增加溢洪道。增加溢洪道，可使水流更为分散，从而减小单宽流量。

（6）增加水垫塘底部高度。增加下游水垫塘的高度，可以避免掺气水流进入消力池深层，从而避免高压条件下的气体溶解。但为泄洪需要，可能同时需要增加消力池的长度。这一措施也可以结合导流装置采用。

（7）增加尾水底部高程。有的水利工程（Dalles Dam）泄洪时卷入的空气在消力池下游几百英尺范围即可以迅速释放到空气中，因此，可以适当抬高底部高程，从而加速气泡的释放。但增加尾水底部高程会增大河流流速，影响河道航运，需要通过物理和数学模型来深入研究抬高高度、程度及采用的材料，同时还要考虑抬高后所造成的发电水头减少损失。这一措施也可以结合导流装置使用。

（8）降低溢洪道闸门位置，建立更高更大的闸门。这样可使洪水在尾水水位以下进入水垫塘，从而避免水流与大气的接触。

（9）水轮机在泄洪期工作。水轮机在泄洪期工作的作用与在大坝底部埋置泄水通道的作用类似，没有掺气的水轮机出水，与高总溶解气体的溢洪道泄流混合，可起到稀释作用。

附表

书中主要鱼种名录

中文名	拉　丁　名	中文名	拉　丁　名
八目鳗	*Lampetra japonicum*	鳜	*Siniperca chuatsi*
白斑狗鱼	*Esox lucius*	鳟鱼	*Salmo platycephalus*
白肌银鱼	*Leucosoma chinensis*	红大马哈鱼	*Oncorhynchus nerka*
白甲鱼	*Varicorhinus simus*	湖鲟	*Acipenser fulvescens*
斑鳢	*Channa maculata*	花鳗鲡	*Anguilla marmorata*
斑鳠	*Mystus guttatus*	花䱻	*Hemibarbus maculatus*
瓣结鱼	*Tor brevifilis*	华南鲤	*Cyprinus carpio rubrofuscus*
棒花鱼	*Abbottina rivularis*	黄鳝	*Monopterus albus*
鳊	*Parabramis pekinensis*	黄黝鱼	*Hypseleotris swinhonis*
草鱼	*Ctenopharyngodon idella*	黄颡	*Pelteobagrus fulvidraco*
长臀鮠	*Cranoglanis bouderius*	鳇	*Huso dauricus*
赤魟	*Dasyatis akajei*	鲫	*Carassius auratus*
赤眼鳟	*Squaliobarbus curriculus*	江鳕	*Lota lota*
唇鲮	*Semilabeo notabilis*	卷口鱼	*Ptychidio jordani*
达氏鲌	*Culter dabryi*	鲤	*Cyprinus carpio*
达氏鲟	*Acipenser dabryanus*	鲢	*Hypophthalmichthys molitrix*
大黄鱼	*Johnius dussumeri*	鲮	*Cirrhina molitorella*
大麻哈鱼	*Oncorhynchus keta*	龙州鲤	*Cyprinus longzhouensis*
大鲵	*Andrias davidianus*	马苏大麻哈鱼	*Oncorhynchus masou*
大鳍鳠	*Mystus macropterus*	麦穗鱼	*Pseudorasbora guivhenoti*
大头鲤	*Cyprinus pellegrini*	鳗鲡	*Anguilla japonica*
大眼鳜	*Siniperca kneri*	蒙古红鲌	*Erythroculter mongolicus*
带鱼	*Trichiurus lepturus*	墨头鱼	*Garra pingi*
刀鲚	*Coilia macrognathos*	南方白甲鱼	*Onychostoma gerlachi*
倒刺鲃	*Spinibarbus denticulatus*	拟尖头红鲌	*Erythroculter oxycephaloides*
俄罗斯鲟	*Acipenser gueldenstaedti*	鲶鱼	*Silurus asotus*
鲂	*Megalobrama skolkovii*	七丝鲚	*Coilia grayi*
凤鲚	*Coilia mystus*	青鳉	*Oryzias latipes*
鳡	*Elopichthys bambusa*	青鱼	*Mylopharyngodon pieeus*
鳎	*Ochetobius clongatus*	翘嘴红鲌	*Erythroculter ilishaeformis*
光泽黄颡鱼	*Pelteobagrus nitidus*	日本鳗鲡	*Anguilla japonica*
广东鲂	*Megalobrama hoffmanni*	日本七鳃鳗	*Lampetra japonica*
桂华鲮	*Sinilabeo decorus*	三刺鱼	*Gasterosteus aculeatus*

中文名	拉　丁　名	中文名	拉　丁　名
三角鲤	*Cyprinus multitaeniata*	细鳞鱼	*Brachymystax lenok*
三线舌鳎	*Cynoglossus trigrammus*	香鱼	*Plecoglossus altivelis*
山白鱼	*Anabarilius transmontana*	小黄鱼	*Larimichthys polyactis*
闪光鲟	*Acipenser stellatus*	胭脂鱼	*Myxocyprinus asiaticus*
似鳡	*Luciocyprinus langsoni*	岩鲮	*Semilabeo notabilis*
鲥鱼	*Hilsa reevesii*	叶结鱼	*Tor zonatus*
史氏鲟	*Acipenser schrencki*	宜昌鳅鮀	*Gobiobotia filifer*
松江鲈	*Trachidermus fasciatus*	异龙中鲤	*Cyprinus yilongensis*
鲐	*Pheumatophorus japonicus*	银鮈	*Xenoeypris argentea*
铜鱼	*Coreius heterodon*	银飘鱼	*Pseudolaubuca sinensis*
团头鲂	*Megalobrama amblycephala*	鳙	*Aristichthys nobilis*
驼背大麻哈鱼	*Oncorhynchus gorbuscha*	圆口铜鱼	*Coreius guichenoti*
吻鮈	*Rhinogobio typus*	哲罗鱼	*Hucho taimen*
乌鳢	*Ophiocephalus argus*	中华鲟	*Acipenser sinensis*
乌原鲤	*Procypris merus*	中华长臀鮠	*Cranoglanis sinensis*
无眼平鳅	*Oreonectes anophthalmus*	鯮	*Luciobrama macroeephalus*
细鳞斜颌鲴	*Plagiognathops microlepis*		

参 考 文 献

［1］ 董杰英. 大坝泄洪致河道溶解气体过饱和及其对鱼类的影响 ［D］. 南京：河海大学，2011.

［2］ 侯轶群. 洄游鱼类的过坝能力试验与鱼道数值模拟 ［D］. 南京：河海大学，2010.

［3］ 蒋亮. 高坝下游水体中溶解气体过饱和问题研究 ［D］. 成都：四川大学，2006.

［4］ 蒋亮，李嘉，李然，等. 紫坪铺坝下游过饱和溶解气体原型观测研究 ［J］. 水科学进展，2008（3）：367－371.

［5］ 蒋亮，李然，李嘉，等. 高坝下游水体中溶解气体过饱和问题研究 ［J］. 四川大学学报（工程科学版），2008（5）：69－73.

［6］ 李然，李嘉，李克锋，等. 高坝工程总溶解气体过饱和预测研究 ［J］. 中国科学（E 辑：技术科学），2009（12）：2001－2006.

［7］ 梁杰. 减压释放获取水中溶解氧供给呼吸的实验研究 ［D］. 哈尔滨：哈尔滨工业大学，2006.

［8］ 齐亮. 中华鲟幼鱼对流场感知域研究 ［D］. 南京：河海大学，2012.

［9］ 韦章平. 中华鲟产卵场水动力特征及鲟卵输移特性研究 ［D］. 南京：河海大学，2010.

［10］ 杨宇. 中华鲟葛洲坝栖息地水力特性研究 ［D］. 南京：河海大学，2007.

［11］ 易伯鲁，余志堂，梁秩燊，等. 长江干流草、青、鲢、鳙"四大家鱼"产卵场的分布、规模和自然条件 ［M］. 武汉：湖北科学技术出版社，1988.

［12］ 英晓明. 基于 IFIM 方法的河流生态环境模拟研究 ［D］. 南京：河海大学，2006.

［13］ 于龙娟，夏自强，杜晓舜. 最小生态径流的内涵及计算方法研究 ［J］. 河海大学学报（自然科学版），2004，32（1）：18－22.

［14］ 张沙龙，张轶超，金弈，等. 水利水电开发鱼类栖息地保护模式及案例解析 ［J］. 环境影响评价，2015（37）：9－12.

［15］ 陈宜瑜，郑慈英，乐佩琦，等. 珠江鱼类志 ［M］. 北京：科学出版社，1989.

［16］ AARESTRUP K，LUCAS M C，HANSEN J A. Efficiency of a nature－like bypass channel for sea trout（Salmo trutta）ascending a small Danish stream studied by PIT telemetry ［J］. Ecology of Freshwater Fish，2003，12：160－168.

［17］ BAINBRIDGE R. Training，speed and stamina in trout ［J］. Journal of Experimental Biology，1962，39：537－555.

［18］ BARMUTA L A. Habitat patchiness and macrobenthic community structure in an upland stream in temperate victoria，Australia ［J］. Freshwater Biology FWBLAB，1989，21（2）：223－236.

［19］ BEAMISH F W H. Swimming endurance of some Northwest Atlantic fishes ［J］. Journal of the Fisheries Research Board of Canada，1966，23（3）：341－347.

［20］ BERNATCHEZ L，DODSON J J. Influence of temperature and current speed on the swimming capacity of lake whitefish（Coregonus clupeaformis）and cisco ［J］. Canadian Journal of Fisheries and Aquatic Sciences，1985，42（9）：1522－1529.

［21］ BLACHUTA J，WITKOWSKI A. The longitudinal changes of fish community in the Nysa Klodzka River（Sudety Mountains）in relation to stream order ［J］. Polskie Archiwum Hydrobiologii/Polish Archives of Hydrobiology，1990，38（1－2）：235－242.

［22］ BLAXTER J H S. Swimming speeds of fish ［C］. FAO Conference on fish behaviour in relation to fishing techniques and tactics. Bergen October 1967.

[23] BRETT J R. The relation of size to rate of oxygen consumption and sustained swimming speed of sockeye salmon (Oncorhynchus nerka) [J]. Journal of the Fisheries Research Board of Canada, 1965, 22 (6): 1491 - 1501.

[24] CALLES E O, GREENBERG L A. Evaluation of nature - like fishways for re - establishing connectivity in fragmented salmonid populations in the River Emån [J]. River research and applications, 2005, 21: 951 - 960.

[25] DETENBECK N E, ELONEN C M, TAYLOR D L, et al. Effects of hydrogeomorphic region, catchment storage and mature forest on baseflow and snowmelt stream water quality in second - order Lake Superior Basin tributaries [J]. Freshwater Biology, 2003, 48 (5): 912 - 927.

[26] DIMICHELE L, POWERS D A. Physiological basis for swimming endurance differences between LDH - B genotypes of Fundulus heteroclitus [J]. Science, 1982, 216: 1014 - 1016.

[27] FARRELL A P, STEFFENSEN J F. An analysis of the energetic costs of the branchial and cardiac pumps during sustained swimming [J]. Fish Physiology and Biochemistry, 1987, 4: 73 - 79.

[28] FREMLING C R, Rasmussen J L, Sparks R E, et al. Mississippi River fisheries: A case history [C]. Ottawa, Ontario, Canada: Proceedings of the International Large River Symposium, Department of Fisheries and Oceans 1989.

[29] GRAHAM M S. and WOOD C M. Toxicity of environmental acid to the rainbow trout: interactions of water hardness, acid type and exercise [J]. Canadian Journal of Zoology, 1981, 59 (8): 1518 - 1526.

[30] GREER W M. Effect of starvation and exercise on the skeletal muscle fibres of the cod (Gadus morhua L.) and the coal fish (Gadus virens L.) respectively [J]. Journal du Conseil/Conseil Permanent International pour l'Exploration de la Mer, 1971, 33 (3): 421 - 427.

[31] HARVEY H H, COOPER A C. Origin and treatment of a supersaturated river water [R]. International Pacific Salmon Fisheries Commission, New Westminster, British Columbia, 1962 (9): 19.

[32] HAWKES H A. River zonation and classification [M]. Blackwell Scientific Publications, 1975: 312 - 374.

[33] ILLIES J, Lazare B. Problèmes et méthodes de la classification et de la zonation écologique des eaux courantes, considérées surtout du point de vue faunistique [M]. 1963: 57.

[34] JONES D R. Anaerobic exercise in teleost fish [J]. Canadian Journal of Zoology, 1982, 60 (5): 1131 - 1134.

[35] JONES R, RANDALL D J. The resniratorv and circulatory systems during exercise [J]. Fish Physiology, 1978: 425 - 501.

[36] JUNGWIRTH M, MUHAR S, SCHMUTZ S. Re - establishing and assessing ecological integrity in riverine landscapes [J]. Freshwater Biology, 2002, 47: 867 - 887.

[37] KEMP J L, HARPER D M, CROSA G A. The habitat - scale ecohydraulics of rivers [J]. Ecological Engineering, 2000, 16: 17 - 29.

[38] LARINIER M. Upstream and downstream fish passage experience in France [M]. Vienna, Austria: Fishing News Books, 1998.

[39] NELSON J A. Muscle metabolite response to exercise and recovery in yellow perch (Perca flauescens): Comparison of populations from naturally acidic and neutral waters [J]. Physiological Zoology, 1990, 63 (5): 886 - 908.

[40] Oxygen Solubility in Fresh and Sea Water[EB/OL]. [2010/10/10]. http://www. engineeringtoolbox. com/oxygen - solubility - water - d_841. html.

[41] TAYLOR E B, MCPHAIL J D. Variation in burst and prolonged swimming performance among

British Columbia populations of coho salmon, Oncorhynchus kisutch [J]. Canadian Journal of Fisheries and Aquatic Sciences, 1985, 42 (12): 2029 – 2033.

[42]　VIRTANEN E, FORSMAN L. Physiological responses to continuous swimming in wild salmon (Sulmo salar L.) parr and smolt [J]. Fish Physiology and Biochemistry, 1987, 4 (3): 157 – 163.

[43]　WEBB P W. Hydrodynamics and energetics of fish propulsion [J]. Bulletin of the Fisheries Research Board of Canada, 1975, 190: 1 – 156.

后　记

　　自 2008 年水利行业公益性科研专项经费项目"水利工程对水生物的影响和保护措施研究"立项迄今已经 8 年，从 2013 年结题迄今也已经过去 3 年时间。近年来，随着鱼类保护的深入，无论在国内还是国外，在水利工程建设中，对过鱼设施的规划和设计提出的需求越来越复杂。

　　仿生态鱼道正是这样一种复杂的鱼道。与传统的过鱼设施相比，仿生态鱼道与天然河道的水流和环境较为相似。它既满足鱼类洄游的需要，同时还增加了河道内鱼类生境的数量和种类，其可以使游泳能力较强的鱼类作为上溯繁殖的通道，也可以使游泳能力较弱的鱼类顺利上溯至上游，是未来鱼类保护工程措施的发展趋势。芬兰修建的 150 余座过鱼设施中就有 83% 是采用仿生态鱼道形式，收到了良好的过鱼效果；而韩国也计划在 4 条主要河流上建设 33 条仿生态鱼道；著名的巴西 Itapúa 鱼道及德国 Harkortsee 水电站鱼道，均为仿生态鱼道典型成功案例。近年来，仿生态鱼道的建设和研究在我国也引起了科研、建设及管理等相关部门的高度重视。西江邕宁枢纽、内蒙古 Z866 枢纽工程采用了"蛮石柱"型仿生态鱼道，宣国祥等学者提出了一种适合我国国情的"仿生态—工程"鱼道，综合了传统工程鱼道和仿生态的优点，在赣江新赣枢纽、岷江犍为枢纽等工程中得到了应用。仿生态鱼道在保护鱼类方面具有明显的技术优势，但相关设计中的诸多重要技术难题尚无成熟的理论支持，许多设计参数还需要进一步的研究，大量的基础性研究有待开展。仿生态鱼道由于其具有较好的水流条件，能够为多种过鱼对象提供上溯通道，具有很好的景观价值等优势，越来越受到重视，是未来鱼道建设发展的趋势及研究热点。

　　在环境水力学方面，对溶解气体过饱和问题的研究仍在持续深入。在过去 30 年的研究中，主要针对具体工程的具体消减措施。例如，美国工程兵团对哥伦比亚河梯级流域下游溶解气体过饱和问题进行研究，并实施了工程消减措施，取得了较好的消减效果。但是这些研究结果都是对具体的工程进行的，经验性较强，由于工程特征、消能方式的差异，这些经验对其他工程具有参考价值，但是很难直接移植。水利工程下游的溶解气体问题，在物理过程上分为 3 个阶段，分别是水气空中掺混阶段——研究液相在气相中的分散状态，水气在下游水体中掺混阶段——研究气相在液相中的分散状态，气液两相在一定条件下通过相界面的动态输移阶段——研究不同分散状态时气液两相物质通过相界面进行质传的规律。21世纪初，程菊香等学者开始利用数模定量模拟表面紊动动能及流速与表面传质系数之间关系，并引入了质传系数；蒋亮、李然、李嘉、曲璐等学者将水体溶解问题分为溶解过程和释放过程，通过原型观测提出了基于统计经验的预测模型；付小莉等学者对溢洪道下游不稳定条件下的过饱和气体问题进行三维模拟。这些研究都对坝下溶解气体过饱和问题的研究起到了积极的推进作用。由于在复杂两相流中的水气质传过程基本规律尚未被认清，因此对溶解气体过饱和问题的预测仍不能满足精准调度需要。

随着水生生物学和保护生物学的发展，鱼类生态保护的需求更加准确化、精细化，从而对水利工程护鱼技术的要求更细微、更复杂。仿生态鱼道的构建对复杂条件下的水力学特征量控制提出了新的要求。随着国内工程鱼道建设的飞速发展，过鱼效果和过鱼效率的评估逐渐成为鱼道研究的重要内容之一。通过对鱼道原型的监测和评估将进一步对鱼道设计和改建提供支撑。大型水利工程的多目标复杂调度对过饱和程度的预测准确度也提出了更高的目标。因此，随着环境保护工作的持续推动，水利工程护鱼技术会越来越完善，不仅使得单一工程受到影响的鱼类获得保护，而且在流域生态修复尺度上发挥积极作用。

图 2.1 槽式鱼道

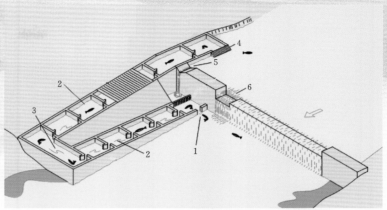

图 2.3 隔板式鱼道示意图

1—进口；2—鱼道池室；3—休息室；4—出口；5—辅助诱鱼水流；

6—电站/溢流坝下泄尾水

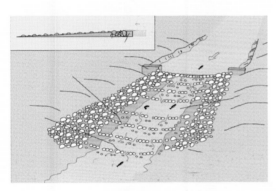

图 2.4 鱼坡

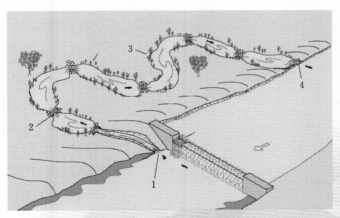

图 2.5 旁通鱼道示意图

1—鱼道进口；2，3—仿天然河道；4—鱼道出口

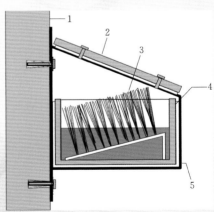

图 2.6 鳗鱼道示意图

1—混凝土墙；2—遮盖物；3—密布的尼龙

类物体；4—矩形槽身；5—支撑结构

图 2.8　溢流堰式鱼道

图 2.11　竖缝式鱼道典型布置

图 2.12　孔缝组合式鱼道

图 2.14　池室内部结构

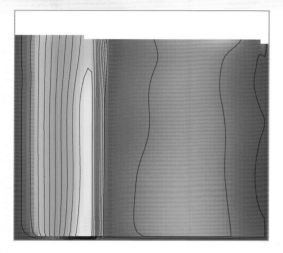
（a）竖缝中心线

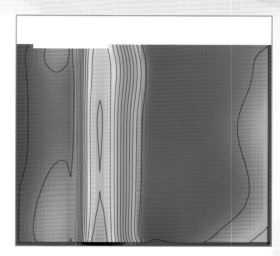
（b）竖缝中心线下游 0.5m

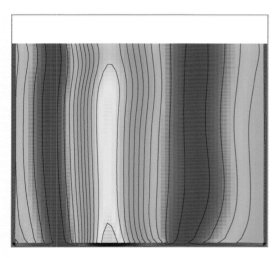
（c）竖缝中心线下游 1.5m

（d）竖缝中心线下游 2.5m

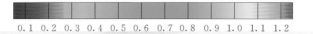
0.1 0.2 0.3 0.4 0.5 0.6 0.7 0.8 0.9 1.0 1.1 1.2

图 2.29　鱼道池室不同断面流速分布（单位：m/s）

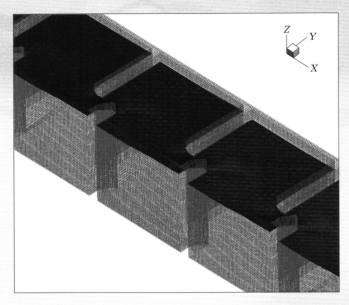

图 2.32 三维水流计算区域局部网格划分

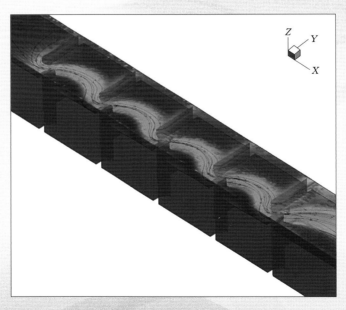

图 2.33 鱼道水面线及总体流态形状

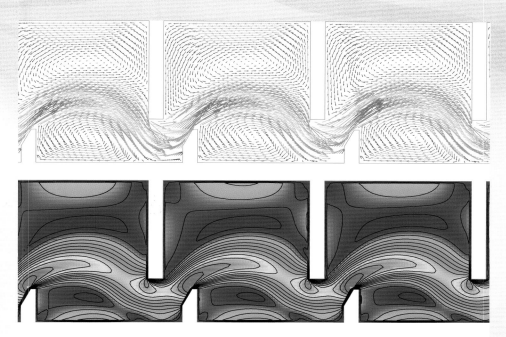

（a）距离池室底面 0.24m

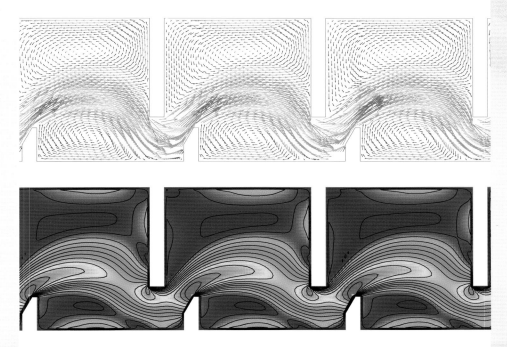

（b）距离池室底面 1.44m

图 2.34（一）　鱼道池室不同高程流速及流场分布（单位：m/s）

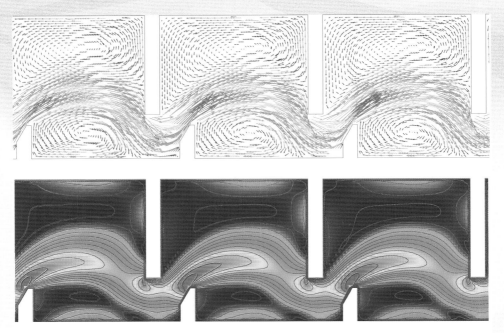

（c）距离池室底面 2.04m

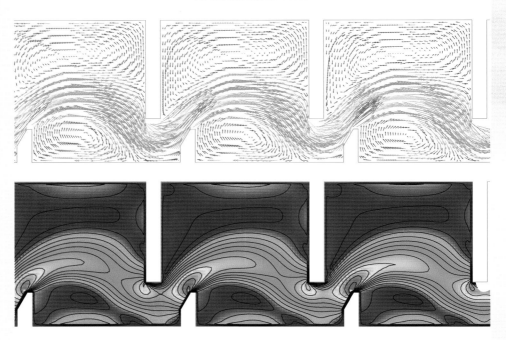

（d）距离池室底面 2.64m

0.1 0.2 0.3 0.4 0.5 0.6 0.7 0.8 0.9 1.0 1.1 1.2

图 2.34（二）　鱼道池室不同高程流速及流场分布（单位：m/s）

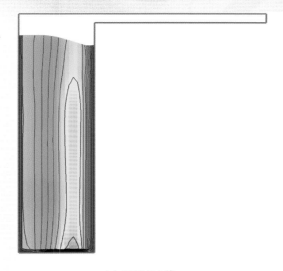

（a）隔板中心线

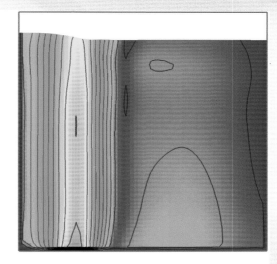

（b）隔板中心线下游 0.35m

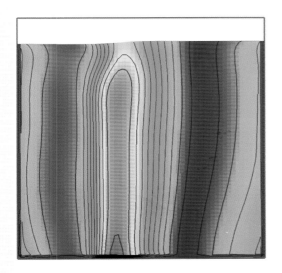

（c）隔板中心线下游 1.4m

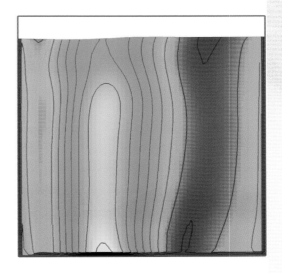

（d）隔板中心线下游 2.4m

0.1 0.2 0.3 0.4 0.5 0.6 0.7 0.8 0.9 1.0 1.1 1.2

图 2.35　鱼道池室不同断面流速分布（单位：m/s）

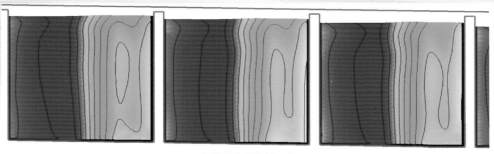

（a）距离右侧边墙 0.5m

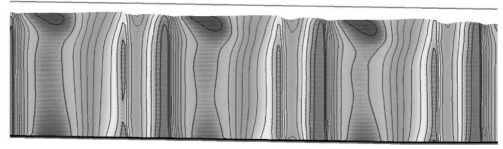

（b）距离右侧边墙 0.8m

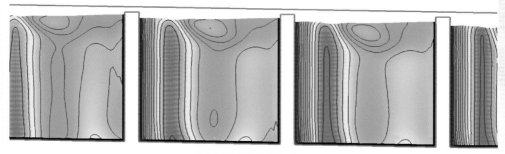

（c）距离右侧边墙 1.1m

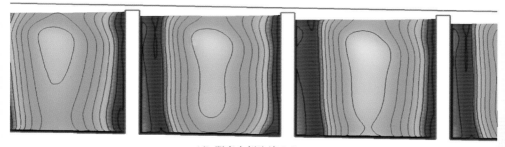

（d）距离右侧边墙 1.5m

0.1 0.2 0.3 0.4 0.5 0.6 0.7 0.8 0.9 1.0 1.1 1.2

图 2.36 鱼道池室纵向断面流速分布（单位：m/s）

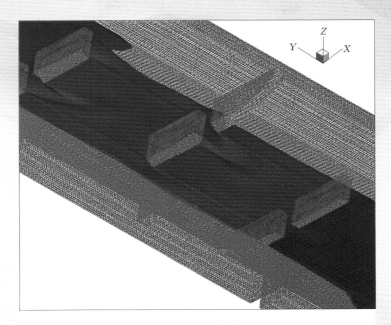

（a）A 型隔板方案

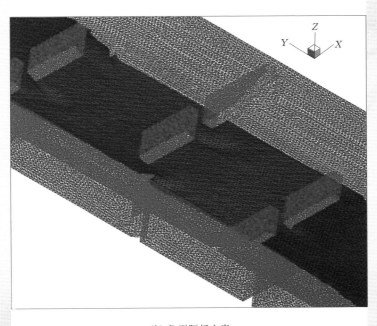

（b）B 型隔板方案

图 2.39　三维水流计算区域及局部网格划分

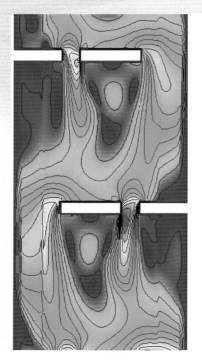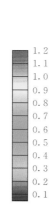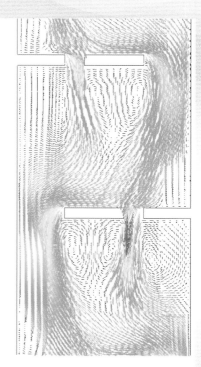

（a）距离池室底面 1.9m

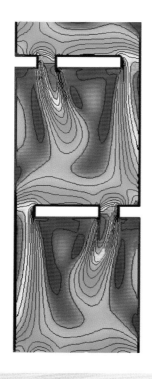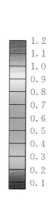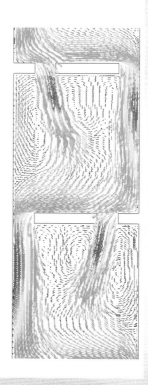

（b）距离池室底面 1.6m

图 2.40（一）　A 型隔板鱼道池室不同高程流速及流场分布（单位：m/s）

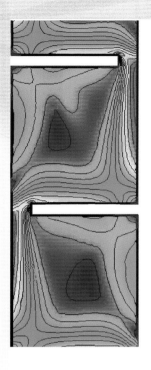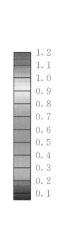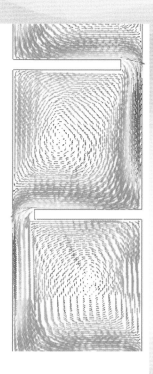

（c）距离池室底面 1.0m

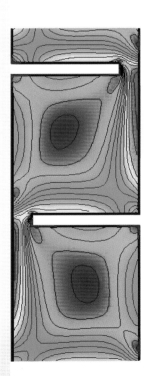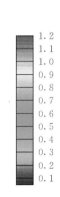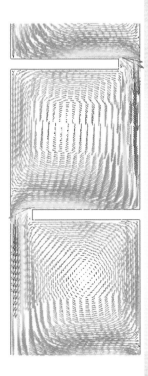

（d）距离池室底面 0.5m

图 2.40（二） A 型隔板鱼道池室不同高程流速及流场分布（单位：m/s）

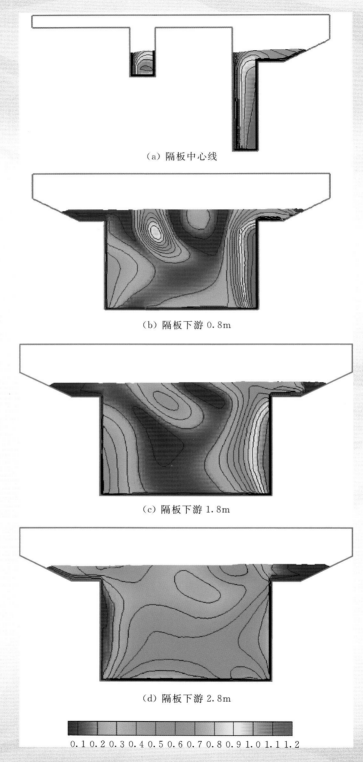

（a）隔板中心线

（b）隔板下游 0.8m

（c）隔板下游 1.8m

（d）隔板下游 2.8m

0.1 0.2 0.3 0.4 0.5 0.6 0.7 0.8 0.9 1.0 1.1 1.2

图 2.41　A 型隔板鱼道池室不同断面流速分布图（单位：m/s）

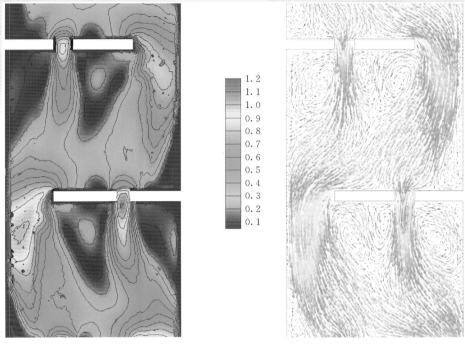

（a）距离池室底面 1.9m

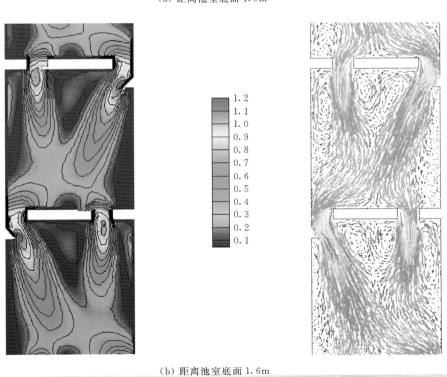

（b）距离池室底面 1.6m

图 2.42（一）　B 型隔板鱼道池室不同高程流速及流场分布（单位：m/s）

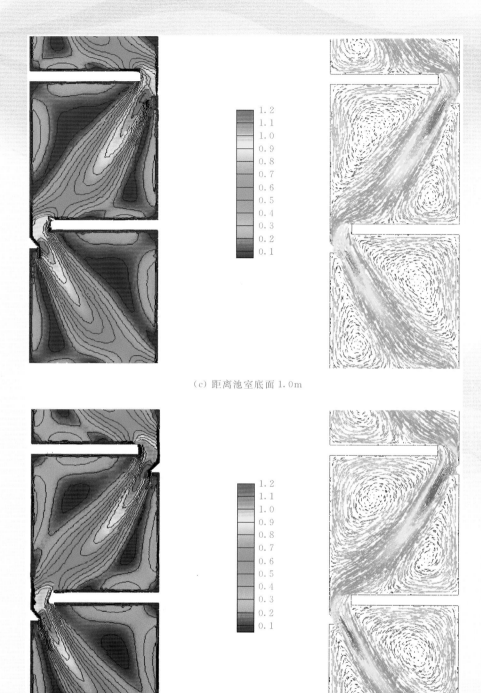

（c）距离池室底面 1.0m

（d）距离池室底面 0.5m

图 2.42（二） B 型隔板鱼道池室不同高程流速及流场分布（单位：m/s）

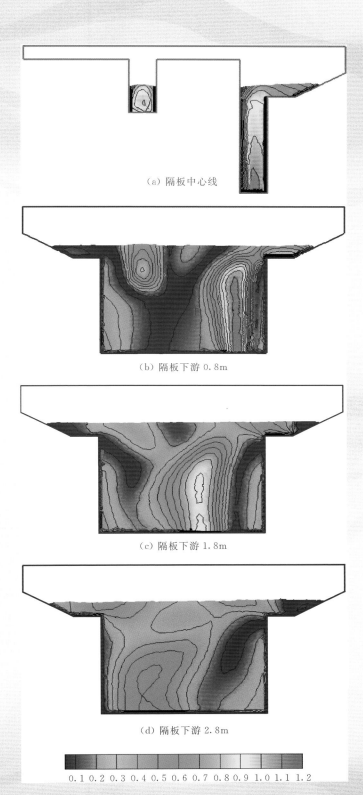

（a）隔板中心线

（b）隔板下游 0.8m

（c）隔板下游 1.8m

（d）隔板下游 2.8m

0.1 0.2 0.3 0.4 0.5 0.6 0.7 0.8 0.9 1.0 1.1 1.2

图 2.43　B 型隔板鱼道池室不同断面流速分布（单位：m/s）

图 2.52　集鱼、补水系统模型布置

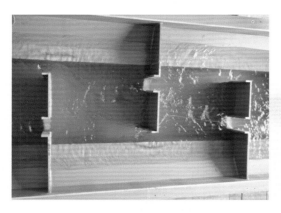

图 3.11　A 型隔板水流流态（高水位）

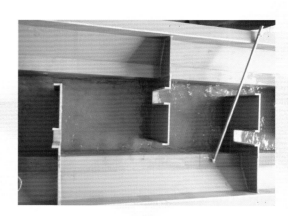

图 3.12　A 型隔板水流流态（低水位）

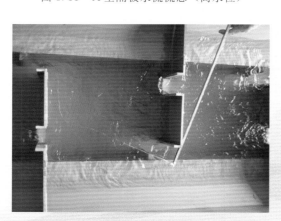

图 3.13　A2 型隔板水流流态（高水位）

图 3.14　A2 型隔板水流流态（低水位）

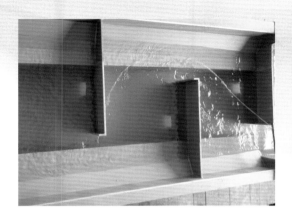

图 3.15　B 型隔板水流流态（高水位）　　　　　图 3.16　B 型隔板水流流态（低水位）

图 3.17　B2 型隔板水流流态（高水位）　　　　图 3.18　B2 型隔板水流流态（低水位）

图 3.19　C 型隔板水流流态（高水位）　　　　　图 3.20　C 型隔板水流流态（低水位）

图 3.43 A 型隔板水流流态

图 3.44 B 型隔板水流流态

图 3.45 C 型隔板水流流态

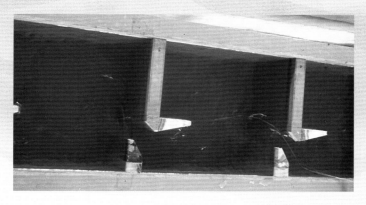

图 3.46 D 型隔板水流流态

图 3.47 E 型隔板水流流态

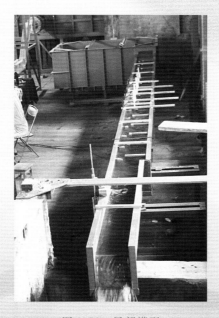

图 3.56 局部模型

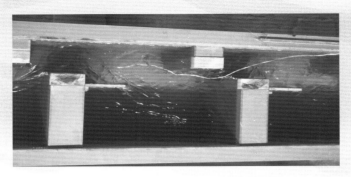

图 3.61　A 型隔板水流流态

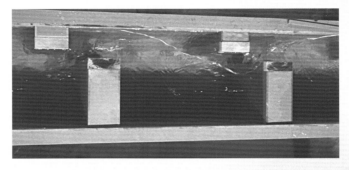

图 3.62　B 型隔板水流流态

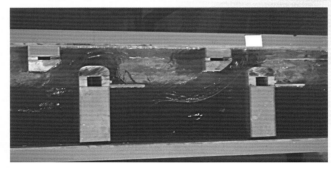

（a）C1 型

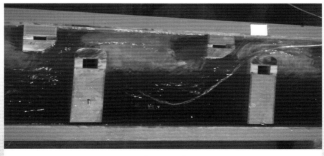

（b）C2 型

图 3.63　C 型隔板水流流态

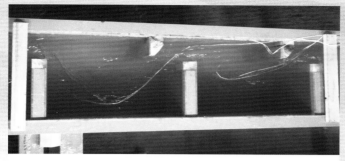

(a) D1 型

(b) D2 型

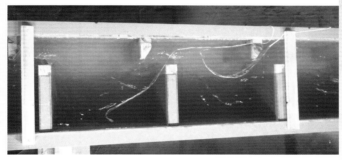

(c) D3 型（底坡 1∶50.6）

图 3.64 D 型隔板水流流态

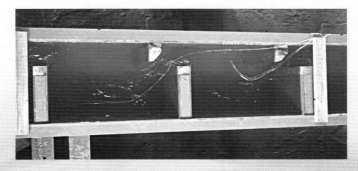

图 3.65 D3 型隔板（底坡 1∶60）水流流态

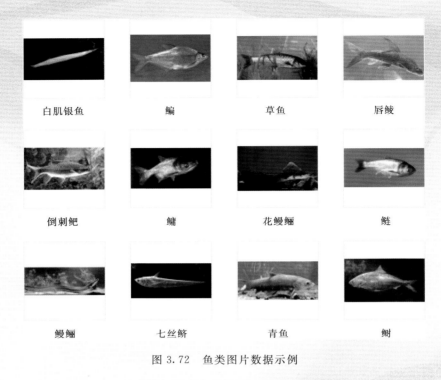

白肌银鱼　　　　鳊　　　　　草鱼　　　　　唇鲮

倒刺鲃　　　　　鳙　　　　花鳗鲡　　　　　鲢

鳗鲡　　　　　七丝鲚　　　　　青鱼　　　　　鲫

图 3.72　鱼类图片数据示例

长洲水利枢纽　　　　鱼梁航运枢纽

图 3.73　水工建筑物图片数据示例

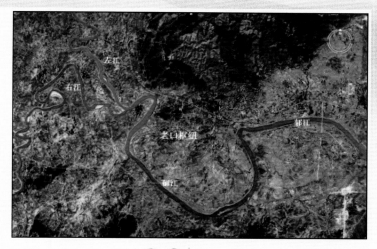

广西郁江老口枢纽工程   鱼梁航运枢纽

图 3.74 水工建筑物位置图片数据

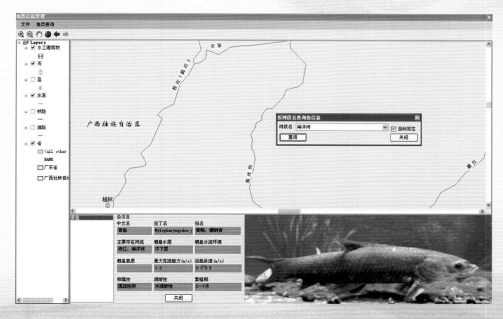

图 3.75 按河名查询鱼类分布界面

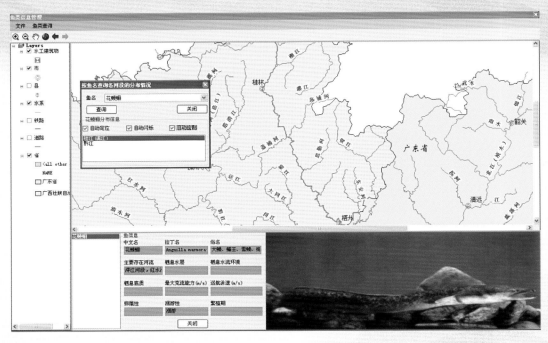

图 3.76　按鱼类名称查询鱼类分布界面

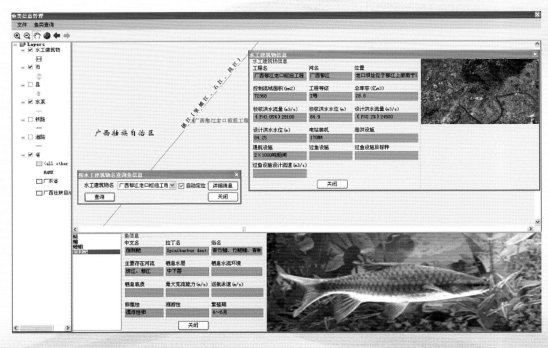

图 3.77　按水工建筑物名称查询鱼类分布示例

图 3.79　空间位置图和现场图信息示例

图 3.80　工程总体布置图信息

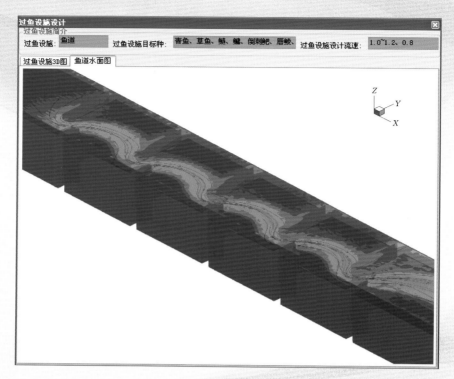

图 3.81　过鱼设施设计图信息

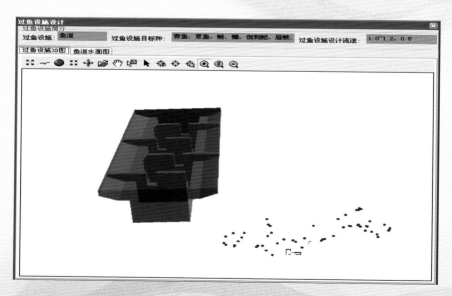

图 3.82　过鱼设施 3D 查询图示例

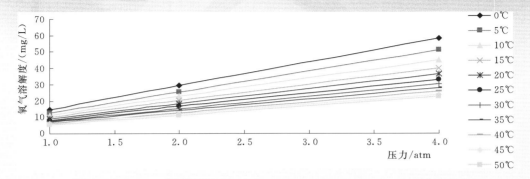

图 4.1　氧气溶解度随压力变化图

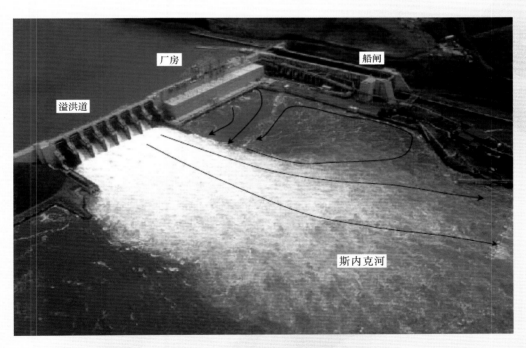

图 4.4　Little Goose 大坝

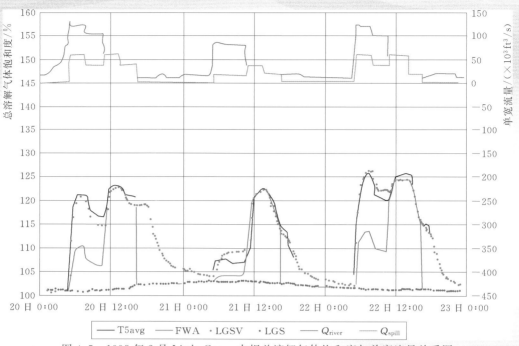

图 4.5　1998 年 2 月 Little Goose 大坝总溶解气体饱和度与单宽流量关系图

图 4.6　概化模型试验装置

图 4.28　患气泡病的虹鳟突出的眼球

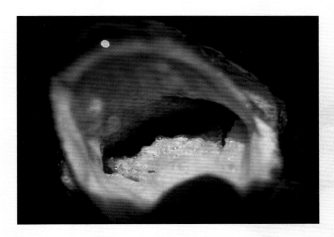

图 4.29　患气泡病的虹鳟口腔中的气泡

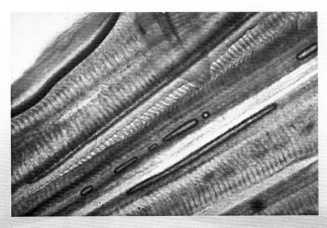

图 4.30　患气泡病的虹鳟鳃丝中的气泡

 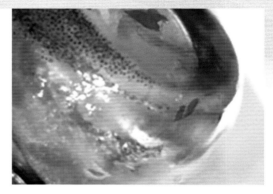

（a）DO 饱和度＝120％,t＝48h　　　　　　　　（b）DO 饱和度＝110％,t＝48h

图 4.38　鳊鱼气泡病症状

（a）正常　　　　　　　　　　　　　　（b）DO 饱和度＝120％,t＝48h

图 4.39　草鱼头部充血症状

（a）正常　　　　　　　　　　　　　　（b）DO 饱和度＝120％,t＝48h

图 4.40　鲫鱼鳃丝气泡病的比较

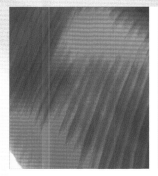

（a）正常　　　　　　　　（b）DO 饱和度＝110％，t＝48h　　　　　　（c）DO 饱和度＝120％，t＝48h

图 4.41　鲢鱼鳃丝的气泡病比较

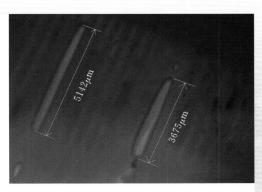

（a）DO 饱和度＝120％，t＝48h　　　　　　　　（b）DO 饱和度＝120％，t＝48h

图 4.42　较严重的气泡病

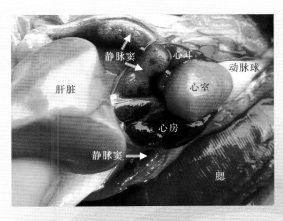

图 4.43　暂养死亡大口鲶解剖图

图 4.48　实验用网箱

图 4.50　背鳍上的气泡

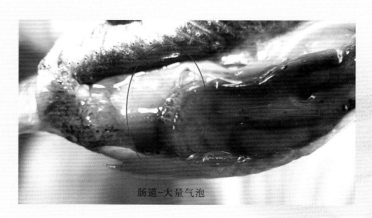

肠道-大量气泡

图 4.51　肠道内的气泡

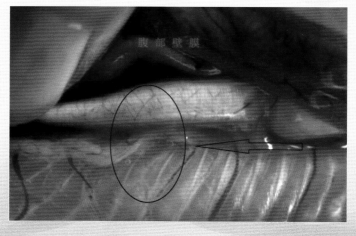

图 4.52　腹膜上的气泡

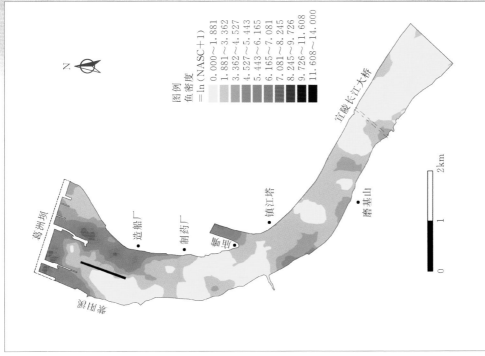

图例
鱼密度
=ln（NASC+1）

	0.000~1.881
	1.881~3.362
	3.362~4.527
	4.527~5.443
	5.443~6.165
	6.165~7.081
	7.081~8.245
	8.245~9.726
	9.726~11.608
	11.608~14.000

葛洲坝

造船厂

制药厂

磨基山

镇江塔

宜陵长江大桥

0 1 2km

（b）2007 年 NASC

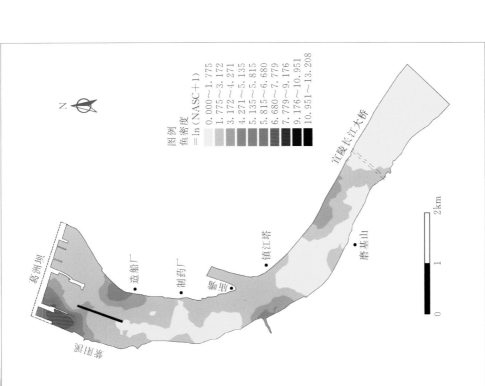

图例
鱼密度
=ln（NASC+1）

	0.000~1.775
	1.775~3.172
	3.172~4.271
	4.271~5.135
	5.135~5.815
	5.815~6.680
	6.680~7.779
	7.779~9.176
	9.176~10.951
	10.951~13.208

葛洲坝

造船厂

制药厂

磨基山

镇江塔

宜陵长江大桥

0 1 2km

（a）2006 年 NASC

图 4.57（一）　2006—2009 年 NASC 和鱼密度

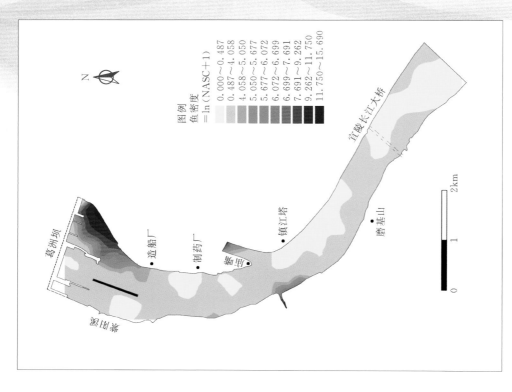

(d) 2009 年 NASC

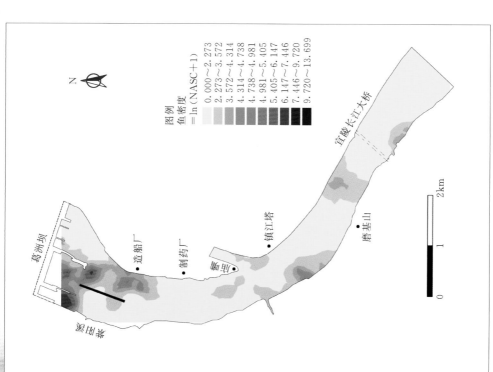

(c) 2008 年 NASC

图 4.57(二) 2006—2009 年 NASC 和鱼密度

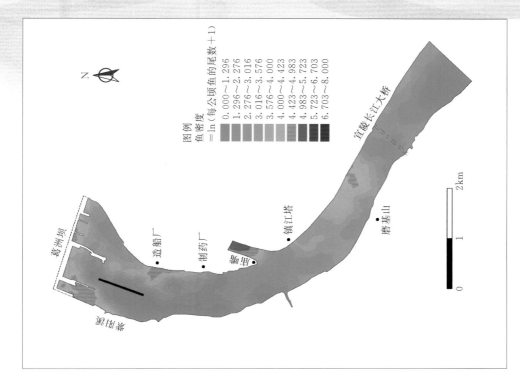

（e）2006 年鱼密度

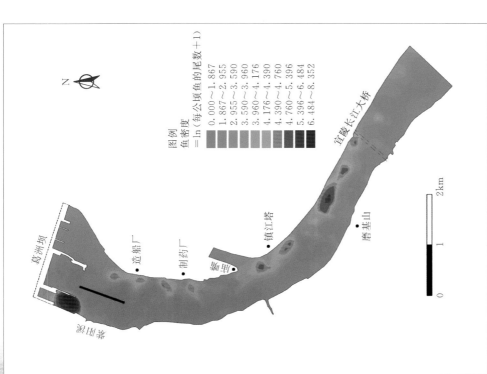

（f）2007 年鱼密度

图 4.57（三） 2006—2009 年 NASC 和鱼密度

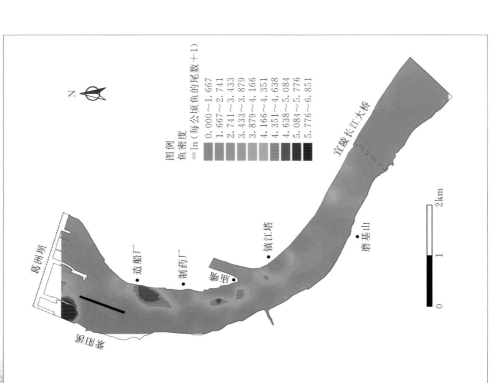

图例
鱼密度
= ln（每公顷鱼的尾数＋1）
0.000～1.099
1.099～1.898
1.898～2.478
2.478～2.899
2.899～3.205
3.205～3.627
3.627～4.207
4.207～5.006
5.006～6.105
6.105～7.620

宜陵长江大桥

镇江塔

磨基山

葛洲坝

造船厂
制药厂
磨盘

镇江阁

0   1   2km

（h）2009 年鱼密度

图例
鱼密度
= ln（每公顷鱼的尾数＋1）
0.000～1.667
1.667～2.741
2.741～3.433
3.433～3.879
3.879～4.166
4.166～4.351
4.351～4.638
4.638～5.084
5.084～5.776
5.776～6.851

宜陵长江大桥

镇江塔

磨基山

葛洲坝

造船厂
制药厂
磨盘

镇江阁

0   1   2km

（g）2008 年鱼密度

图 4.57（四） 2006—2009 年 NASC 和鱼密度